미래의 자연사

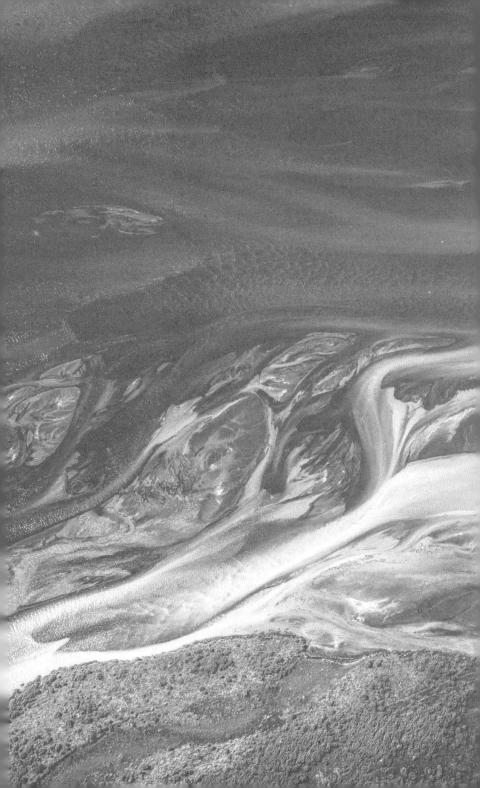

미래의 자연사

생물법칙은 어떻게 인류의 운명을 결정하는가

롭 던

장혜인 옮김

까치

A NATURAL HISTORY OF THE FUTURE : What the
laws of biology tell us about the destiny of human species
by Rob Dunn

옮긴이 장혜인(張慧仁)
과학 및 건강 분야의 좋은 책을 우리말로 옮기는 번역가. 서울대학교 약학대
학 및 동 대학원을 졸업하고 제약회사 연구원을 거쳐 약사로 일했다. 현재 바
른번역 소속 번역가로 활동하고 있다. 옮긴 책으로는 『감정의 뇌과학』, 『내가
된다는 것』, 『집중력』, 『본능의 과학』, 『다이어트는 왜 우리를 살찌게 하는가』
등이 있다.

편집, 교정_김미현(金美炫)

미래의 자연사 : 생물법칙은 어떻게 인류의 운명을 결정하는가
저자 / 롭 던
역자 / 장혜인
발행처 / 까치글방
발행인 / 박후영
주소 / 서울시 용산구 서빙고로 67, 파크타워 103동 1003호
전화 / 02 · 735 · 8998, 736 · 7768
팩시밀리 / 02 · 723 · 4591
홈페이지 / www.kachibooks.co.kr
전자우편 / kachibooks@gmail.com
등록번호 / 1-528
등록일 / 1977. 8. 5
초판 1쇄 발행일 / 2023. 4. 20

값 / 뒤표지에 쓰여 있음
ISBN 978-89-7291-796-0 93470

언제나 계획을 세우시는 아버지께

차례

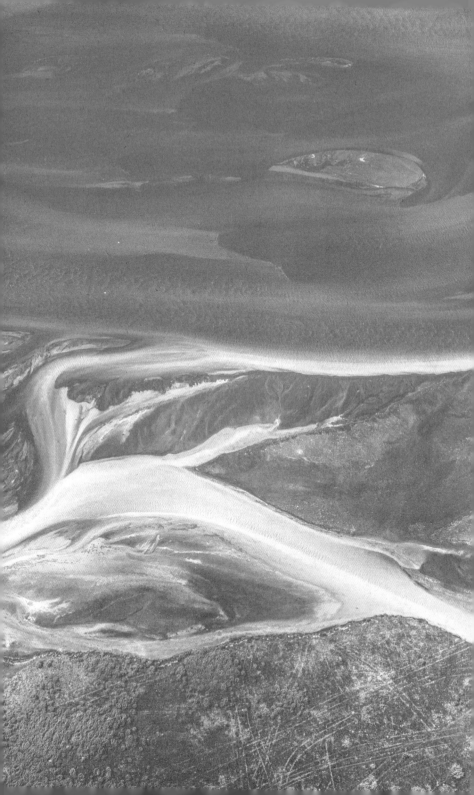

들어가는 말

나는 강에 대한 이야기들을 들으며 자랐다. 내가 들었던 강 이야기에서 인간은 강과 대적했다. 그 이야기에서는 강이 항상 이겼다.

어린 시절 내가 들었던 이야기 속 강은 미시시피 강과 그 지류였다. 나는 미시간에서 자랐지만, 할아버지 가족은 미시시피 주 그린빌 출신이었다. 할아버지가 어린 시절을 보낸 그린빌은 미시시피 강을 막으려 쌓은 흙 제방 뒤에 펼쳐진 오래된 범람원 위에 세워진 마을이었다. 미시시피 강은 배를 삼킬 수도 있었다. 어린아이 정도는 거뜬했다. 할아버지가 아홉 살이 되었을 무렵 미시시피 강은 마을 전체를 삼켰다. 집이 하류로 떠내려갔다. 소들은 강물에 휩쓸리며 밧줄에 목이 졸려 죽었다. 수백 명이 익사했다. 마을은 예전 같지 않아졌다.

1927년에 발생한 대홍수는 무엇인가 설명이 필요한 재난이었다. 그러나 누가 이야기하느냐에 따라서 설명은 제각각이었다. 누군가는 홍수가 미시시피 강 건너 서쪽에 이웃한 아칸소 주에서 온 "녀석들" 탓이라고 했다. 대홍수 때처럼 미시시피 주 쪽 강을 받치고 있는 제방이 무너지면 미시시피 주는 범람하지만 아칸소 주는 무사했다. 그래서 어떤 사람들은 (아무런 증거도 없이) 아칸소 녀석들이 배를 타고 강을 건너와서 다이너마이트로 제방을 폭파하여 구멍을 냈기 때문에 그린빌 마을이 물에 잠겼다고 주장했다. 홍수가 진노한 신이 내린 벌이라고 말하는 사람들도 있었다. 홍수나 전염병은 고대 수메르인의 기록까지 거슬러 올라가는 매우 오래된 이야기에서도 진노한 신이 가장 애용하는 도구였다. 그러나 내가 가장 자주 들은 이야기는 강 수위가 높아져 제방에 거품이 일기 시작하다가 결국 흐물흐물해졌다는 것이다. 전해지는 다른 이야기에서는 소년이었던 할아버지가 제방이 녹아내리는 곳을 발견하고 마을 사람들에게 알렸다고도 했다.

그린빌 마을 홍수에 관해서 가장 사실에 가까운 것은 사람이 강을 통제하려고 했기 때문에 홍수가 발생했다는 이야기이다. 강은 본래 강둑을 따라 굽이치며 평원을 가로지르고 새로 길을 내며 흐른다. 그러나 강이 똑바로 흐르지 않고 굽이굽이 흐르면 주변에 도시는커녕 집을 세우기에도 적당하지 않았고, 그것은 지금도 마찬가지이다. 강을 따라 거대한 항구를 건설하기 힘든 것도 여전하다. 대홍수가 일어나기 전 수년 동안 강 주변에 사는 사람들은 강이 굽이치지 않도록 제방을 쌓는 데에 엄청난 돈을 쏟아부었다. 과거에는 시간, 물리력, 우연이 강의 흐름을 지배했다면 이제는 사람이 강의 흐름을 만들었다.

도시를 키우고 부를 축적하기 위해서 강을 "길들이고", "통제하고", 심지어 "문명화했다"고도 할 수 있다. 사람은 자부심, 때로는 자만심으로 강을 길들였다. 사람이 자연을 손아귀에 쥐고 우리 입맛에 더욱 맞게 바꿀 수 있는 능력을 지녔다는 믿음과 이어진 자만심이었다.

수백만 년 동안 미시시피 강은 해마다 강둑을 넘어 강을 따라 이어진 평원으로 흘러넘쳤다. 강은 이리저리 굽이치며 새로운 거주지를 조성하거나 전에 없던 땅을 새로 만들기도 했다. 아미타브 고시는 『대혼란의 시대The Great Derangement』에서 벵골 삼각주를 언급하며 "강과 토사의 흐름은 보통 여러 주나 달에 걸쳐 이어지는 속도로 오랫동안 펼쳐지는 실로 지질학적인 과정"이었다고 설명했다.[1] 가령 대륙에서 강물이 빠져나가는 출구처럼 생긴 루이지애나 주 지형은 강의 옛 흐름이 만든 결과이다.

나무와 풀은 진화하면서 홍수와 강의 흐름을 이용했다. 물고기도 이렇게 넘쳐나도록 불어나는 물을 자연스러운 생명 주기의 일부로 받아들이며 살았다. 미시시피 강 주변에 살던 아메리카 원주민도 강의 주기에 맞춰 농사를 짓고 사냥을 하고 의식을 치르며 생을 보냈다. 필요할 때 대피할 수 있도록 높은 곳에 정착지를 마련하기도 했다. 자연과 아메리카 원주민은 모두 강과 함께 움직이며 강에 대응했고, 강이 만드는 필연적인 절기와 사건을 이용했다. 그러나 초기 산업화를 일군 미시시피 강의 대규모 상업 운송은 자연을 기다릴 수 없었고, 강의 계절성이나 장기적인 움직임에 얽매이면 안 되었다. 산업화 초기 미국에서는 배가 일정에 맞추어 정기적으로 다녀야 했고, 배가 실은 화물의 종착지인 도시는 최대한 강과 가까워야 했다. 산업화를 이루려면 강은 예측할 수 있을 뿐만 아니라 일관적이어야 했다.

　강의 흐름을 일관되게 바꾸려는 시도는 사람의 통제라는 더 넓은 영역에 강을 포섭하려는 시도였다. 강둑은 물을 흘려보내고, 흐름을 바꾸고, 늦추거나 빠르게 하고, 심지어 멈출 수도 있는 파이프에 비견될 만한 것으로 여겨졌다. 강을 바라보는 이런 관점이 가져온 결과는 수없이 많았다. 할아버지의 고향으로 넘쳐흐른 홍수도 이런 결과였다. 강은 여전히 맹렬하게 흘렀고, 지금도 여전히 그렇다. 우리가 어떻게 개입하든, 시인 A. R. 애먼스의 말처럼 강은 "지금처럼 계속 흐를 것이다."[2]

　예전보다 더욱 통제된 오늘날에도 미시시피 강은 계속해서 때로 배와 아이들, 농장을 집어삼킨다. 강은 마을에 홍수를 일으키고, 그럴 때 우리는 강의 위력에 적잖이 놀란다. 기후 변화 때문에 이런 홍수는 더욱 거세질 것이다. 우리를 덮치는 강은 자연을 벗어나고, 자연과 싸우고, 자연을 지배하려는 인간의 시도를 자연이 집어삼킬 수 있다는 사실을 떠올리게 한다. 이런 점에서 미시시피 강은 인간이 속한 생명의 강과 같다. 미시시피 강을 통제하려는 우리의 노력은 자연 전반, 특히 생명을 통제하려는 사람의 시도에 대한 은유이다.

미래를 상상할 때 우리는 보통 로봇과 각종 기기, 가상 현실로 둘러싸인 기술 생태계 속에서 살아가는 모습을 떠올린다. 미래는 기술이 넘치고 빛난다. 또한 0과 1로 된 디지털 세상, 전기와 눈에 보이지 않는 연결로 이루어져 있다. 최근 수많은 책에서 지적했듯이, 자동화되고 인공지능으로 가득 찬 미래에 올 위험은 우리 자신이 만든 것이다. 앞으로 무엇이 올지 상상할 때, 자연은 굳게 닫힌 창문 너머에 있는 화분 속 유전자 조작 식물처럼 나중에 그저 덧붙여진 것이다. 미래를 묘사할 때 우리는 대부분 (로봇이 관리하는) 원격 농장이나 실내 정원에 있는 생물 말고는 사람 이외의 다른 생물을 떠올리지도 않는다.

우리는 인간만이 살아 있는 유일한 주인공인 미래를 상상한다. 우리는 전체적으로 생물계를 단순화하여 우리 입맛에 맞게 바꾸고 우리 손 안에서 완벽하게 통제하여 눈에 띄지 않게 만들려고 한다. 우리는 인간 문명과 나머지 생물들 사이에 제방을 세웠다. 그러나 이 제방은 실수이다. 다른 생물이 우리 가까이 오지 못하게 막을 수는 없을뿐더러, 이런 시나리오를 달성하려면 스스로 희생을 감수하면서까지 애써야 하기 때문이다. 인간이 자연 속에서 차지한 위치, 그리고 우리 이외의 자연과 인간의 관계에 대한 규칙이나 자연 자체의 규칙에 대해서 우리가 아는 것만 살펴보아도 이 제방은 역시 실수이다.

우리는 학교에서 몇 가지 자연법칙을 배웠다. 중력의 법칙, 관성의 법칙, 엔트로피 법칙 등이 그중 몇 가지이다. 그러나 자연법칙은 이뿐만이 아니다. 작가 조너선 와이너에 따르면 찰스 다윈 이래 생물학자들은 물리학자들처럼 세포, 신체, 생태계, 심지어 마음의 운동법칙 같은 "지상의 운동법칙이 단순하고 보편적"이라는 사실을 밝혔다.[3] 우리 앞에 놓인 미래를 어떻게든 이해하고자 할 때 가장 먼저 염두에 두어야 하는 것은 바로 이런 생물법칙이다. 이 책은 이러한 생물법칙과 이 법칙들이 우리에게 알려주는 미래의 자연사를 다룬다.

내가 가장 자주 연구한 몇몇 생물학적 자연법칙은 생태법칙이다. 가장 유용한 생태학(및 이와 관련된 생물지리학, 거시생태학, 진화생물학) 법칙은 물리법칙처럼 보편적이다. 이런 생물학적 자연법칙은 물리법칙처럼 미래를 예견할 수 있게 해준다. 그러나 물리학자들이 지적했듯이 생물법칙은 물리법칙보다 제한적이다. 생물이 산다고 알려진, 우주의 극히 일부에만 적용할 수 있기 때문이다. 그러나 우리와 연관된 이야기는 모두 생물과 관련이 있다는 점에서, 생물법칙은 우리가 경험하는 모든 세상과 관련하여 보편성을 띤다.

생물학적 자연규칙을 앞에서 내가 사용한 용어처럼 "법칙"이라고 부를지 "규칙성" 또는 다른 말로 부를지에 대해서는 논쟁의 여지가 있다. 나는 그런 논쟁을 과학철학자에게 맡기고 이 책에서는 일상적인 용례에 따라서 "법칙"이라고 부르겠다. 이 생물법칙은 "정글의 법칙"이다. 아니면 초원의 법칙, 늪의 법칙, 또는 우리 집도 살아 있다는 점에서 침실의 법칙이나 욕실의 법칙이라고 불러도 좋다. 궁극적으로 나는—도구를 휘두르고 석탄을 태우고 전속력으로 가속하며—달려나가는 우리의 미래를 이해하려면 생물법칙을 알아두는 편이 도움이 된다는 사실에 가장 관심이 있다.

생태학자들은 자연법칙 대부분을 잘 안다. 자연법칙은 대부분 100년도 더 전에 처음 연구되었고, 최근 수십 년간 통계학, 모형화, 실험, 유전학의 발전과 더불어 정교하게 다듬어졌다. 생태학자들은 이런 자연법칙을 잘 알며 직관적으로 이해하고 있으므로 이를 보통 언급하지도 않는다. "자연법칙은 물론 사실이지. 다들 알고 있잖아. 그런데 이런 이야기를 왜 또 꺼내야 하지?" 최근 수십 년간 자연법칙을 곰곰이 따져보거나 논의하지 않았더라도, 자연법칙이 직관적으로 이해되지 않는 경우도 많다. 더욱이 미래를 염두에 둔다면 이런 자연법칙 거의 모두는 생태학자조차 놀랄 만한 결론과 결과로 이어진다. 우리가 일상에서 내리는 여러 결정과는 어긋나는 결론과 결과이다.

가장 탄탄한 생물법칙 중 하나는 자연선택이다. 자연선택은 찰스 다윈이 우아하게 밝힌 생물의 진화 방식이다. 다윈은 자연이 각 세대에서 다른 개체가 아닌 특정 개체를 "선택한다"는 사실을 반영하여 "자연선택"이라는 용어를 택했다. 자연은 생존과 번식 가능성을 낮추는 형질을 지닌 개체를 선택해서 버린다. 대신 생존과 번식 가능성을 높이는 형질을 지닌 개체는 선택해서 선호한다. 자연이 선호한 개체는 유전자와 그 유전자가 부호화된 형질을 다음 세대에 전달한다.

다윈은 자연선택이 느리게 일어난다고 생각했다. 그러나 오늘날 자연선택의 과정은 매우 빠르게 일어날 수도 있다고 알려져 있다. 자연선택에 따른 진화는 수많은 종에서 실시간으로 관찰된다. 이는 전혀 놀라운 일이 아니다. 사실 놀라운 점은 매 순간 이런 단순한 법칙의 결과가 강처럼 필연적으로 우리의 일상생활에 넘쳐흐른다는 사실이다. 우리가 어떤 종을 없애려고 할 때처럼 말이다.

우리는 항생제, 살충제, 제초제 등 이런저런 "살생물제"를 사용해서 다른 종을 죽인다. 집 안이나 병원, 뒤뜰, 농장, 때로는 숲에서도 이렇게 다른 종을 죽인다. 그렇게 하면서 우리는 미시시피 강 주변에 제방을 쌓아 강의 흐름을 통제하려고 했던 사람들과 똑같은 방식으로 종을 통제하려 애쓴다. 그 결과는 예상할 수 있다.

최근 하버드 대학교의 마이클 베임과 동료들은 세로로 긴 여러 칸으로 나뉜 "메가플레이트"라는 거대한 페트리 접시를 고안했다. 제10장에서 이 메가플레이트의 각 칸을 살펴볼 것이다. 이 메가플레이트는 매우 의미 있다. 베임은 메가플레이트에 미생물의 서식지이자 먹이이기도 한 한천 배지를 채웠다. 메가플레이트의 양쪽 가장자리 칸에는 한천 배지 외에는 아무것도 넣지 않았다. 이웃한 각 칸에는 중앙으로 갈수록 점점 높은 농도로 항생제를 채웠다. 그런 다음 베임은 메가플레이트 양쪽 가장자리 칸에 박테리아를 주입하고 이 박테리아에서 항생제 내성이 발현되는지 살펴보았다.

이 박테리아에는 항생제 내성을 일으킬 유전자가 없었다. 박테리아들은 목장에 방목된 양처럼 무방비 상태로 메가플레이트에 주입되었다. 한천 배지가 목초지라면 항생제는 "양"인 박테리아를 잡아먹는 늑대이다. 이 실험은 우리 몸에서 질병을 유발하는 박테리아를 통제하기 위해서 항생제를 투여하는 방식을 모방했다. 목초지에서 잡초를 제거하기 위해서 제초제를 뿌리는 방식과도 비슷하다. 자연이 우리의 삶에 넘쳐흐를 때마다 자연을 통제하기 위해서 우리가 사용하는 여러 방식과도 유사하다.

실험 결과는 어땠을까? 자연선택의 법칙에 따라서 예측해볼 때 돌연변이를 통하여 유전적 변이가 일어난다면 박테리아는 결국 항생제 내성을 지니게 될 것이다. 그러려면 수년은 넘게 걸릴 것이다. 너무 오래 걸려서 박테리아를 잡아먹을 늑대인 항생제가 가득 찬 칸에 박테리아가 퍼져나갈 능력을 진화시키기도 전에 박테리아의 먹이가 고갈될 것이 틀림없다.

그러나 이 과정은 몇 년이 걸리지 않았다. 고작 10일에서 12일이면 충분했다.

베임은 실험을 여러 번 반복했다. 그러나 결과는 매번 같았다. 박테리아는 메가플레이트의 가장 바깥쪽 칸을 채운 다음 잠깐 성장을 늦췄다. 그러나 한 세대, 곧이어 여러 세대의 박테리아가 다음 칸의 가장 낮은 농도의 항생제에 내성을 발현했다. 이 박테리아 세대는 두 번째 칸을 다 채우고 다시 잠깐 성장을 늦췄고, 다시 다른 여러 세대의 박테리아들이 연이어 그다음 칸의 높은 항생제 농도에 대한 내성을 발현했다. 이렇게 계속해서 결국 가장 높은 농도의 항생제에 내성을 발현한 몇몇 박테리아 세대는 마치 강물이 제방을 넘듯 마지막 칸으로 넘쳐흘렀다.

박테리아가 점점 빠르게 내성을 획득하는 속도를 보면 베임의 실험은 무섭다. 그러나 멋지기도 하다. 무방비 상태였던 박테리아가 사람의 힘을 능가하여 무적의 상태로 나아가는 속도를 보면 무서울 정도이다. 그러나 자연선택의 법칙을 이해한다면 이 실험 결과로 미래를 내다볼 수 있다는 예측 가능성은 멋지다. 이 예측 가능성으로 우리는 다음과 같은 두 가지 일을 할 수 있다. 먼저 우리는 이 실험을 통해서 박테리아나 빈대, 다른 생물군이 내성을 발현한다면 언제 내성을 발현할지 예측할 수 있다. 또한 이 실험 결과로 생명의 강을 조절하여 내성이 덜 발현되도록 조절할 수도 있다. 자연선택의 법칙을 이해하는 일은 인간의 건강과 복지에 필수적이며, 사실 우리 종의 생존에도 꼭 필요하다.

자연선택과 비슷한 결과를 초래하는 생물학적 자연법칙도 있다. 종-면적 법칙은 특정 땅이나 서식지의 크기에 비례하여 어떤 곳에 얼마나 많은 종이 살 수 있는지를 결정한다. 이 법칙에 따르면 언제 어디에서 종이 멸종할지뿐만 아니라 새롭게 진화할지도 예측할 수 있다. 통로법칙은 앞으로 기후 변화에 따라서 어떤 종이 어떻게 이동할지를 결정한다. 탈출법칙은 종이 해충이나 기생충을 피해서 어떻게 번성하는지 설명한다. 탈출은 인간이 다른 종에 비하여 성공적으로 생존한 몇몇 사례, 그리고 우리가 다른 종에 비하여 이처럼 특별히 번성한 방법을 설명한다. 탈출법칙은 앞으로 우리가 (해충이나 기생충 등에서) 탈출할 가능성이 낮아질 때 직면하게 될 어려움을 예고해주기도 한다. 틈새법칙은 사람을 포함한 생물 종이 어디에서 살 수 있을지, 기후가 변화할 미래에 우리가 성공적으로 살아남을 가능성이 어디에서 가장 높을지 결정한다.

이러한 생물법칙들은 우리가 눈여겨보든 눈여겨보지 않든 상관없이 결과가 나타난다는 점에서 서로 비슷하다. 그리고 이 법칙의 결과를 눈여겨보지 않으면 많은 경우 문제가 닥친다. 통로법칙에 주목하지 않으면 우리에게 (유익하거나 무해한 종보다) 유해한 종을 무심코 미래로 데려가게 된다. 종-면적 법칙에 관심을 기울이지 않으면 런던 지하철에 나타난 새로운 모기 종처럼 해로운 종의 진화를 유발할 수도 있다. 탈출법칙에 신경 쓰지 않으면 우리 몸과 작물이 기생충이나 해충에서 벗어날 기회와 맥락을 놓칠 수 있다. 이런 경우는 수없이 많다. 그러나 반대로 우리가 생물법칙에 관심을 보이고 이들이 미래의 자연사에 어떤 영향을 미칠지 염두에 둔다면 우리가 살기에 더 나은 세상을 만들 수 있다. 이런 점에서도 생물법칙들은 서로 비슷하다.

우리가 인간으로서 행동하는 방식과 연관된 다른 법칙들도 있다. 인간의 행동법칙은 광범위한 생물법칙보다 범위가 더 좁고 뒤죽박죽이어서 법칙이라기보다는 경향에 가깝다. 그러나 이런 경향은 여러 문화와 시대에 걸쳐 반복해서 나타나며, 미래를 이해하는 일과 관련이 있다. 인간이 어떻게 행동할 가능성이 가장 높을지를 알려주는 것은 물론, 우리가 규칙을 거스르려 할 때 무엇을 염두에 두어야 하는지도 제시해주기 때문이다.

인간의 행동법칙 중 하나는 생물의 복잡성을 단순화하려는 경향인 통제와 관련이 있다. 이는 예로부터 흐르던 강력한 강을 곧게 펴고 흐름을 돌리려는 시도와 비슷하다. 앞으로의 몇 년간은 지금까지 수백만 년에 걸쳐 나타난 것보다 훨씬 새로운 생태 조건이 등장할 것이다. 먼저 인구가 크게 늘 것이다. 오늘날 지구의 절반 이상은 도시, 농장, 폐기물 처리장처럼 인간이 만든 생태계로 뒤덮여 있다. 이제 인간은 직간접적으로 지구에서 일어나는 매우 중요한 여러 생태학적 과정을 통제한다. 한편 오늘날 인간은 지구에서 자라는 녹색 생물인 순 1차 생산량의 절반을 먹어치운다. 게다가 기후도 있다. 향후 20년 동안의 기후 조건은 우리가 지금까지 만난 어떤 조건과도 다를 것이다. 가장 낙관적인 시나리오로 보더라도 2080년까지 수억 종이 생존하려면 새로운 지역이나 심지어 다른 대륙으로 이동해야 한다. 우리는 전례 없는 규모로 자연을 재편하고 있다. 그러면서도 대체로 다른 방도를 찾는 데에는 무심하다.

자연을 재편하는 동안, 인간의 행동경향은 더 많은 통제를 가하는 방향으로 나아간다. 우리는 농장을 더욱 단순화하고 산업화하면서도 예전 방식으로 돌아가 더 강력한 살충제를 만든다. 나는 이런 방식이 대체로 문제이기도 하지만 변화하는 세상에서는 더욱 문제가 된다고 주장하고 싶다. 변화하는 세상에서 통제를 가하려는 사람의 행동경향은 두 가지 다양성 법칙에 어긋난다.

첫 번째 다양성 법칙은 조류와 포유류의 뇌에서 나타난다. 최근 몇 년간 생태학자들은 창의적 지능을 이용하여 새로운 임무를 수행할 수 있는 뇌를 지닌 동물이 변화하는 환경에서 선호받는다는 사실을 밝혔다. 까마귀나 큰까마귀, 앵무새, 일부 영장류가 이런 동물에 속한다. 이런 동물은 지능을 이용하여 자신들에게 닥친 다양한 조건을 완충한다. 이런 현상은 인지적 완충법칙으로 설명할 수 있다. 한때 일관되고 안정적이었던 환경이 변덕스러워지면 창의적 지능을 지닌 종이 득세한다. 세상은 까마귀의 소유가 될 것이다.

두 번째 다양성 법칙은 더 많은 종이 있는 생태계가 항상 더 안정하다는 다양성-안정성 법칙이다. 이 법칙과 다양성의 가치를 이해하는 일이 농업에 유용하다는 사실은 이미 입증되었다. 작물이 다양한 지역에서는 매년 작물 수확량이 들쑥날쑥하지 않을 가능성이 높고, 따라서 작물이 부족해질 위험이 적다. 다시 말하자면 인간은 보통 변화에 직면했을 때 자연을 단순화하거나 아예 처음부터 재구성하려고 드는 경향이 있지만, 자연의 다양성을 유지하는 편이 지속적인 성공에는 오히려 도움이 된다.

자연을 통제하려고 할 때 우리는 흔히 인간이 자연 바깥에 있다고 생각한다. 우리는 인간이 더 이상 동물이 아니며, 나머지 다른 생물체와 관계없이 독자적인 법칙을 따르며 혼자 사는 종이라고 여긴다. 그러나 이런 생각은 실수이다. 우리는 자연의 일부인 동시에 자연에 긴밀하게 의존한다. 의존법칙은 모든 종이 다른 종에 의존한다고 설명한다. 그리고 인간인 우리는 지금까지 존재해온 어떤 종보다도 더 많은 종에 의존하고 있을 것이다. 그러나 우리가 다른 종에 의존한다고 자연 역시 우리에게 의존한다는 뜻은 아니다. 먼 훗날 인간이 멸종해도 생물법칙은 이어질 것이다. 사실 인간이 주변 세상에 어떤 지독한 공격을 가해도 여전히 그런 조건에서 선호되는 종이 있다. 이 거대한 생물 이야기에서 가장 놀라운 사실은 궁극적으로 생물이 우리와 얼마나 관련 없이 독자적으로 살아가는가 하는 점이다.

마지막으로 우리가 미래를 계획하는 방법을 규정하는 가장 중요한 규칙은 자연에 대한 사람의 무지, 그리고 자연의 규모에 대한 오해와 관련이 있다. 우리는 인간 중심주의 법칙에 따라서 생물계가 우리처럼 눈과 뇌, 척추를 가진 종으로 이루어져 있다고 생각하는 경향이 있다. 인간 중심주의 법칙은 우리의 지각과 상상력의 한계에서 나온다. 언젠가는 이 법칙을 뛰어넘고 오래된 편향을 깰 수 있을지 모른다. 가능할 수도 있다. 그러나 앞으로 이유를 차차 살펴보겠지만 그럴 가능성은 낮아 보인다.

10여 년에 전 나는 『살아 있는 모든 생명_Every Living Thing_』에서 생물이 얼마나 다양하고 무엇이 아직 밝혀지지 않았는지 탐색했다. 그 책에서 나는 생물이 우리 생각보다 훨씬 다양하며 편재遍在해 있다고 주장했다. 그 책은 내가 어윈의 법칙Erwin's law이라고 이름 붙인 개념을 확장한 책이었다.

과학자들은 과학의 종착지를 발견했다고(또는 거의 종착지에 가까워졌다고) 주장하고, 새로운 종이나 생물의 극단을 발견했다고 끊임없이 발표한다. 그러면서 과학자들은 보통 자신을 퍼즐의 마지막 조각

을 맞추는 핵심적인 위치에 놓는다. "마침내 내가 해냈어. 우리가 해
냈다고! 내가 알아낸 것 좀 봐!" 그러나 이런 발표 뒤에는 생물이 훨씬
더 장대하고 우리가 상상한 것보다 훨씬 덜 연구되었다는 새로운 발
견이 계속 이어진다. 어윈의 법칙은 생물 대부분이 연구되기는커녕
이름조차 없다는 현실을 밝힌다. 어윈의 법칙이라는 이름은 딱정벌레
를 연구한 생물학자 테리 어윈에게서 따왔다. 파나마 우림에서 수행
한 단 한 건의 연구로 생물의 규모에 대한 우리의 이해를 완전히 뒤바
꾼 인물이다. 어윈이 시작하고 생물을 바라보는 우리의 이해를 뒤흔
든 이 혁명은 코페르니쿠스 혁명에 비견될 만하다. 코페르니쿠스 혁
명은 지구나 다른 행성이 태양 주위를 돈다는 사실에 과학자들이 동
의하면서 완결되었다. 어윈의 혁명은 생물계가 우리 생각보다 훨씬
광대하고 우리가 탐색하지 않은 부분이 많다는 사실을 기억할 때에
완결될 것이다.

종합해본다면, 생물법칙과 생물계 속 우리의 위치를 살펴볼 때 우
리는 미래의 자연사와 그 안에서 인간의 위치를 고려하여 무엇이 가
능하고 무엇이 가능하지 않은지에 대한 비전을 얻을 수 있다. 우리는
생물법칙을 염두에 두어야만 우리 종이 지속될 수 있는 미래를 상상
할 수 있다. 이는 생물을 통제하려는 시도가 실패한 결과로 우리 도
시와 마을이 강물은 물론 해충이나 기생충, 기아가 계속해서 범람하
지 않는 미래이다. 생물법칙을 무시한다면 우리는 계속 실패할 것이
다. 안타까운 소식은 인간이 자연을 대하는 기본 접근법이 자연을 억

제하려는 방법으로 보인다는 사실이다. 우리는 잃을 것을 감수하고서라도 자연과 싸우고, 어딘가 잘못되면 진노한 신(또는 아칸소 녀석들)을 비난한다. 그러나 좋은 소식도 있다. 꼭 그렇게 되지는 않을 수도 있다는 사실이다. 비교적 단순한 여러 생물법칙에 관심을 기울이면 우리는 수백, 수천, 또는 수백만 년 생존할 기회를 더 많이 얻을 수도 있다. 그러나 관심을 기울이지 않으면 글쎄, 모르겠다. 생태학자나 진화생물학자들은 실제로 인간이 존재하지 않는 생물 궤적에 대해서 제법 그럴듯한 생각을 한목소리로 내놓기도 하니 말이다.[4]

01

생물의 기습 공격

최초의 인간 종인 호모 하빌리스는 대략 230만 년 전에 진화했다. 호모 하빌리스는 호모 에렉투스를 낳았고, 이어 호모 에렉투스는 네안데르탈인, 데니소바인, 호모 사피엔스 등 십수 종의 인간 종을 낳았다. 모두 다양한 포유류 종이 수없이 번성했던 시기에 걸쳐 일어난 일이다. 순록만 해도 수백만 마리였고, 어떤 매머드 종은 수십만 마리에 이르렀다. 그러나 250만 년 전에서 5만 년 전 사이에는 어떤 인간 종이든 인구가 많아봤자 대략 1만 명에서 2만 명 사이에 불과했다. 이들은 비교적 소규모 집단을 이루어 여기저기 흩어져 살았다. 인구가 많이 늘어난 곳도, 그런 시기도 없었다. 근본적으로 선사시대 내내 인간은 비교적 드물었고 생존이 항상 보장되지도 않았다. 그러나 상황이 바뀌었다.

1만4,000년 전 무렵 우리 종인 호모 사피엔스는 좀더 한곳에 정착해서 사는 생활에 익숙해지기 시작했다. 사냥이나 채집을 하던 일부 인간들은 농사를 짓고, 맥주를 빚고, 빵을 구웠다. 이런 변화로 인구가 증가했고, 인구 증가는 이후 수천 년 동안 계속되었다. 약 9,000년 전 처음으로 작은 도시가 생겼다. 아직 지구상 전체 인구는 비교적 적은 편이었지만 인구 성장률은 상승하기 시작했다. 기원후 1년이 되면 지구상 전체 인구는 1,000만 명 정도로, 말하자면 현대 중국의 중소 도시 인구와 비슷했다. 그러나 인구 성장률은 꾸준히 올라갔다.

이어 기원후 1년에서 지금까지 인구 성장은 점점 가속되었다. 인구는 80억 명으로 늘었다. 이런 인구 증가를 "대확대" 또는 "대가속"이라고 한다. 인간이 가져온 결과는 확대되었고 그 결과가 일어나는 속도도 해마다 가속되었다.[1]

실험실에서 박테리아나 효모를 연구해보면 대가속 동안에 일어난 인구 성장과 비슷한 개체군 성장을 살펴볼 수 있다. 페트리 접시 위의 작은 정착지 같은 몇몇 집락에 이들이 원하는 만큼 필요한 먹이를 주면, 처음에는 개체군이 느리게 성장하지만 점점 성장 속도가 빨라져 결국 먹이가 고갈되기 전까지 페트리 접시에 생물이 우글거리게 된다. 인간은 바로 지구라는 페트리 접시에 우글거리는 생물이다. 프랑스 박물학자인 뷔퐁 백작 조르주-루이 르클레르가 "지구 표면 전체에는 인간이 미친 힘의 흔적이 새겨져 있다"라고 쓴 1778년에 이미 우리는 이런 사실에 주목하기 시작했다.[2]

대가속 동안 인간이 소비하는 지구 생물량biomass 비율은 기하급수적으로 증가하여, 오늘날 인간은 육상 1차 생산량인 지구 녹색 생물의 절반 이상을 먹어치운다. 오늘날 지구의 육상 척추동물 생물량의 32퍼센트는 다름 아닌 살아 있는 인간의 몸으로 구성되어 있다고 추정된다. 가축은 65퍼센트를 차지하며, 척추동물 중에서 단단한 뼈가 있는 나머지 수많은 동물은 3퍼센트에 불과하다. 이런 맥락에서 멸종률이 100배 이상, 어쩌면 그보다 훨씬 늘어난 것은 당연하다. 지난 1만2,000년 동안 인간이 다른 생물에 미친 영향을 측정한 값은 선형적으로, 보통 기하급수적으로 늘었다. 인간 사회가 내뿜는 오염 물질도 마찬가지이다. 메탄 배출량은 150퍼센트 늘었다. 아산화질소 배출량도 63퍼센트 증가했다. 이산화탄소 배출량은 300만 년 전보다 거의 2배 늘었다. 살충제나 진균제, 제초제 사용 경향도 비슷하다. 인구가 증가하고 인간의 수요와 욕구가 커지면서 인간이 미치는 이런 영향도 모두 점점 확대되고 가속되고 있다.

정확히 언제라고 말할 수는 없지만, 대가속 중 특정 시기에 인구와 인간의 행동은 새로운 지질학적 시대인 인류세를 가져왔다. 모든 일이 너무 갑작스럽게 일어났다. 생물의 긴 역사에 비하면 인구 성장은 한순간에 일어난 일이다. 기차 충돌이나 폭발, 우리가 기원한 축축한 대지에 우후죽순 돋아난 버섯처럼 눈 깜짝할 사이에 벌어진 일이다. 이런 인구 성장의 결과를 마주한 우리는 충돌의 여파를 연구하듯이 조각을 모으고, 상세한 조각을 충분히 모으면 전체를 이해할 수 있으리라고 생각한다. 자못 논리적으로 보이는 이런 가정은 과학 연구의 일반적인 접근법이 되었다. 생물학자들이 모으는 조각은 생물 종이다. 생물학자들은 종을 조사하고, 종의 세부 사항과 종의 수요를 도표화한다. 그러나 이런 접근법에는 우리의 인식이 부족하다는 문제가 있다.

우리가 세상을 이해하기 위해서 연구하는 종은 대부분 특이한 종이다. 이런 종은 생물계의 현실을 대표하지도 않고, 우리의 건강에 가장 영향을 미칠 법한 생물계 일부를 대표하지도 않는다. 우리의 문제는 단순하다. 우리는 생물계가 사람과 비슷하며, 우리가 생물계를 비교적 잘 이해한다고 생각하는 경향이 있다. 그러나 이런 가정은 둘 다 잘못되었으며, 우리가 세상을 이해하려고 할 때 법칙처럼 항상 발생하는 편향의 결과이다. 생물계를 바라보는 우리의 지각과 훨씬 흥미진진한 실제 생물계 사이의 넓은 간극을 깨닫지 못한다면 미래의 자연사를 이해할 수 없다. 그러므로 나는 이 편향에서 시작하려 한다.

우리가 지닌 첫 번째 편향은 인간 중심주의이다. 이 편향은 우리 감각과 정신에 매우 깊숙이 자리 잡고 있어서 법칙, 즉 인간 중심주의 법칙이라고 부를 수 있을 정도이다. 인간 중심주의 법칙은 우리의 생물학적 특성에서 기인한다. 모든 동물 종은 자신만의 감각으로 짜인 틀 속에서 세상을 지각한다. 과학 연구를 개가 도맡았다면, 나는 개 중심주의가 지닌 문제를 살펴보아야 할 것이다. 그러나 인간의 독특한 점은 우리가 지닌 편향이 각자 주변 생물계를 지각하는 방식에 영향을 줄 뿐만 아니라, 세상을 분류하기 위해서 고안한 과학 체계에도 영향을 미친다는 점이다. 스웨덴의 박물학자인 카를 린네는 우리의 체계에 규칙은 물론이고 이 체계의 인간 중심주의에 가속과 관성, 독특한 경관도 부여했다.

린네는 1707년 스웨덴 남부 말뫼에서 북동쪽으로 약 150킬로미터 떨어진 로스홀트에서 태어났다. 로스홀트의 기후는 덴마크 코펜하겐의 기후와 다소 비슷하다. 여름에는 전 세계에서 가장 서늘한 지역 중 하나이고, 겨울에는 매우 어둡고 흐려서 해가 나기라도 하면 사람들은 해바라기처럼 태양 쪽으로 고개를 돌린다. 심지어 "저기 해가 났네!"라며 가리키기도 한다. 린네는 바로 이런 로스홀트에서 자연에 관심을 가졌고, 스웨덴 북부로 훨씬 더 올라간 웁살라와 그 인근에서 자연을 연구했다.

스웨덴은 영토는 넓지만 전 세계에서 가장 생물 다양성이 낮은 국가들 중 하나이다. 그러나 린네는 자기 고향에서처럼 생물 다양성이 낮은 것이 일반적이라고 가정했다. 린네가 스웨덴을 벗어나 방문한 곳은 네덜란드, 프랑스 북부, 독일 북부, 영국이었다. 이곳들은 스웨덴보다 약간 남쪽에 있지만, 생물학적인 면에서는 대체로 스웨덴과 거의 비슷했다. 린네는 이런 지역을 보고 지구의 지형은 스웨덴과 완전히 똑같지는 않더라도 거의 스웨덴과 **비슷하리라**고 상상했다. 린네가 상상한 지형은 비가 자주 오고 날씨가 추웠으며, 사슴과 모기, 쇠파리가 살았고, 너도밤나무와 참나무, 사시나무, 버드나무, 자작나무가 자랐다. 봄에는 수수한 꽃이 피었고, 늦여름에는 딸기가 자랐으며,

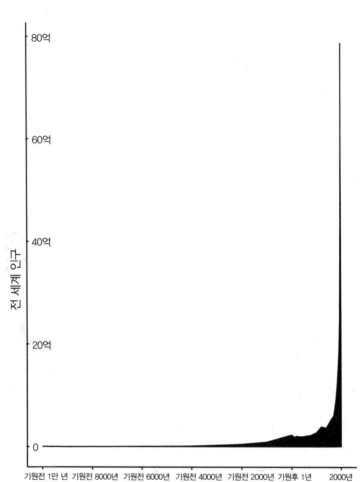

기원전 1만 년 기원전 8000년 기원전 6000년 기원전 4000년 기원전 2000년 기원후 1년   2000년

그림 1.1 지난 1만2,000년 동안의 인구 성장. 1만2,000년 전, 즉 기원전 1만 년에는 전 세계 인구가 10만 명을 넘지 않았던 것으로 추정된다. 이 수는 너무 적어서이 그래프에는 표시되지 않았다. (그림 : 로런 니컬스)

축축한 가을 땅에서는 딱 먹기 좋을 때 버섯이 솟아올랐다.

1700년대 이전 서로 다른 지역과 문화에 사는 과학자들은 각자 다른 생물 명명법을 따랐다. 린네는 과학 공통어로 된 보편적인 체계를

구축하고 시행하기 시작했다. 각 종에 라틴어로 된 속명과 종명을 부여하는 체계였다. 한 예로 사람은 호모(우리 속) 사피엔스(우리 종)이다. 이어 린네는 근처 다른 종들로 눈을 돌렸다. 그는 종을 연구하고, 종을 쓰다듬고, 축복하듯 새로운 린네식 이름을 하사했다.

린네는 스웨덴에 서식하는 생물 종에 다시 이름을 붙이는 일부터 시작했다. 따라서 가장 먼저 새로운 이름을 얻은 종은 스웨덴 종, 일반적으로는 북유럽 종이었다. 모든 생물에 이름을 붙이는 서양의 과학적 전통은 스웨덴 편향을 띠고 시작되었다. 심지어 오늘날에도 스웨덴에서 멀어질수록 과학계에 알려지지 않은 새로운 종을 더 쉽게 발견할 수 있다. 린네가 지닌 편향은 스웨덴 편향만이 아니었다. 린네도 어쩔 수 없이 인간이었기 때문이다. 그가 다른 종이 될 수는 없었다. 인간인 린네는 자신의 이목을 끄는 주변 종을 연구했다. 린네는 식물을 좋아했고 특히 생식 기관에 주목했다. 그는 동물도 연구했는데, 동물계 중에서는 척추동물에 가장 관심을 가졌다. 척추동물 중에서도 포유류에 관심을 가졌고, 포유류 중에서도 무수히 많은 쥐 같은 작은 종은 무시하고 더 큰 종을 주로 연구했다. 일반적으로 린네는 보기 좋은 종이나 개화식물처럼 자신과 동료들의 눈에 띄는 종, 또는 크기나 행동이 사람과 비슷해서 쉽게 볼 수 있고 공감할 수 있는 종에 주목했다. 린네의 초점은 이렇게 유럽 중심적이자 인간 중심적이었다. 린네에게 교육받고 겸손하게도 스스로를 린네의 "사도"라고 부르는 과학자들은 대부분 린네의 발자취를 따랐고, 그와 비슷한 편향을

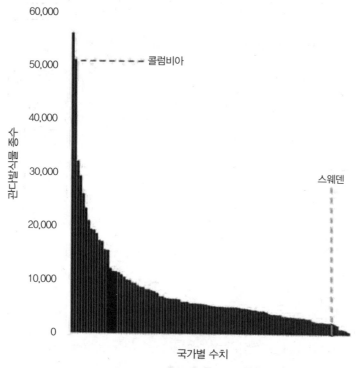

그림 1.2 103개국에 서식하는 관다발식물 종수. 스웨덴은 식물 다양성 면에서 생물학적 다양성이 가장 낮은 국가 중 하나라는 점에 주목하자. 가령 콜롬비아 영토는 스웨덴보다 2배 크지만, 식물 종수는 스웨덴보다 대략 20배나 많다. 조류나 포유류, 곤충의 다양성 패턴도 비슷하다.

지녔다. 이후의 과학자들도 대부분 마찬가지였다. 이런 편향은 어떤 종에 먼저 이름을 부여할지뿐만 아니라,[3] 어떤 종을 자세히 연구할지, 특히 어떤 종에 보전 노력을 기울일지에도 영향을 미친다.

유럽 중심적이자 인간 중심적인 과학적 편향은 우리가 세상을 바라보는 시선을 왜곡한다는 점에서 문제이다. 우리는 이런 편향 때문에 과학자들이 연구하는 종이 우리가 연구하기 위해 선택한 세상의 일부가 아니라 세상 자체를 반영한다고 여기게 된다. 수십 년 전 과학자들이 "지구상에 얼마나 많은 종이 있을까?"라는 단순한 질문을 던지기 시작하자, 이런 지각이 얼마나 잘못되었는지는 금세 분명해졌다.

이런 질문에 본격적으로 대답하려는 시도는 곤충학자 테리 어윈에서 시작되었다. 어윈은 1970년대에 파나마의 열대 우림 나무 꼭대기에 사는 딱정벌레 군집을 연구하기 시작했다. 대체로 나뭇가지 위에서 사는 이 수상 딱정벌레는 살지만 유럽에서 처음 연구된 탓에 **지표성** 딱정벌레ground beetle라고 불린다. 유럽에는 딱정벌레가 그다지 다양하지 않고, 그나마 서식하는 종은 실제로 땅 위에서 기어다니는 경향이 있기 때문이다.

어윈은 공중에서 딱정벌레를 찾아 식별하기 위해서 새로운 방법을 도입했다. 그는 밧줄을 타고 높은 나무에 기어올라가 옆 나무의 우거진 가지에 살충제를 뿌렸다. 먼저 그는 루에헤아 세에마니이 *Luehea seemannii*라는 종의 나무에 살충제를 뿌린 다음, 땅으로 내려와서 죽은 곤충이 떨어지기를 기다렸다. 어윈이 처음 이 방법을 시도했을 때, 숲 바닥에 펼쳐둔 방수포 위로 곤충이 수만 마리씩 떨어졌다. 다행히 딱정벌레도 있었지만, 더 큰 수확도 있었다.

궁극적으로 어윈이 루에헤아 세에마니이 나무에서 수집한 딱정벌레는 그와 동료들이 식별할 수 있는 것만 해도 950여 종이나 되는 것으로 집계되었다. 무엇보다 어윈은 자신이 수집한 곤충 가운데 바구밋과에 속하는 딱정벌레 종이 206종은 더 있다고 추정했다. 공식적으로 이를 분명히 확인해줄 시간이 있는 바구미 전문가는 없었지만 말이다. 결과적으로 숲 하나의 나무 한 종류에서만도 미국에 서식하는 전체 조류 종보다 더 많은 약 1,200종 이상의 딱정벌레가 확인된 셈이었다. 다음으로 어윈은 보다 일반적인 다른 곤충과 절지동물로 시선을 돌렸다. 그는 지표성 딱정벌레 종 대부분이 과학계에서 처음 발견된 새로운 종일 뿐만 아니라, 다른 딱정벌레류나 절지동물류의 종 대부분도 마찬가지라는 사실을 깨달았다. 게다가 다른 나무 종에서 곤충을 채집하기 시작하자 루에헤아 세에마니이 나무에서 발견된 것과 다른 종도 발견되었다. 열대 우림의 서로 다른 나무 종에는 서로 다른 곤충과 절지동물 종이 서식했고, 열대 우림에는 나무 종이 엄청나게 다양했다.

어윈은 이름 없는 생물의 폭격을 마주했다. 그는 이전에 어떤 과학자도 본 적이 없고 자세히 연구된 적은 더욱 없는 종들에 둘러싸였다. 곤충이 어떤 나무에서 떨어졌는지 외에는 이 종들에 관해서 아는 사람도 없었다. 이때 어윈은 식물학자 피터 레이븐의 연락을 받았다. 당시 미주리 식물원의 관장이었던 레이븐은 어윈에게 간단한 질문을 던졌다. 한 종의 나무 한 그루에 이름 모를 딱정벌레 종이 그렇게 많다면 "파나마 숲 1에이커(4,000제곱미터)에는 대체 얼마나 많은 종이 사는 거요?" 레이븐의 질문은 열대림 생물학에 대해서 우리가 아는 바와 실제의 격차를 확인하는 일을 담당하는 전미 연구평의회 위원장인 그가 진행하던 연구에서 비롯된 것이었다.[4] 어윈은 대답했다.

"피터, 곤충이 얼마나 많은지는 아무도 몰라요. 그걸 알기는 불가능해요."[5]

레이븐이 어윈에게 연락했을 당시에는 지구 생물 다양성에 대해서 적절한 평가가 이루어지지 않았다. 1833년 곤충학자인 존 O. 웨스트우드는 곤충학 분야 동료들을 대상으로 시행한 설문조사 결과를 바탕으로, 지구에는 다른 생물은 말할 것도 없고 곤충만 해도 50만 종이 살고 있다는 가설을 세웠다. 레이븐 역시 미국 국립과학재단에 제출한 보고서에서 간단한 수학에 기반한 추정치를 제안했다. 그는 지구상에 300만 종에서 400만 종이 살고 있다고 추정했다. 레이븐이 옳다면 지구에 사는 종의 절반은 이름이 없는 셈이었다.

한편 지구에 사는 종 전체는 말할 것도 없고 파나마 숲 1에이커에 서식하는 곤충 종이 얼마나 많은지도 추정하기는 "불가능하다"고 말했던 어윈 역시 이것을 한번 시도해보기로 마음먹었다. 어윈은 몇 가지를 계산해서 이 일에 착수했다. 루에헤아 세에마니이 나무에 딱정벌레 1,200종이 살고, 그 딱정벌레 종의 5분의 1이 이 나무에서만 살 수 있도록 특화된 종이라면, 파나마 우림 1헥타르(1만 제곱미터)에 사는 딱정벌레 종은 얼마나 될까? 어윈은 루에헤아 세에마니이 나무에서 자신이 발견한 결과가 다른 열대성 나무에서 발견될 수도 있는, 어떤 종이 특정 나무에서만 살 수 있는 일종의 특화를 대표한다고 가정하고 파나마 우림에 사는 나무 종의 수를 반영하여 우림에 서식하는 딱정벌레 종의 수를 계산했다. 그다음 이 수치를 이용해서 (곤충뿐만 아니라 거미, 지네 등을 포함한) 총 일반 절지동물의 수를 추정했다. 그 결과 파나마 우림 1헥타르에는 약 4만1,000종의 절지동물이 서식하는 것으로 계산되었다. 이것이 레이븐의 질문에 대한 어윈의 답변이었다(레이븐이 미국 국립과학재단에 제출한 보고서가 발표된 지도 상당한 시간이 흐른 시점이었기 때문에 어윈의 답변이 약간 늦은 셈이기는 했다). 그러나 어윈은 좀더 나아가기로 했다. 그는 비슷하지만 간단한 수학을 적용하여 파나마 우림 1헥타르나 파나마 전체 우림뿐만 아니라 전 세계 열대 우림에 서식하는 절지동물의 종수를 추정했다. 그러고는 『딱정벌레 연구회보_Coleopterists Bulletin_』에 2쪽짜리 보고서를 실어, 지구에 약 5만 종의 열대 나무가 있다면, "지구상에는 3,000만 종의 열대 절지동물이 존재할 것이다"라고 주장했다. 당시 지구상 절지동물 중 100만 종(더 일반적으로 본다면 150만 종)에만 이름이 있었다는 점을 볼 때, 어윈의 주장대로라면 절지동물 20종 중 19종은 아직 이름이 없는 상태라는 뜻이었다![6]

어윈이 추정한 값은 학계에 논쟁을 불러일으켰다. 과학자들은 이 값의 타당성에 대해서 글로는 공격적으로, 직접 만나서는 약간 불편한 감정을 내비치며 논쟁했다.

어떤 과학자들은 사석에서 어윈이 어리석다고 평했다. 공개적으로 어윈이 어리석다고 비난하는 이들도 있었다. 어떤 이들은 추정값이 너무 높다고, 다른 이들은 자기가 관심을 쏟는 생물의 추정값이 너무 적다고 어윈을 어리석게 생각했다. 논문이 수없이 쏟아졌다. 어윈은 자신의 논문에 대한 반응에 논문으로 맞섰다. 그는 새로운 자료를 수집했다. 더 많은 논문을 내놓았지만, 그렇게 하면 할수록 또다른 반응에 부딪혔다. 그동안 다른 과학자들도 앞다투어 새로운 데이터를 얻으려고 노력했다. 논문이 더 많이 쏟아졌다. 어윈의 추정값을 다듬고, 부정하고, 개선하려는 연구는 공격적이고, 격렬하고, 논쟁적이고, 공개적이었다.

결국 논쟁은 기본적으로는 중단되거나 적어도 극적으로 사그라들었다. 과학자들은 수년간의 논쟁 끝에 암묵적인 합의에 이르렀다. 이름 없는 동물 종이 너무 많아서 어윈이 옳은지 그른지 확실히 판단하기 위해서는 몇 세기는 걸릴 것이라는 결론이었다. 지구상 곤충과 다른 절지동물 종수에 대한 가장 최근의 추정값은 대략 800만 종인데, 이런 동물 8종 중 7종은 아직 이름이 없다는 뜻이다. 800만 종이라는 수치는 어윈의 추정값보다 적지만, 어윈의 연구 이전에 추정했던 값보다는 훨씬 많다.[7] 우리가 모르는 것은 너무 많고, 우리가 아는 것은 보잘것없다.

어윈은 과학자들이 동물계의 규모를 다시 점검하게 만들면서 생물다양성에서 코페르니쿠스 같은 역할을 했다. 천문학자 코페르니쿠스는 태양이 우주의 중심이라고 주장했다. 그는 태양이 지구 주위를 도는 것이 아니라 반대로 지구가 태양 주위를 돌며, 지구는 자전축을 중심으로 하루에 한 번 자전한다고 말했다. 한편 어윈은 사람이 수백만의 생물 종 가운데 1종에 불과하다는 사실을 밝혔다. 우리 같은 척추 동물이나 (린네가 생각했던 것처럼) 북유럽 생물이 평균적인 동물 종이 아니라는 사실도 보여주었다. 오히려 열대 딱정벌레, 나방, 말벌, 파리가 평균 종에 가까웠다. 어윈의 통찰은 급진적이었다. 사실 어윈의 관점은 우리 눈에 여전히 똑같아 보이는 지구가 자전하고 태양 주위로 공전한다고 상상하는 것보다 일상적인 세계관으로 받아들이기 훨씬 어려울 정도로 급진적이었다.

우리의 관점을 뒤바꾼 어윈의 혁명은 곤충에서 끝나지 않았다. 버섯을 만드는 진균 같은 종류는 곤충보다 훨씬 덜 알려진 것으로 드러났다. 최근 나는 동료들과 함께 북아메리카 전역의 집 안에 서식하는 진균을 연구했다. 어느 집에나 진균이 있었다. 그러나 놀라운 것은 진균의 존재가 아니라 진균의 종수였다. 가장 최근의 집계에 따르면 북아메리카에 서식하는 이름 붙은 진균은 대략 2만 종이다. 그러나 집 먼지만 살펴보아도 그 수는 2배가 넘었다.[8] 우리가 집 안에서 발견한 진균 중 최소한 대략 절반은 과학계에 처음 보고되었다는 의미이다. 과학계에 알려지지 않은 새로운 수천 종의 진균이 우리의 집 안에 살고 있다. 집이 특별한 장소여서 그런 것은 아니다. 사실 우리의 집 안에 이름 모를 수많은 진균이 우글거린다는 사실은 우리가 주변 진균 세계를 얼마나 모르고 있는지를 나타낸다. 호흡할 때마다 들이마시는 진균 포자의 절반에는 아직 이름이 없으며, 이들이 우리 자신의 건강과 복지에 미칠 결과를 이해할 만큼 상세한 연구는 더더욱 부족하다. 지금 잠시 멈춰서 크게 심호흡해보자. 이름 모를 진균이 코로 들어온다. 진균은 곤충만큼 다양하지는 않을지 모르지만, 척추동물보다는 훨씬 다양하다.

그러나 어원의 혁명을 완수하기 위해서 우리가 알아야 하는 것은 진균이 아니라 박테리아이다. 린네는 박테리아가 있다는 사실을 알았지만 이를 무시했다. 그는 모든 미생물을 사실상 "혼돈"이라는 단일 종으로 뭉뚱그렸다. 체계화하거나 심지어 체계화할 수 있도록 만들기에는 너무 작고 다른 종이었다. 최근 케네스 로시와 나의 동료 제이 레넌은 이 혼돈을 측정하고자 했다. 두 사람은 박테리아에만 초점을 맞춰 연구해, 지구상에 1조나 되는 박테리아 종이 있다고 추정했다. 무려 1조(1,000,000,000,000)이다.[9] 1조. 연구 말년에 자연의 웅장함을 마주한 테리 어윈이 겸손하게 "생물 다양성은 무한하고 이 무한을 추정할 방법은 없다"라고 언급했을 때 염두에 두었던 숫자도 아마 이 정도 규모였을 것이다.[10] 로시와 레넌이 추산한 박테리아 다양성은 무한하지는 않지만, 알려진 박테리아 세상에 비하면 거의 그런 셈이다. 두 사람은 토양, 물, 배설물, 나뭇잎, 음식 등 박테리아가 서식하는 전 세계 3만5,000개의 시료에서 얻은 자료를 연구하여 이런 숫자를 추산했고, 이 시료에서 유전적으로 서로 다른 500만 종의 박테리아를 식별할 수 있었다. 그다음 두 사람은 몇 가지 일반적인 생물규칙(예를 들면 한 서식지에서 개체수가 늘면 종수가 얼마나 늘어나는지 알려주는 규칙 등)을 이용하여 지구 전체에서 시료를 채취한다면 얼마나 많은 박테리아 종을 맞닥뜨리게 될지 추정했다. 몇 십억 정도 차이는 있을지 몰라도, 답은 대략 1조였다. 로시와 레넌이 추산한 값은 완전히 빗나갔을 수도 있지만, 이 값이 정답인지 확인하려면 수십, 수백 년, 아니면 훨씬 더 오랜 시간이 걸릴 것이다. 가까운 내 동료 한 명은 저녁에 나와 가볍게 이런저런 대화를 나누던 중, 세상에 있는 박테리아는 아마 10억 종 정도에 불과할 것이라고 말했다. 그러나 그는 이렇게 덧붙였다. "그러나 알 수 없죠. 내가 정말 아는 건 새로운 박테리아 종이 어디에나 있다는 사실뿐이니까요." 우리는 박테리아를 깔고 앉아 코와 입으로 박테리아를 들이마신다. 박테리아에 이름을 붙이거나 이들을 셈하지 않을 뿐이다. 아니면 우리가 매일 헤집고 다니는 야생을 이해할 수 있을 정도로만 재빨리 훑으며 박테리아에 이름을 붙이거나 셈할 뿐이다.

내가 대학원생이었을 때, 과학자들은 어원의 추정값에 따라서 생물 종 대부분이 곤충이라고 생각했다. 한동안은 진균이 대세인 것 같았다. 지금은 언뜻 보면 지구는 박테리아 세상인 것 같다. 세상을 바라보는 우리의 지각은 계속 변한다. 좀더 구체적으로 말하면 생물계의 규모를 나타내는 측정값은 계속 늘어난다. 값이 늘어날수록 이 세상에서 살아가는 평균적인 방식은 인간의 방식과 점점 멀어지는 듯하다. 평균적인 동물 종은 유럽의 생물도, 척추동물도 아니다. 좀더 일반적으로 말하자면 평균 종은 동물이나 식물이 아니다. 사실 평균 종은 박테리아이다.

그러나 박테리아도 이 이야기의 끝이 아니다. 대부분의 개별 박테리아 균주나 종에는 그 종에 특화된 바이러스인 박테리오파지가 산다. 이 장을 검토해준 박테리오파지 전문가 브리타니 리는 최근 내게 이메일을 보내 박테리오파지 종이 박테리아 종보다 10배나 많은 경우도 있다고 알려주었다. 박테리아가 1조 종이라면 박테리오파지는 1조, 심지어 10조 종은 되는 셈이다. 얼마나 되는지는 아무도 모른다. 우리가 분명하게 아는 사실은 이들 종 대부분은 아직 이름조차 없거나 어떤 식으로든 연구되지도, 이해되지도 않았다는 점이다.

박테리오파지 너머에는 세상의 중심이라는 인간의 지위를 와해하기 위한 마지막 한 겹이 남아 있다. 얼마 전 테네시 대학교의 미생물학자인 캐런 로이드가 알려준 대로, 평균적인 종은 유럽 생물이나 동물이 아닐뿐더러 지구 표면에서 살 수 있는 종이 아닐 수도 있다.

로이드는 바닷속 지각에 사는 미생물을 연구한다. 얼마 전까지만 해도 바닷속 지각에는 생물이 없다고 여겨졌다. 그러나 로이드와 다른 연구자들은 이곳에 생물이 가득하다는 사실을 밝혔다. 바닷속 지각에 사는 생물은 태양이 없어도 생존할 수 있다. 대신 이런 생물은 우리의 발아래 깊숙한 곳에 있는 화학 물질의 농도 기울기를 이용해서 에너지를 얻어 생존한다. 지각에 사는 생물은 이런 에너지를 이용해서 단순하고 느긋하게 살아간다.

이런 생물 중 일부는 생장이 너무 느려서 한 세대가 1,000년에서 1,000만 년에 걸치기도 한다. 자, 후자처럼 한 세대가 1,000만 년인 생물 종의 세포를 하나 상상해보자. 마침내 내일 분열하려고 하는 세포 하나이다. 이 세포가 마지막으로 분열했던 때는 인간의 조상과 고릴라의 조상이 각자의 궤적을 따르기 전이었을 것이다. 침팬지와 인간의 조상이 고릴라의 조상에서 갈라져 나오기 훨씬 전이었을 수도 있다. 이 세포는 한 세대 동안 사람의 광범위한 진화 이야기 전체뿐만 아니라 대가속 모두를 겪었을 것이다. 아마도 1,000만 년쯤 더 지나서야 끝날 이 계통의 다음 세대는 평생 무엇을 겪게 될까?

생장이 느리고 화학 물질에 기대어 살아가는 지각 미생물은 비교적 최근에야 발견되었다. 그러나 오늘날 이 생물은 지구상 살아 있는 생물의 질량(과학자들이 생물량이라고 부르는 것)의 최대 20퍼센트를 차지한다고 여겨진다. 얼마나 깊이 사는지에 따라서 다르지만, 이 숫자는 적게 잡은 수치일 것이다. 지각 미생물이 얼마나 깊은 곳에 사는지도 알 수 없다. 인간보다 더 깊은 곳에 산다는 점만은 분명하다. 지각 미생물이 "일반적"이지는 않다. 지각 미생물이 사는 조건은 일반적인 생물의 조건이 아니다. 그러나 생물량이나 다양성 면에서 측정해본다면, 사실 지각 미생물의 생활 방식은 포유류나 척추동물의 생활 방식보다는 일반적이다.

우리가 인간 중심주의를 바탕으로 생각하는 것과 달리, 평균적인 생물은 우리와 비슷하지도 않고 우리에게 의존하지도 않는다. 이것이 내가 어원의 법칙이라고 부르는 것을 인정할 때 따라오는, 어원의 혁명이 우리에게 주는 핵심적인 통찰이다. 어원의 법칙에 따르면 생물은 우리 생각보다 훨씬 덜 연구된 편이다. 인간 중심주의 법칙과 어원의 법칙은 둘 다 일상에서는 떠올리기가 어렵다. 매일 이렇게 확인해야 할 수도 있다. "나는 작은 종의 세상에 사는 큰 종일 뿐이다. 나는 단세포 종의 세상에 사는 다세포 종일 뿐이다. 나는 무척추 종의 세상에 사는 척추 있는 종일 뿐이다. 나는 이름 없는 종의 세상에 사는 이름 가진 종일 뿐이다. 우리가 알 수 있는 것 대부분은 아직 알려지지 않았다."

생물계에 대해서 그토록 무지하고 생물계의 규모에 대해서 편향된 관점을 지니고 있음에도 불구하고 인간이 생물 종으로서 이처럼 성공했다는 사실은 놀랍다. 아인슈타인은 "세상에서 가장 이해할 수 없는 영원한 미스터리는 세상을 이해할 수 있다는 말이다"라고 했다. 바꾸어 말하면, 이는 우리가 얼마나 알고 있는지는 결코 알 수 없다는 뜻이다.[11] 그러나 나는 이 말이 전적으로 옳다고 생각하지는 않는다. 내 생각에 우리가 더욱 이해할 수 없는 사실은 우리가 세상을 그토록 조금밖에 이해하지 못했는데도 살아남았다는 점이다. 우리는 시야가 흐린데도 조금 취한 채 신나게 가속 페달을 밟으며 어떻게든 길을 나서는 운전자 같다.

사람이 그럭저럭 버텨올 수 있었던 이유 중 하나는 우리 주변의 더 작고 이름 없는 종들이 무엇인지는 몰라도 그들이 무슨 일을 하는지는 이해할 수 있었기 때문이다. 예를 들면 제빵사나 맥주 양조자가 사워도우 빵이나 맥주를 만들 때 오랫동안 해왔던 일이 이와 같다.

사워도우 빵을 만들 때, 밀가루와 물을 섞은 다음 며칠이 지나면 마치 기적처럼 밀가루와 물 혼합물이 부글거리기 시작하며 부풀고 맛이 시어진다. 스타터라고 부르는 이 부글거리는 혼합물을 더 많은 밀가루와 물에 넣으면 반죽이 또 부풀고 맛이 시어진다. 그 결과 신맛 반죽인 사워도우가 생기고, 이것을 구우면 빵이 된다. 사람이 언제 처음으로 사워도우 빵을 구웠는지는 알 수 없다. 얼마 전 나는 고고학자들과 협력하여 7,000년 된 그을린 음식 부스러기가 가장 오래된 사워도우 빵인지 알아보는 프로젝트를 시작했다. 이 음식 부스러기가 고대 사워도우 빵인지는 모른다(그래 보이기는 한다). 그러나 이 부스러기가 최초의 사워도우 빵이 아니더라도, 최초의 사워도우 빵이 발견된다면 적어도 그 정도는 오래되었을 것이다.

지금까지 발견된 가장 오래된 맥주는 사실 농업의 시작보다 앞선다.[12] 맥주를 빚는 과정은 사워도우 빵을 굽는 과정과 상당히 비슷했을 것이다. 먼저 곡물이 싹을 틔우게 한다. 이 발아한 (맥아로 만든) 곡물을 끓인 다음 그대로 두면 맛이 시어지고 알코올이 형성되기 시작한다.

맥주를 빚고 빵을 굽던 고대 과학자들은 시행착오를 거치면서 더 나은 생산물을 만드는 능력을 키웠다. 가령 제빵사는 스타터 일부를 저장해두었다가 영양분을 주고 재사용하면 새 반죽을 부풀릴 수 있다는 사실을 알아냈다. 스타터가 좋아하는 조건도 발견했다. 이들은 스타터를 정확히 무엇이라 말할 수는 없었지만, 매우 중요한 가족 구성원처럼 다루었다. 맥주 양조자도 맥주 위 거품을 일부 걷어내서 다른 맥주에 첨가하는 비슷한 방법을 찾아냈다. 이 거품 역시 일종의 "동물" 같았다.

제빵사가 몰랐던 사실은 예로부터 있던 효모 때문에 스타터가 부풀고, 예로부터 있던 박테리아 때문에 맛이 시어진다는 것이었다. 한편 맥주 양조자가 알지 못한 사실은 예로부터 있던 효모 때문에 알코올이 생기고, 예로부터 있던 박테리아 때문에 맥주가 시어진다는 것이었다. 게다가 제빵사나 맥주 양조자는 둘 다 빵이나 맥주 안에 있는 박테리아가 자신의 몸과 자신이 재배한 곡물에서 나왔다는 점을 몰랐다. 빵과 맥주에 들어 있는 효모가 말벌의 몸에서 나왔다는 사실도 몰랐다(말벌의 몸은 맥주나 빵 효모의 자연 서식지였다). 그들은 이 미생물이 살기 적합한 조건을 유지하는 데에 필요한 단계만 알면 충분했다. 모르는 것으로 가득 찬 세상에서 일상을 살아갈 방도였다.

그러나 우리의 조상이 주변 세상을 바꾸기 시작하면서 의도치 않게 주변 종의 구성도 바뀌었다. 그렇게 하면 때때로 일상을 살아갈 방도가 작동하지 않기도 했다. 빵이 부풀지 않고, 맥주가 발효되지 않았다. 그러나 왜 그런지는 알 수 없었다. 조상들은 포기하고, 이동하고, 혁신하고, 새로운 것을 만들었다. 이런 변화를 이끈 실패의 기록을 찾아보기는 힘들다. 변화만 볼 수 있을 뿐이다. 고고학적 기록은 때로 우리의 실수를 너그럽게 눈감아준다. 빛이 희미한 곳에서 멀리 떨어져 찍은 사진에 주름과 잡티가 보이지 않는 것과 마찬가지이다. 그러나 인구가 늘고 인간이 유발한 생태적 변화가 가속되면서 일상을 살아갈 옛 방도가 이처럼 실패하는 경우는 점점 늘어나는 듯하다.

몇 년 전 나는 다른 여행자들과 함께 가이드를 따라 동굴에 들어간 과학작가 이야기를 읽은 적이 있다. 일행이 동굴에 들어서자, 수많은 박쥐 떼가 날아들었다. 박쥐가 움직이거나 우는 소리가 들렸고 무수한 날개가 퍼덕이면서 이는 바람이 느껴질 정도였다. 가이드는 말했다. "걱정하지 마세요. 박쥐는 음파 탐지 능력이 있어서 우리가 어디 있는지 정확히 알거든요. 어두워도 우리가 잘 보일걸요!" 그러나 가이드가 동굴 깊은 곳으로 들어가려고 방향을 틀자, 어둠 속에서 박쥐 한 마리가 갑자기 날아들어 그의 얼굴을 세차게 후려쳤다.

박쥐는 분명 음파 탐지 능력을 이용하여 어둠 속에서도 "볼" 수 있는 놀라운 능력을 지녔지만, 특히 동굴 같은 곳에서는 주요 지형물이나 자주 가는 경로를 상세히 기억해서 길을 찾기도 한다. 그러나 가이드는 이런 사실을 몰랐고, 박쥐는 평소 가던 길을 따라 날다가 박쥐 세상 모형에 없는 가이드를 갑작스럽게 마주쳤다. 박쥐는 사람에게 기습당했고, 사람은 박쥐에게 기습당했다.

인간이 지금껏 이룬 성공 대부분은 사물이 고정된 세상, 즉 비교적 안정된 세상에서 이루어졌다. 우리는 앞을 명확히 볼 수 없는데도 앞으로 나아갈 길을 구상했다. 그러고는 주변 생물을 바꿔 박쥐가 마주친 것과 비슷한 상황을 초래했다. 미래를 바라보는 우리의 집단적 영향은 빗나갔고, 주변 세상을 바라보는 지각에는 심각한 결함이 생겼다. 전에 있던 자리에 그대로 있는 것은 아무것도 없다. 우리는 주변 사물과 충돌하기 시작했다. 우리는 생물에게 기습당한다는 사실을 발견했다.

우리의 실수가 일으킨 결과가 다소 문제가 되기는 하지만, 치명적이지는 않은 경우도 있다. 이런 경우는 우리에게 더 큰 문제를 미리 내다볼 창을 제공한다. 예를 들어보자. 최근 나의 동료들은 노스캐롤라이나 주립대학교 실험실에서 사워도우 스타터를 만들고 연구하려고 했다. 밀폐되어 있고 음식이 거의 발효되지 않는 집 안에 흔한 특이한 미생물 종으로 가득 차 있는 실험실이었다. 실험 결과는 성공적이지 못했다. 스타터에는 효모가 거의 정착하지 못했다. 대신 스타터에는 곰팡이로 알려진 사상성 진균이 자랐다. 곰팡이는 빵을 부풀리지 못한다. 우리는 실험실에서 빵을 만들려고 하면서 필요한 일부 요소를 너무 많이 바꿔버렸다. 문을 꼭 닫고 바깥 생물을 차단한 일부 가정에서도 비슷한 일이 일어날 것이다. 이런 곳에서 우리는 사워도우 생태계를 파괴한 것처럼 생물 구성을 바꿔버렸다.

제대로 작동하지 못한 실험실 사워도우 스타터는 우리의 생물학적 대우주를 나타내는 소우주이다. 그렇다면 우리의 역할은 무엇일까? 앞에서 나는 인류를 페트리 접시 위의 미생물에 비유했지만, 사실 아주 적당한 비유는 아니다. 우리는 이 둥근 지구에서 혼자 살지 않기 때문이다. 우리는 넓은 생물 공동체에서 사는 하나의 종이다. 그러나 불균형하게 영향을 미치는 종이기도 하다. 우리 인간은 사워도우 스타터 속 유산균과 비슷하다. 유산균은 우리처럼 자신이 속한 세상을 형성하면서 동시에 주변 다른 종에 의존한다. 그러나 유산균은 우리와 달리 주변 세상을 자신에게 더 우호적으로 만드는 경향이 있다. 유산균은 산을 생성하고 그 안에서 번성한다. 더 큰 차이점도 두 가지 있다. 하나는 유산균은 수백만, 수십억, 수조가 아닌 불과 수십 종이 지구상에 산다는 점이다. 다른 하나는 유산균이 자원을 모두 써버리면 우리가 유산균을 살릴 수 있다는 점이다. 우리는 유산균에게 손을 뻗어 양분이 될 밀가루를 다시 줄 수 있다.

그러나 우리는 식량이 바닥나도 천체의 저장 창고에서 재고를 끌어와서 스스로를 구원할 수 없다. 우리는 자원을 이용하는 동시에 이 자원에서 얻은 생산물을 유지해야 한다.

우리의 역할과 유산균의 역할 사이에 세 번째 차이점도 있다고 보는 사람도 있다. 가끔이지만, 우리는 자각한다는 점이다.

그러나 우리의 자각에는 한계가 있다. 우리가 내린 어떤 결정의 결과가 명백해지기 시작해도, 우리의 다양한 행동은 너무 얽혀 있어서 어떤 행동이 어떤 특정한 영향을 일으켰는지 알아내기가 어렵다. 최근 독일의 한 아마추어 곤충학자 단체는 지난 30년 동안 수집한 곤충 수집품을 다시 점검했다. 규격화된 장소에서 규격화된 덫을 이용하여 채집한 곤충이었다. 아마추어 곤충학자들은 해마다 채집한 곤충을 분류하고 식별하여 수집품 목록에 추가했다. 테리 어윈처럼 대부분 딱정벌레를 수집하던 이 아마추어들이 애초에 삼은 목표는 그저 희귀종에 초점을 맞춰 독일 곤충을 기록하는 것이었다. 특별히 놀랄 만한 사건을 기록하게 되리라 기대하지도 않았고, 분명 작은 동호회 바깥으로 퍼질 뉴스거리도 없을 터였다. 독일은 전 세계에서 곤충이 가장 잘 연구된 두세 곳 중 하나이다. 게다가 독일은 린네가 연구한 스웨덴보다는 곤충이 다양하지만, 아주 다양하지는 않다. 독일 전체에 사는 곤충 종보다 파나마나 코스타리카 열대 우림 하나에 사는 곤충 종이 더 많을 것이 거의 분명하다. 가령 독일에는 100여 종의 개미가 있다고 알려졌지만, 코스타리카 라셀바 생물관측소에 있는 숲에는 현재 500종이 넘는 개미가 있다고 한다.[13] 그러나 여러 해에 걸쳐 수집한 곤충 수를 비교해보던 독일의 아마추어 곤충학자들은 충격에 빠졌다. 지난 30년 동안 그들이 연구하던 자연 서식지에 사는 총 곤충 생물량이 조용히 70−80퍼센트나 감소한 것이다. 전 세계에서 곤충이 가장 잘 연구된 국가 중 한 곳에서 일어난 현상이 이 정도이다. 어쩌다 이런 생물량 감소가 일어났는지는 여전히 분명하지 않다.[14]

독일의 곤충 수 감소가 유발할 결과도 불분명하다. 곤충이 줄어들자 곤충을 잡아먹는 조류 개체군이 감소했다는 사실은 알려져 있다. 그러나 다른 어떤 일이 벌어질까? 아직 아무도 모른다. 내 생각에는 일단 그 결과가 닥쳐야 알 수 있을 것 같다.

알 수 없는 일이 너무 많이 밀려올 때에는 포기하기 쉽다. 무지의 어둠 속에서 방향 감각을 잃었을 때, 아마도 가장 간단한 해결책은 앞날을 운명에 내맡기고 그저 희망을 품은 채 눈을 감고 한발 한발 나아가는 것일지도 모른다. 우리는 미래를 알 수 없다. 미래는 너무 복잡하고, 우리는 미래를 너무 모르며, 미래에는 너무 많은 변화가 일어난다. 우리는 앞으로 나아가려고 애쓰며 분명 이런저런 일을 시도하겠지만, 그것이 우리의 운명일 것이다. 다른 방법도 있다. 특정 독일 딱정벌레 종의 이야기에 주목하듯이, 세부에 집중하는 것이다. 특정한 무엇인가를 깊이 이해하면 광범위한 해결책이 나올 수도 있다. 특정한 한 가지에 집중하는 일은 분명 우리가 취할 접근법의 하나가 되어야 한다. 그러나 이런 방법은 대체로 매우 특이점이 많으므로 결코 전체적인 그림을 주지는 않는다.

이 책에서 내가 시작하는 접근법은 생물법칙을 활용하여 우리가 모든 부분에 이름을 붙이기도 전에 변화하는 세상을 이해하는 것이다. 그러면서도 우리는 어원의 법칙을 염두에 두어야 한다. 어원의 법칙은 생물계가 우리의 생각보다 훨씬 크고 다양하다는 사실을 일깨운다. 알려진 세상은 미미하고, 알려지지 않은 세상은 광대하다. 앞으로 이 책에서 소개하는 법칙에도 어원의 법칙이 적용된다. 아직 연구되지 않은 생물이 반드시 지금까지 연구된 생물처럼 행동하지는 않으리라는 가능성이 적용되는 것이다. 그러나 생물계를 바라보는 우리의 관점이 모호하고 부분적이며 편향되어 있다는 사실을 안다고 해도,

우리가 실제로 아는 것을 이용하여 세상을 이해하려는 시도를 멈추어서는 안 된다. 우리 손에 든 등불은 희미하지만 막막한 어둠 속에서 어쨌든 빛을 비춰준다. 우리는 이 등불을 들고 어떻게든 우리가 나아갈 길을 찾아야 한다.[15]

02

도시의 갈라파고스

E. O. 윌슨은 생물계에서 가장 확고한 법칙 중 하나의 상세한 작동 방식을 이해하게 되었다. 종이 어디에서 얼마나 빨리 멸종할지뿐만 아니라 새로운 종이 어디에서 얼마나 빨리 진화할지, 사실 지금도 어디에서 진화하고 있을지 예측하는 법칙이었다. 그러나 이야기는 여기에서 시작하지 않는다. 윌슨의 이야기는 동물을 사랑하는 빼빼 마른 한 소년이 자란 앨라배마에서 시작한다. 윌슨은 어린 시절 뱀, 바다 생물, 새, 양서류 등 움직이는 것이라면 전부 좋아했다. 어느 날 플로리다 주 펜서콜라에서 물고기를 잡던 윌슨은 낚싯줄을 너무 세게 잡아당겼다. 물고기 한 마리가 물 밖으로 튕겨 나오면서 윌슨의 눈을 찔렀고, 윌슨의 시력은 영구적인 손상을 입었다. 이 사건 이후 그는 재빠르게 움직이는 척추동물을 잡아서 연구할 수 없게 되었다. 게다가 선천적으로 고음역을 듣지 못하는 탓에 여러 새나 개구리 울음소리도

듣지 못했다. 자서전에서 밝혔듯이, 그는 "곤충학자가 될 운명"이었다.[1] 윌슨의 관심을 줄곧 사로잡은 생물은—어릴 때부터 대학생 시기를 거쳐 마침내 하버드 대학교의 교수가 될 때까지—바로 개미였다.

윌슨은 개미를 살피는 초기 연구 여행을 하던 시절 뉴기니, 바누아투, 피지, 뉴칼레도니아 섬을 아우르는 멜라네시아 제도를 방문했다. 당시 윌슨은 하버드 펠로 협회에서 주니어펠로로 선정되었고, 덕분에 하고 싶은 연구를 마음껏 할 수 있었다. 윌슨은 무엇보다 과학 연구를 위해서 개미를 채집하고 사색하면서 자금을 받을 수 있는 멜라네시아 제도로 향했다(나도 이런 일을 해본 적이 있는데, 꽤 괜찮은 일이다). 윌슨은 이곳에서 통나무를 들어보고, 나뭇잎을 뒤집어보고, 구멍을 파고, 시력이 괜찮은 한쪽 눈으로 서로 다른 섬에 어떤 개미가 얼마나 많이 사는지 패턴을 파악했다. 이 패턴은 자연의 규칙을 나타내는 듯했다. 윌슨은 개미를 관찰하며 세상에 숨겨진 짜릿하고 심오한 진실을 낚아챘다고 생각했다. 이런 진실 중의 하나가 더 큰 섬에는 작은 섬보다 더 많은 종의 개미가 산다는 점이었다.

큰 섬일수록 더 많은 종이 서식한다는 사실을 알아챈 사람이 윌슨이 처음은 아니었다. 조류와 식물 종의 분포가 이런 패턴을 따른다는 사실은 이미 다른 과학자들이 감지한 바 있었다. 이런 패턴은 섬에 서식하는 종의 수가 섬의 면적을 거듭제곱한 값에 상수를 곱한 값과 같다는 간단한 공식으로 표현될 수 있다. 즉, 큰 섬일수록 더 많은 종이 살 것으로 예측된다. 생태학자 니컬러스 고텔리는 이 공식과 이 공식이 설명하는 패턴을 "생태학에서 얼마 되지 않는 진정한 '법칙' 중 하나"인 종–면적 법칙이라고 불렀다.[2]

사람들은 흔히 아이작 뉴턴 경이 머리에 떨어진 사과를 보고 중력을 발견했다고 말한다. 그러나 이는 사실이 아니다. 뉴턴의 위대한 업적은 중력을 발견한 것이 아니라 중력의 원인을 발견한 것이다. E. O. 윌슨은 큰 섬에 여러 종이 축적되는 경향이 있다는, 뉴턴이 발견한 중력 같은 생물 패턴을 그저 확인하는 데 그치지 않았다는 점에서 뉴턴에 비견될 만하다. 윌슨은 이 패턴이 발생하는 원인을 설명하고자 했고, 그러면서 생태학을 엄격한 수학적 과학법칙으로 발전시키고자 했다. 그러나 한 가지 문제가 있었다. 윌슨의 수학 능력이 뱀의 위치를 파악하고 새 소리를 듣는 능력만큼 뛰어나지 못하다는 점이었다. 그래서 무려 하버드 대학교 교수였던 그는 1학년 미적분학 수업을 들었다. 배워야 한다는 사실을 깨달은 윌슨은 학생용 책상에 긴 다리를 구겨 넣고 조용히 앉아 숙제를 하고 문제를 풀어가며 배움에 전념했다. 신입생용 미적분학만으로는 충분하지 않다고 여긴 그는 수학에 능통하고 야심 찬 젊은 생태학자 로버트 맥아더와도 협력했다. 맥아더와 윌슨은 함께 수학 공식 이론을 개발하기 시작했다. 두 사람은 이 공식으로 더 큰 섬에는 개미나 새, 다른 무엇이든 더 많은 종이 서식하는 이유를 설명할 수 있다고 생각했다.

이 이론에는 두 가지 핵심 요소가 있었다. 첫 번째 요소는 어떤 섬에 사는 특정 종이 멸종할 가능성은 섬의 크기와 연관이 있다고 보는 것이다. 윌슨과 맥아더는 섬의 크기가 작을수록 어떤 종이 섬에서 멸종할 확률이 높아진다고 보았다. 작은 섬에서는 생물 개체군 또한 작을 수밖에 없으므로, 가령 거센 폭풍이나 흉년이 한 번만 닥쳐도 종이 멸종할 확률이 더 높다. 게다가 작은 섬에는 생물에게 필요한 것이 충분하지 않을 가능성도 크다. 시간이 흐르며 섬 면적과 멸종 사이에 일반적인 관계가 있다는 생각에 힘이 실렸다. 작은 섬에 서식하는 종의 멸종률은 큰 섬에 서식하는 종의 멸종률보다 보통 더 높고, 특히 서식지가 다양하지 않은 작은 섬에서는 더욱 그런 경향이 강했다.

이 이론의 두 번째 요소는 섬에 사는 종의 사라짐이 아니라 새로운 종의 도착에 주목했다. 다른 곳에서 날아오거나, 떠내려오거나, 헤엄쳐 오거나, 무엇인가를 타고 다른 곳에서 온 종이 섬에 자리를 잡을 수 있다. 섬 안에서 새로운 종이 진화할 수도 있다. 윌슨과 맥아더는 이런 두 가지 경우처럼 새로운 종이 "도착하는" 사건이 일어날 가능성은 섬의 지형학적 크기에 따라서 달라진다고 생각했다. 섬이 크면 생물 종이 그 섬을 발견할 확률도 높다. 섬이 크면 특정 종에게 필요한 특별한 서식지나 숙주, 기타 필요조건을 충족할 가능성도 높다. 게다가 섬이 크면 한 종의 여러 개체군이 서로 격리될 공간이 충분하므로, 이들이 서로 다른 종으로 진화할 수 있다.

윌슨은 맥아더의 도움을 받아서 이런 모든 아이디어를 정교화하고 확장하여 일련의 공식으로 표현했고, 이를 『섬 생물지리학 이론*The Theory of Island Biogeography*』이라는 책으로 함께 출간했다. 두 사람의 이론은 전 세계 여러 섬에서 계속 검증되었다. 수십, 수백 명의 과학자가 검증을 이어갔다. 대부분은 세상에 숨겨진 규칙을 이해한다는 데에 신이 난 대학원생들이었다. 까다로운 과학자들은 중요한 사항은 남겨둔 채 공식의 세부 사항에 이의를 제기하거나 논쟁하며 야단을 피웠다. 윌슨과 맥아더의 공식은 섬의 여러 생물학적 특징을 고려하지 않는다. 그러나 이들의 이론은 오랜 검증 속에서도 살아남았다. 이들의 이론이 세상이 작동하는 방식의 본질적인 진실을 포착하기 때문이다. 큰 섬일수록 분명 더 많은 종이 사는 경향이 있고, 이는 종의 멸종과 도착이 균형을 이룬 덕으로 보인다. 두 사람의 이론은 외딴섬이나 야생 숲, 심지어 도시를 생각할 때 미래의 자연을 명확하게 예측하게 해준다는 점에서도 중요하다. 특히 도시의 미래를 염두에 둘 때 그러하다.

생태학자들은 곧 윌슨과 맥아더의 이론이 오늘날 늘어난 섬 비슷한 서식지 이곳저곳에도 적용된다는 사실을 깨달았다. 영국 농경지 한복판에 자리한 섬 같은 숲 조각은 실제 바다 위에 떠 있는 바위와 흙으로 된 생태 조각과 어떻게 다를까?[3] 맨해튼 브로드웨이 도로 한복판의 화단형 중앙 분리대는 유리와 시멘트로 이루어진 바다에서 일종의 군도를 형성하고 있지 않을까? 게다가 맥아더와 윌슨의 아이디어를 여러 서식지 조각으로 확장하는 일은 시급해 보인다. 지금과 마찬가지로 당시에도 숲과 다른 야생 서식지는 무서운 속도로 사라지고 있었다. 섬에 대한 맥아더와 윌슨의 이론이 점점 사라지는 숲에 실제로 적용된다면, 의심할 여지 없이 숲에서도 섬에서처럼 많은 종이 사라지고 있었을 것이다. 일부 조각만 살펴보아도 이런 이야기를 확인할 수 있을까? 맥아더와 윌슨은 그렇다고 보았다. 이런 가능성에 따라서 일련의 대규모 연구 프로젝트들이 시작되었다. 그중에는 당시 스미스소니언 연구소의 톰 러브조이가 주도하여 브라질 아마존에서 의도적으로 숲 조각을 만드는 실험도 있었다.

작가 테리 템페스트 윌리엄스는 지구를 떠올리며 이렇게 썼다. "세상이 조각조각 나뉜다면 그 편린에서 어떤 이야기를 찾을 수 있을지 보고 싶다."[4] 러브조이 역시 편린에서 가르침을 얻고자 했다. 러브조이는 실험을 위해서 숲을 둘러싼 주변 지형을 목초지로 개산해 숲을 여러 조각으로 나누었다. 목장주들은 나무를 한그루 한그루 베어 어떻게든 숲을 깔끔하게 정리했다. 러브조이는 브라질 정부와 목장주들을 설득해서 이렇게 자른 조각을 실험에 이용했다. 덴마크어로 스케레skaere라는 동사는 "자르다"라는 뜻으로, "조각"을 의미하는 스코르skår와 어근이 같다. 러브조이가 만들려던 조각은 원래 하나였던 섬세한 생태계를 깔끔하게 잘라내어 여러 개로 나눈 것이었다. 러브조이의 프로젝트에서 잘게 나뉜 조각은 크기가 서로 달랐고, 여러 조각은 다른 생태 조각은 물론이고 원래 하나로 이어졌던 거대한 숲인 소위 "본토"와도 다양한 거리로 떨어져 있도록 계획되었다. 이 실험의 결과는 데이비드 쾀멘의 아름다운 책 『도도의 노래*The Song of the Dodo*』

와 엘리자베스 콜버트의 『여섯 번째 대멸종*The Sixth Extinction*』에 연대순으로 설명되어 있다.[5] 러브조이와 동료들은 궁극적으로 서식지 조각이 실제로 바다 위의 섬처럼 작동한다는 사실을 발견했다. 조각이 작을수록 그곳에 사는 종의 수는 적었다. 지구상 숲이나 다른 야생 서식지가 줄어들면 이런 서식지에 새로 도착하는 종의 수는 감소하고 멸종하는 종의 수는 증가할 것이다.

연구가 계속되면서 서식지 감소가 생물 다양성에 미치는 영향의 역학 관계나 세부에 대한 이해가 조금씩 달라지기는 했지만, 우리가 아는 사실만으로도 행동하기에는 충분하다.[6] 윌슨과 보전생물학자들은 지구 육지의 절반을 야생 숲과 초원, 기타 생태계로 보전해야 한다고 주장해왔다. 윌슨은 지금은 물론 앞으로 우리에게 필요한 생물 다양성을 보전하는 데 필요한 것은 지구의 절반이라고 주장한다. 공식을 함께 만든 당사자이니, 윌슨은 당연히 이 사실을 잘 알 것이다.

대체로 섬 생물지리학의 역학 관계는 섬이나 생태 조각에 종이 도착하는 일(정착)과 이곳에서 종이 사라지는 일(멸종)만 살펴보아도 분명히 예측할 수 있다. 그러나 다른 과정도 영향을 미친다. 맥아더와 윌슨이 언급은 했지만 후속 연구에서는 거의 다루지 않은 과정인 종 분화이다.

종 분화는 새로운 종이 형성되는 과정으로, 원래는 하나였던 기원에서 둘 이상으로 종이 분화되는 것을 말한다. 서식지 면적이 클수록 종 분화 속도는 빨라질 것으로 예상된다. 윌슨과 맥아더는 애초에

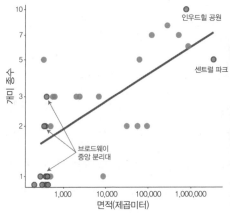

그림 2.1 종 다양성과 섬 같은 서식지 면적의 관계를 나타낸 사례로 맨해튼의 화단식 중앙 분리대와 공원에 서식하는 개미의 종수를 그린 도표(왼쪽). 클린트 페니크(당시 나의 연구실 박사후연구원이자 현재 케너소 주립대학교 조교수)가 중앙 분리대에서 개미를 설탕으로 유인해 작은 플라스크에 채집하는 모습(오른쪽). (도표 : 에이미 M. 새비지 등의 논문을 바탕으로 로런 니컬스가 작성. Savage, Amy M., Britné Hackett, Benoit Guénard, Elsa K. Youngsteadt, Robert R. Dunn, Fine-Scale Heterogeneity Across Manhattan's Urban Habitat Mosaic Is Associated with Variation in Ant Composition and Richness, *Insect Conservation and Diversity* 8, no. 3, [2015]. 사진 : 로런 니컬스)

큰 섬에 새로운 종이 더 많이 도착할 것이라고 가정했지만, 큰 섬에서는 종 분화도 더 빠르고 많이 일어난다는 사실도 예측했다. 이 예측은 1967년 『섬 생물지리학 이론』이 출간된 이후에는 거의 언급되지 않았다. 종 분화에 대한 두 사람의 생각이 책의 끝부분에 제시되어 있어 간과되었을 수도 있다. 그러나 두 사람이 시대를 너무 앞서갔을 가능성도 있다. 그때까지 생태학자와 진화생물학자들은 진화가 얼마나 빨리 일어날 수 있는지 몰랐고, 하물며 종의 기원이 계속 그래왔던 것처럼 실시간으로 기록될 수도 있다는 점도 알지 못했다.

두 사람의 책을 끝까지 읽으면 맥아더와 윌슨이 종 분화에 대해서 상당히 자세히 논했다는 사실을 알 수 있다. 두 사람은 종 분화와 지역 적응, 심지어 새로운 형질의 기원이라는 맥락에서만 보더라도 섬이 "진화를 연구하기에 최적의 무대"라는 사실을 깨달았다.[7] 섬이 진화의 무대라는 맥아더와 윌슨의 생각은 다윈으로 거슬러 올라간다. 다윈은 섬을 진화를 바라보는 렌즈로 이용했을 뿐만 아니라 자신의 생각을 명확하게 다듬는 맥락으로도 활용했다. 다윈은 약 5년간 비글 호를 타고 여러 고립된 섬—케이프베르데 제도, 포클랜드 제도, 갈라파고스 제도, 타히티, 뉴질랜드 섬, 오스트레일리아 대륙 등—을 탐험했다. 그러면서 다른 섬에서는 본 적 없고 나중에 확인한 바로는 대부분 그 섬에서 진화한 여러 종에 대해서 명확한 견해를 가지게 되었다. 그러나 섬은 자연선택의 작동 방식을 설명하는 데 이상적인 맥락을 지닌 장소이기도 했다. 다윈은 이 섬세한 자연선택이라는 단계에 기반하여 어디에서나 일어나는 과정을 설명하기 시작했다.

다윈은 종이 섬에서의 고립과 지역적 조건에 맞춰 새로운 종으로 진화할 수 있다고 주장했다. 가령 갈라파고스 제도는 남아메리카 서해안에서 800킬로미터 떨어진 해저에서 화산이 폭발하면서 형성되었는데, 이 섬에 도착한 중간 크기 거북이 1종은 밝기와 크기가 제각각인 거대 거북이 14종 이상으로 진화했다. 갈라파고스 제도로 날아온 앵무새 1종은 각 섬에 자리 잡고 3종으로 진화했다. 변이가 쉽고 칙칙한 색깔을 띤 핀치 1종은 갈라파고스 제도로 날아와 13종으로 진화했다. 이 새들은 오늘날 "다윈의 핀치"라고 불린다. 다윈이 언급한 대로 핀치들의 부리는 제각각으로 분화했다. 다윈은 『비글 호 항해기The Voyage of the Beagle』에서 이 핀치들이 자연선택에 따라 "서로 다른 목적을 위하여 달라졌다"라고 썼다.[8] 다윈의 핀치 1종은 부리로 선인장의 꿀, 꽃가루, 씨앗에 접근하기 쉽도록 진화했다. 어떤 종은 부리로 다른 새나 척추동물의 등을 쪼아 피를 빨기 쉽도록 진화했다. 다른 2종은 부리로 막대기를 집어 애벌레를 잡도록 진화했다. 그밖에 여러 종은 부리로 씨앗을 먹는 데에 적합하도록 진화했다.

다윈은 바다 위 섬에는 특히 다른 곳에서는 볼 수 없는 고유종이 사는 경향이 있다고 보았다. 그리고 이런 종이 고립되어 있어 본토 친척과 달라지도록 진화했기 때문에 존재한다는 사실을 깨달았다. 그러나 그는 어떤 섬에 새로운 종이 더 많고 어떤 섬에 새로운 종이 적은지에 대해서는 불분명한 입장을 취했다. 맥아더와 윌슨은 다윈의 고전적인 섬 진화 이야기에 살을 붙였다. 그들의 공헌은 큰 섬에 도착한 생물일수록 더 많은 종으로 진화한다는 가설을 세운 것이었다. 다만 이 가설은 검증하기가 어려웠다. 사실 2006년까지 맥아더와 윌슨의 책에서 "그림 60"을 제외하면 대부분의 가설은 검증되지도 않았다. "그림 60"에서 두 사람은 면적이 다른 여러 섬을 관찰하여 다른 곳에서는 볼 수 없고 특정 섬에 서식하는 고유종 조류의 종수를 표시했다. 데이터가 많지는 않았지만 이 그림에 따르면 섬이 클수록 아마도 그곳에서 진화했을 고유종 조류가 더 많다는 사실은 분명했다.

2006년 야엘 키슬은 현재 옥스퍼드 대학교 교수인 티머시 배러클러프와 함께 임피리얼 칼리지에서 박사 과정 연구를 시작했다. 키슬이 수행한 연구는 어떤 섬의 면적이 그 섬에서 새로운 종이 진화할 가능성에 미치는 영향을 밝히는 그때까지의 연구 중 궁극적으로 가장 야심 찬 종합적 연구였다. 바다에서는 수백만 년에 걸쳐 화산섬이 솟아올랐다. 용암이 부글거리다 식었다. 해조류가 정착하고 이어 새들이 서식했다. 거미는 거미줄을 자아 이동했다. 생물들은 새로운 섬에 자리 잡고 정착했다. 식물은 새의 발에 묻거나 물살에 떠밀려 왔다. 그리고 진화가 전개되었다. 진화는 지역 환경은 물론 우연히 도착한 종의 영향을 받아서 이루어졌다. 키슬은 이 현상의 여파를 연구했다.

원래 키슬의 연구는 부가적인 프로젝트였다. 배러클러프는 키슬에게 주 논문 연구를 진행하면서 하나의 식물 종이 시간이 지나면서 둘로 진화하는 데에 필요한 최소 섬 크기가 얼마나 되며, 어느 정도면 충분한지 밝히는 연구도 함께 시도해보면 어떻겠냐고 제안했다. 이런 연구는 최근 수행한 비슷한 조류 연구를 보강할 것이었다.[9] 키슬이 나에게 이메일로 설명한 바에 따르면 그는 "식물의 종 분화에 필요한 최소 섬 크기"가 정해져 있는지, 정해져 있다면 얼마나 되는지를 밝히고자 했다. 그러나 결국 키슬과 배러클러프는 프로젝트를 다른 생물로도 확장하기로 결정했다. 키슬은 더 많은 데이터를 수집하다가 여러 생물 집단이 종 분화한 섬의 특징을 모은, 이제껏 엮은 것 중 가장 거대한 데이터 모음을 거의 우연히 발견했다. 그는 유럽을 벗어나지 않고도 모든 자료를 엮었다. 갈라파고스 제도나 레위니옹 섬, 마다가스카르에 가지도 않았다. 키슬은 과거에 이들 지역에서 연구한 사람들의 현장 연구 자료를 모아둔 박물관과 컴퓨터 데이터베이스를 바탕으로 모든 연구를 수행했다.

키슬이 살펴본 데이터베이스에는 갈라파고스 제도 같은 작은 해양 섬들뿐만 아니라 마다가스카르 같은 더 큰 섬의 자료도 있었다. 키슬은 두 종류의 종 분화에 주목했다. 어떤 종이 섬에 도착했을 때 그 종이 어디에서 왔든 본토 친척과 구별되는 새로운 종으로 진화하는지 아닌지에 집중할 수도 있었지만, 이것은 키슬과 배러클러프의 주요 관심사가 아니었다. 두 사람은 섬 안에서 일어난 종 분화에 주목했다. 키슬은 섬 안에서 일어난 종 분화에 주목할 경우 종 분화에 필요한 최소 섬 크기(키슬의 원래 관심사)를 알아낼 수 있을 뿐만 아니라 다른 중요한 요소가 있는지도 밝힐 수 있으리라 생각했다.

이 연구의 결과, 키슬은 맥아더와 윌슨의 이론에서 예상했던 대로 섬의 크기가 종 분화 확률에 중요하다는 사실을 발견했다. 키슬이 연구한 각 생물 집단에서 섬 크기는 종 분화 확률을 지배하는 가장 중요한 단일 요소였다. 섬이 클수록 종 분화가 일어날 확률이 높았던 것이다. 그러나 여기에는 다른 요소도 있었다. 키슬은 데이터에서 자신이 확인한 사실과 이전 연구 결과들을 바탕으로 한 가지 가설을 세웠다. 섬 안에서, 또는 섬 사이의 이동이 적은 생물은 작은 섬에서도 종 분화를 할 가능성이 높다는 가설이었다. 이 가설에서는 쉽게 퍼져나가는(그래서 유전자를 여기저기 흩뿌릴 수 있는) 생물은 작은 섬에서는 거의 또는 전혀 종 분화를 하지 않는다고 가정되었다.

키슬의 논리는 매우 합리적이었다. 여기저기 잘 퍼지고, 빨리 날거나 달리고, 재빨리 미끄러져 나가는 생물이어도 잠깐은 작은 섬 이곳저곳에 고립될 수 있다. 그러나 결국에는 항상 한쪽에 정착한 생물과 다른 쪽 생물이 만나게 된다. 이들은 서로 짝짓기하고 유전자를 교환하고, 다른 개체군에 비해서 한쪽 개체군에 더 축적된 차이를 뒤섞는다. 이런 현상을 개들을 풀어놓는다고 가정해서 생각해보자. 극단적인 서식지를 지닌 섬 한쪽 끝에는 그곳에 잘 적응하는 불도그를 풀어놓고, 반대편에는 그 지역에 더 잘 적응하는 골든레트리버를 풀어놓는다. 섬이 작고 장애물이 거의 없다면 골든레트리버 몇 마리가 섬의 반대편 불도그 서식지로 이동하는 일이 항상 일어난다(반대의 경우도 가능하다). 두 종은 교배하고 두 부모 종을 유전적으로 뒤섞은 형질을 지닌 자손을 낳는다. 다윈이 지적한 대로 "변이되지 않은 개체가 흘러들어와 서로 이종교배하면서 변이하는 경향도 발견된다."[10] 그러나 섬이 충분히 크면 불도그와 골든레트리버 개체군은 서로 만날 일이 없다. 불도그와 골든레트리버 종은 시간이 지나며 각자의 궤적을 따라 진화해, 서로 만나더라도 교배할 일 없이 분리된 채 유지된다. 즉 키슬은 잘 퍼져나가지 않는 생물이라면 작은 섬에서도 충분히 종 분화를 일으킬 수 있다고 예측했다. 그러나 박쥐처럼 잘 날아다니거나 (늑대나 개처럼) 잘 걸어다니는 육식동물목 포유류는 큰 섬에서만 종 분화할 수 있다.

키슬과 배러클러프는 키슬이 수집한 새, 달팽이, 화초, 양치식물, 나비, 나방, 도마뱀, 박쥐, 육식성 포유류 등 다양한 생물 종이 포함된 방대한 데이터베이스를 바탕으로 이 확산 가설을 검토했다. 두 사람이 살핀 데이터베이스에는 생물체들이 뒤죽박죽 얽혀 있기는 했지만, 이들은 쉽게 데이터를 얻을 수 있는 생물체였다. 포유류와 곤충 대부분, 그리고 미생물 전체는 빠져 있었다. 키슬과 배러클러프가 연구한 생물체는 모두 큰 섬에서 새로운 종으로 진화할 가능성이 더 높다. 그러나 종 분화가 일어날 수 있는 최소 섬 크기로 보면, 잘 퍼져나가지 않는 생물(달팽이)이 분화하는 데에 필요한 최소 섬 크기는 작고, 쉽게 퍼져나가는 생물(새나 박쥐)이 분화하는 데에 필요한 최소 섬 크기는 크다. 달팽이 한 마리가 새로운 종으로 진화하는 데에 필요한 최소 면적은 캘리포니아 주 프리몬트에 있는 테슬라 공장 면적 정도인 1제곱킬로미터도 되지 않는다. 그러나 넓은 영역으로 멀리 날아갈 수 있는 박쥐 한 마리가 새로운 종으로 진화하는 데에 필요한 최소 면적은 이보다 몇 배나 큰 수천 제곱킬로미터 이상으로, 대략 5개 자치구를 포함한 뉴욕 크기에 맞먹는다.

키슬은 섬에서 일어나는 새로운 종의 진화를 살피는 연구를 완료한 다음 여러 아이디어를 검증하지 않고 남겨둔 채 다른 연구로 옮겨 갔다. 그중 하나는 달팽이에 대한 아이디어였다. 달팽이는 거의 주목받지 못하지만, 어쨌든 전 세계 여러 섬에서 새로운 종으로 진화한다.

달팽이는 매우 쉽게 다양화된다. 이런 다양화는 부분적으로 느리게 퍼지는 달팽이의 특성 때문일 수도 있다("영차, 할 수 있어"). 그러나 키슬은 다른 요소도 영향을 준다고 생각했다. 키슬이 내게 이메일로 설명해준 바에 따르면, 종이 섬에서 다양화되기 위해서는 두 가지 요소가 필요하다. 먼저 다른 섬이나 본토의 친척과 교배하지 않으려면 종은 한곳에 머물러야 한다. 게다가 이들은 섬에 맨 처음 당도할 수 있어야 한다. 달팽이는 이 두 요소를 모두 가지고 있다. 달팽이는 보통 매우 좁은 지역 안에서 느릿느릿 움직인다. 평생 1미터도 채 이동하지 않는 달팽이도 있다. 그러나 가끔—적어도 처음 섬에 도착할 수 있을 만큼은—새의 발에 묻거나 새에게 먹혀서 내장 안에서, 심지어 떠내려가는 통나무를 타고 먼 거리를 이동하기도 한다. 달팽이는 종의 기원에서 최적의 위치에 있다. 반면 개구리는 일단 섬에 도착하면 분화할 가능성이 높기는 하지만 섬에 도착할 확률이 낮다. 찰스 다윈이 발견했듯이 개구리는 멀리 퍼져나가지 못한다. 해양 섬에서 토종 개구리 종이 발견되는 일이 극히 드문 이유가 이것이다.

때때로 멀리 퍼져나간다는 점과 보통은 아주 짧은 거리만 이동한다는 두 가지 요소의 조합은 두 단계로 일어날 수도 있다. 원래는 잘 퍼져나갔지만 일단 섬에 도착한 다음 퍼져나가는 능력을 잃는 경우이다. 섬을 빠져나가는 것보다 섬에 남아 있는 것이 유리한 종에게는 대개 이처럼 퍼져나가는 능력을 잃는 편이 유리했고, 이런 일은 흔했다. 뉴질랜드에 도착한 박쥐가 바로 이런 경우이다. 뉴질랜드에 도착한 박쥐 계통은 살기에 적합하지 않은 섬 주변 바다를 벗어나 살기 적합한 섬에 도착하자 날아다니는 능력을 잃었다. 날지 않게 되자 이 박쥐 계통이 뉴질랜드 서식지 안에서 분화할 가능성은 훨씬 높아졌고, 이들은 실제로 그렇게 분화했다. 여러 섬에 정착한 조류에도 비슷한 일이 일어났다. 섬에 정착한 조류 계통이 날지 않게 진화하는 경우가 많았고, 날지 않게 된 새들은 대체로 다양한 종으로 분화했다. 오늘날에는 이런 새들을 거의 볼 수 없다. 부분적으로는 사람이 섬에 도착하자 날지 못하는 새들은 사람, 또는 생쥐나 들쥐처럼 사람에게 딸려온 다른 종에게 잡아먹힐 위험에 처했기 때문이다.

키슬과 배러클러프의 연구 결과와 예측을 보면 우리는 섬 생물지리학 이론이 우리 주변 생물에 대해서 알려주는 바를 다시 생각하게 된다. 전 세계에서 숲, 초원, 늪 조각이 줄어들며 예로부터 살아온 종들은 멸종할 것으로 예상된다. 실제로도 그렇다. 일부 생태 조각에서는 현재 다른 종과 고립되어 있는 개체군에서 새로운 종이 진화할 것이다. 그러나 새로운 종의 기원은 기존 종의 멸종보다 훨씬 드물다. 멸종 과정은 종 분화 과정보다 훨씬 빠르며, 종 분화는 큰 생태 조각에서보다 작은 조각에서는 훨씬 드물게 일어나기 때문이다.

그렇지만 오늘날 확장하는 서식지에서 생존할 수 있는 종은 계속 우리와 함께 미래를 향해 나아갈 것이 틀림없다. 확장하는 우리 인공 서식지에 제대로 퍼져 와서 안착할 수 있더라도 서식지 안에서 잘 이동하지 못하는 생물이라면, 이들은 이미 새로운 종으로 진화를 시작했다고 볼 수 있다. 키슬과 배러클러프의 설명에 따르면 달팽이가 이런 종이다. 식물, 특히 씨앗이 잘 퍼지지 않는 식물도 여기에 포함된다. 열매를 퍼트릴 때 개미에 의존하는 연령초, 제비꽃, 혈근초 같은 식물이 그 예이다. 많은 종의 곤충도 여기에 해당한다. 더 작은 생물체를 다룬 섬 생물지리학 논문은 아직 없다. 일부 진균은 거의 퍼져나가지 않으므로 작은 섬 서식지에서도 분화할 가능성이 있다. 반면 날아다니는 포유류처럼 바람에 쉽게 퍼지는 일부 박테리아는 특정 장애물에 가로막히지 않는 한 분화할 가능성이 거의 없다. 바이러스의 경우를 보면 최근 대규모 감염증을 일으킨 코로나바이러스처럼 새로운 바이러스 변종은 단 한 사람의 체내에서도 진화할 수 있다.

키슬과 배러클러프의 연구는 우리 주변에서 대담하게 진화하는 신세계의 가능성을 열어 보인다. 아주 새로운 종을 확인하게 되리라고 분명하게 예측할 수 있는 세상이다. 그러나 그런 세상을 예측하는 일과 그런 세상이 실제로 되었다는(또는 되어간다는) 사실을 보이는 일은 완전히 별개이다.

지금까지 사람이 만든 가장 큰 서식지는 농장이다. 지구상 옥수수밭의 총면적은 프랑스 전체 면적에 맞먹는다. 옥수수를 먹는 종이 보기에 옥수수 밭은 여러 대륙과 기후에 걸쳐 군도를 이루는 거대한 섬들이다. 밀, 보리, 쌀, 사탕수수, 목화, 담배 밭으로 이루어진 다른 농업 군도도 있다. 이 작물 섬에는 고유종이 진화할 것으로 예측된다.

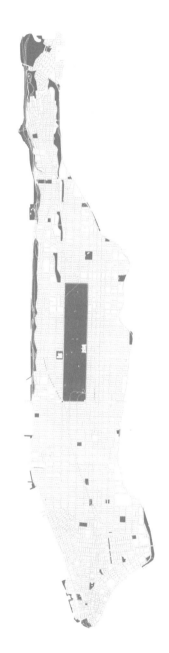

그림 2.2 맨해튼 섬을 배경으로 나타낸
화단형 중앙 분리대와 공원 등의 녹색
조각으로 이루어진 군도. 초원이나 숲
서식지에 사는 종이 보기에 이런 녹색 공
간(그림에서 진한 회색)은 섬처럼 다양
한 정도로 고립되어 있다. 그러나 도로,
유리, 시멘트로 이루어져 녹색이 적은 도
심에 사는 종이 보기에 맨해튼은 맛있는
음식이 사방에 버려진, 크고 연결된 하
나의 섬이다. (그림 : 로런 니컬스)

사실 지금도 그렇다. 작가 데이비드 쾀멘이 『도도의 노래』에서 썼듯이, 섬이 "일반인을 위한 진화생물학 입문서"라면, 농장으로 이루어진 섬 같은 서식지는 거대한 『전쟁과 평화Voina i mir』나 마찬가지이다.[11]

옥수수 깜부깃병을 연구하는 찰스 다윈이나 야엘 키슬은 아직 나타나지 않았다. 사람이 만든 농장을 진화의 경이가 펼쳐진다는 맥락에서 전체적으로 바라보는 사람은 아무도 없다. 솔직히 부끄러운 일이다. 우리가 재배하는 작물에서 진화하는 새로운 종에 대해서 우리가 실제로 아는 지식은 이런 종을 통제 목적으로 이해하려는 시도에서 비롯된다. 이런 연구는 보통 하위 분야로 나뉘어 어떤 과학자 집단은 균류를, 다른 과학자들은 곤충을, 또다른 과학자들은 바이러스를 연구한다. 이런 연구를 모아보면 우리가 재배하는 작물에는 다른 어디에도 살지 않는 수백, 수천의 해충이나 기생충이 서식하고 있다는 사실을 알 수 있다. 갈라파고스 제도에서보다 훨씬 많은 종이 우리의 작물에서 새로 진화하고 있음은 분명하다.

이 책 전체에서 나는 "기생충"이라는 단어를 다른 종에 의존해서 사는 모든 종을 아우르는 넓은 의미로 사용한다. 보통 내가 기생충이라 지칭하는 종은 몸 바깥이나 체내에 서식하며 자신이 기생하는 다른 종에 부정적인 영향을 미치는 종을 말한다. 이런 기생충에는 벌레나 원생생물 종도 있지만 질병을 유발하는 박테리아나 바이러스 같은 병원체도 포함된다. 작물에서 진화한 일부 기생충 종은 우리가 그 식물을 작물화하기 전부터 그 식물에 붙어 서식해온 고대 종의 친척이다. 이런 기생충은 작물이 변화함에 따라 조상과 구별되며 진화했다. 이런 일이 일어나면서 기생충은 그들의 조상과도, 살아 있는 친척과도 구별되는 새로운 종이 되었다.

다른 기생충이나 해충 종은 핀치가 갈라파고스로 날아온 것처럼 다른 서식지에서 이동해 와서 작물에 새로 정착했다. 콜로라도 감자잎벌레의 조상은 북아메리카에서 솔라눔속*Solanum* 식물의 야생종에 붙어서 살던 종이다(감자는 남아메리카 토종이다). 1800년대가 되자 이 딱정벌레는 감자에 정착했고, 그러면서 감자가 자라는 기후에 빠르게 내성을 발현하는 한편 감자에 가장 흔하게 뿌리는 살충제에도 저항력을 갖추었다. 오늘날 콜로라도 감자잎벌레는 기본적으로 북반구 감자 재배지라면 어디에서나 번성한다.[12] 남아메리카 솔라눔속 식물의 야생종에 서식하며 감자 기근을 일으킨 기생충 파이토프토라*Phytophthora*는 작물화된 감자로 이동해서 새로운 형질을 발현하고 아일랜드를 거쳐 전 세계로 퍼졌다.[13] 밀 도열병을 일으키는 기생충은 원래 브라질의 목초인 우로클로아*Urochloa*에 서식하는 조상에서 진화했다. 대략 60년 전 아프리카에서 브라질로 이 풀이 도입될 때 기생충도 함께 들어왔음이 틀림없다. 일부 기생충 개체는 풀에서 밀로 옮겨갔다. 일단 밀에 옮겨가자 이 기생충 개체의 후손은 밀을 더 잘 활용하도록 진화했다. 이 후손들은 브라질 밀 밭으로 차례로 퍼져나갔고, 돌풍처럼 한 식물에서 다른 식물로 옮겨갔다.

작물 육종가가 새로운 작물을 개발할 때에도 농업에서 새로운 종이 탄생할 수 있다. 1960년대 작물 육종가들은 밀과 호밀의 잡종인 라이밀triticale이라는 변종을 성공적으로 생산했다. 얼마 지나지 않아 이 변종은 새로운 질병인 흰가루병에 시달렸다. 흰가루병은 블루메리아 그라미니스 트리티칼레*Blumeria graminis triticale*라는 기생충이 일으킨다. 이 기생충은 새로운 계보이다. 이들은 밀에 사는 기생충 종과 호밀에 사는 기생충 종이 교배하여 진화했다.[14]

농업 분야에서 발생하는 새로운 종이 해충이나 기생충만 있는 것은 아니다. 농부들은 씨앗을 뿌릴 때 작물 씨앗과 비슷해 보이도록 진화한 새로운 종의 잡초 씨앗을 손으로 수확했다가 우연히 함께 뿌리기도 한다. 심지어 일단 저장된 작물을 이용하여 새로운 종이 진화하기도 한다. 가령 집참새는 약 1만1,000년 전 농업이 시작되면서 야생종에서 분리되어 사실상 새로운 종이라 부를 수 있는 종으로 진화한 것으로 보인다. 집참새는 이렇게 야생종과 분리되었을 뿐만 아니라 곡물처럼 전분이 많은 먹이를 먹을 수 있도록 진화했다. 쌀바구미도 집참새처럼 저장된 곡물을 이용해서 진화했고, 이 과정에서 그들의 날개는 퇴화했다. 게다가 이들의 내장으로 들어와 살게 된, 곡물에 부족한 영양소(특정 비타민 등)를 만드는 새로운 박테리아 종과 특별한 관계를 맺도록 진화했다.

우리가 재배하는 작물에서 진화한 새로운 해충, 기생충, 잡초 같은 생물이 언제나 새로운 종으로 불리지는 않는다. 이들은 서로 다른 변이, 변종, 계통으로 불리기도 한다. 보통 이 구분에는 뚜렷한 차이가 없다. 누가 우리의 식량을 먹어치우거나 우리의 작물과 경쟁하는지 연구하는 농업 하위 분야에서만 중요하게 다루는 미묘한 차이만 있을 뿐이다. 그러나 핀치가 갈라파고스에 정착한 다음 새로운 핀치 변종이 생기고 이어 새로운 종이 발생했듯, 그리고 박쥐가 뉴질랜드에 정착한 다음 새로운 박쥐 종이 진화했듯, 농장으로 이루어진 우리 주변의 거대한 섬에서도 새로운 해충이나 기생충 변종 및 종이 진화하고 있다는 사실은 분명하다. 일단 이들이 정착하고, 적응하고, 분화하고, 새로운 종의 기원이 발생하면 그 새로운 종은 유전적 변화를 일으킬 뿐만 아니라 특별한 적응, 즉 이런 변화에 따른 물리적 표현형을 진화시킨다. 다윈은 "핀치의 부리"를 언급했지만, 감자잎벌레의 주둥이나 흰가루병을 일으키는 기생충이 분비하는 단백질에서 펼쳐지는 변화에도 숭고한 마법이 있다. 이런 사례에서 분명히 드러나는 사실은 우리 밭에서 일어나는 새로운 종의 기원이 보통 우리에게 해가 된다는 점이다. 이들은 초대받지 않은 손님처럼 찾아와 우리의 음식을 먹어치운다.

우리는 농업으로 이루어진 섬 외에 도시화로 이루어진 거대한 섬도 만들었다. 도시는 지구에서 일어나는 일반적인 변화에 비해서 너무 빠르게 생겨나서 그 성장이 시멘트, 유리, 벽돌이 분출하고 응고하는 화산 분출처럼 보일 정도이다. 그러나 진화생물학자들은 대체로 이 지각 변동의 한가운데에서 일어나는 진화를 외면했다. 생물학자들은 거대 포유류나 조류에 더 관심을 두는 경향이 있다는 사실을 기억하자. 코요테 같은 거대 포유류는 쉽게 이동하므로 한 도시에 고립되지 않는다. 새들은 도시를 넘나들며 날거나 적어도 때로 그렇게 날아갈 수 있다. 그러나 도시에 사는 종 대부분은 크기가 작고 그다지 퍼져나가지 않는다. 작은 종은 보통 세대 기간이 짧으므로 더 빨리 진화한다. 그리고 키슬과 배러클러프가 지적했듯이 잘 퍼져나가지 않는 종은 더 고립되고 분화할 가능성이 있다. 도시에 관심을 기울이기 시작한 진화생물학자들은 느리게 퍼지고 빠르게 진화하는 종들에서 분화의 낌새를 감지했다.

들쥐는 도시에서 새로운 종으로 진화할 가능성이 가장 높은 생물군은 아니다. 쥐는 코요테보다 세대 기간이 짧고 덜 이동하지만 달팽이보다는 더 많이 움직인다. 그러나 최근 나의 친구이자 동료인 제이슨 문시사우스의 연구에 따르면, 일부 지역에서 지리적으로 분리된 도시에 사는 시궁쥐 개체군은 이미 분화하고 있으며, 각 도시의 특성이나 기후, 얻을 수 있는 먹이 등 세부 사항에 따라서 점점 더 분명하게 서로 달라지고 있다.[15] 이것은 뉴질랜드 웰링턴에 사는 쥐와 미국 뉴욕에 사는 쥐처럼 아주 멀리 떨어진 도시에 사는 쥐에게만 해당하는 일이 아니다. 같은 지역 내의 다른 도시에 사는 쥐에게도 비슷한 일이 일어난다. 문시사우스는 최근 뉴욕에 서식하는 시궁쥐 개체군은 서로 아주 비슷하며, 그들이 인근 다른 도시의 시궁쥐와 교배한다는 증거를 어디에서도 찾을 수 없다고 밝혔다. 게다가 맨해튼 한쪽 끝에 사는 쥐들은 반대편 끝에 사는 쥐들과도 분화되고 있는 것으로 나타났다. 시궁쥐는 맨해튼 도심을 가로질러 이동하거나 도심에서 먹고 짝짓기하며 살지 않는다. 도심에는 맨해튼 다른 지역보다 상주하는 인구가 적기 때문에 거주자들이 고맙게도, 또는 실수로 쥐에게 먹이를 주는 일이 드물기 때문이다. 이유가 무엇이든 쥐가 보기에 도심은 더 멋진 두 섬 사이에 놓인 바다이다. 마찬가지로 뉴올리언스의 한 지역에 사는 시궁쥐도 다른 지역 쥐와 수로로 격리되어 결과적으로 분화되고 있다. 밴쿠버 일부 지역에 사는 시궁쥐는 건너기 힘든 도로로 다른 지역 쥐와 분리되어 있다. 지금의 짝짓기와 이동 패턴이 유지된다면, 각 도시에는 그 도시 실외 환경의 일부인 지역적 환경 조건에 적응한 고유한 시궁쥐 종만 살게 될 것이다.[16]

집쥐는 사람과 함께 전 세계로 퍼져나간 이래 오늘날 수많은 종과 더 많은 변종으로 분화되었다. 지금까지 이런 종이나 변종들은 세부 사항만 달랐다. 아직 서로 근본적으로 달라지지는 않은 것이다. 그러나 이는 시간문제이다. 집파리에 대해서는 도시 사이에서 일어나는 이런 분화 현상이 잘 연구되어 있지 않지만, 북아메리카 여러 지역에 사는 집파리는 각 지역 조건에 잘 적응한 것으로 보인다. 나는 여러 작은 종에서도 분화가 일어나고 있으리라 예상하지만, 아직 연구는 부족하다. 우리는 주변에서 일어나는 변화에 눈을 감고 있다.

도시를 감싼 주변 서식지와 도시가 달라질수록 도시는 더더욱 섬 같은 역할을 하게 된다. 이런 도시는 새로운 종을 진화시킬 뿐만 아니라 이들 종의 형질도 진화시킨다. 앞에서 살펴보았듯이 섬에 사는 종들에게 공통적인 한 가지 형질은 새가 날 수 없게 되듯 쉽게 퍼져나가는 능력을 잃는 것이다. 외딴섬에 사는 새나 씨앗은 멀리 날아가면 더 좋은 서식지보다 바다에 떨어질 확률이 더 높다. 우리의 도시 섬에 사는 종들 역시 먼 곳보다 가까운 곳의 조건이 더 좋을 것으로 예상된다면 멀리 이동하는 능력을 상실할 것으로 보인다. 도시에 서식하는 어떤 민들레 개체군은 이미 시골에 사는 민들레 개체군에 비해서 씨앗을 흩뿌리는 일에 덜 힘을 쏟는 경향을 보이도록 진화했다.[17] 도심 민들레는 보다 집 가까이에 머문다. 서식지 조각 안에서 퍼져나가는 능력을 잃은 종은 근처 도시나 농장, 쓰레기 처리장에 사는 종과는 다른 새로운 종으로 분화할 가능성이 훨씬 높다.

미래에는 국경 통제 방식이 도시에서 진화하는 여러 종의 운명을 결정할 것이다. 전 세계에 사는 종의 이동을 지금보다 더 잘 통제하면 도시에 사는 종들은 훨씬 쉽게 분화할 것이다. 국경 통제를 시행하려고 한다면 말이다. 세계 경제가 붕괴하여 사람들이 여행을 덜 하게 되어도 이런 일이 일어날 수 있다. 바로 지금도 코로나바이러스 대유행 탓에 다소 비슷한 일이 일어나고 있다. 이런 경우 종의 진화는 정치적 지역이나 적어도 우리가 강제로 통제하는 지역에 따라서 일어날 것이다. 유럽 농장이나 도시에 서식하는 종은 북아메리카에 사는 종과 달라질 것이다. 내가 아는 한 아직 아무도 눈여겨보지는 않지만, 이런 차이는 뉴질랜드처럼 원하지 않은 종이 국경을 넘는 것을 막는 국가에서 이미 일어나고 있을 가능성이 매우 높다. 전쟁이나 정치적 분쟁으로 국경이 봉쇄된 양쪽 지역에서도 이런 종 간 차이가 일어날 가능성이 있다. 한국 전쟁 이후 북한에는 독특한 농업 관련 종과 도시 종이 진화했을지도 모른다.

도시 안에서 새로운 종은 특정 서식지에 특화되어 형성되기도 한다. 실제로 이런 사례는 키슬과 배러클러프가 생각했던 사례에 직접적으로 더 가까운 경우일 것이다. 갈라파고스 제도에 사는 한 육상 이구아나 계통이 수면 아래 생물을 먹는 능력을 진화시켰을 때에 일어난 일과도 비슷하다. 이 이구아나는 다리가 짧아지고 꼬리가 납작해지는 등 여러 적응을 진화시켜 바닷속 깊이 들어갔고, 이로써 다른 동물은 거의 먹을 수 없는 해조류에 도달할 수 있게 되었다. 이구아나는 새로운 가시와 용암 같은 흑회색 피부를 진화시켰고, 이를 알아본 다윈은 이구아나를 "어둠의 악동"이라고 묘사하기도 했다. 비슷하지만 훨씬 짓궂은 생물체의 분화가 오늘날 도시에서도 일어나고 있다. 아프리카 도시에 사는 2종의 얼룩날개모기 개체군은 시골에 사는 모기에서 분화한 것으로 보인다. 도시에 서식하는 모기는 사람이 사는 도시에 널리 퍼진 오염 물질에 저항성을 키워야 했다는 것이 부분적인 이유이다. 런던에 서식하는 빨간집모기 개체군은 1860년대에 런던 지하철로 이동했다. 그후 이 모기들은 지상에 사는 친척과 너무 많이 달라져서 오늘날에는 지하집모기라는 별개의 종으로 불리기도 한다. 지상에 사는 모기 종은 새에 달라붙는 데 적합한 반면, 지하에 사는 모기 종은 (사람이나 쥐 같은) 포유류에 달라붙어 먹이를 얻는 데 적응했다. 지상에 사는 모기 종의 암컷은 알을 낳으려면 피가 필요하지만, 먹이가 부족한 지하에 사는 모기 종의 암컷은 피가 없어도 알을 낳을 수 있다.[18]

실내는 새로운 종의 기원이 출몰하는 진원지가 될 가능성이 훨씬 크다. 나는 동료들과 함께 가정에서 대략 20만 종의 생물을 발견했다. 모든 종이 실내에만 사는 것은 아니지만, 대부분은 그렇다. 집 안에 사는 동물만 보아도 돈벌레, 거미 수십 종, 독일바퀴, 빈대가 있다. 오늘날 실내에 주로 서식하는 동물만 보아도 1,000종은 될 것으로 추정된다. 이들 중 많은 종이 도시 간, 그리고 도시 내에서 분화하고 있다. 가령 오늘날 지구상 거의 모든 곳에서 볼 수 있지만 자주 이동하지는 않는 돈벌레는 여기에 해당될 것이 거의 확실하다. 가장 일반적인 집거미 종은 어떨까? 주로 실내에 서식하는 유령개미 같은 도입종은 또 어떨까? 그러나 이런 종의 진화는 아무도 연구하지 않는다.

우리와 아주 가까운 생물체도 있다. 우리 몸속이나 피부, 또는 우리가 기르는 고양이, 개, 돼지, 소, 염소, 양 같은 동물의 몸속이나 피부에 사는 종이다. 우리 몸에 사는 많은 종은 인구가 늘면서 함께 진화했다. 인구가 크게 늘어난 대가속 동안에 가축 개체군의 성장도 가속화되었다. 이에 따라 한때 사람이나 가축에 기생했던 많은 종은 더욱 특화되었다. 사람이나 우리가 기르는 동물은 이런 기생하는 종들이 앞으로 이용할 식권이나 마찬가지이다. 고대인이 전 세계로 퍼져나가면서 고대인과 함께 살던 생물 종은 새로운 아종, 때로는 새로운 종으로 분화되었다. 나는 캘리포니아 과학아카데미의 큐레이터인 친구 미셸 트로트와인과 함께 연구를 수행해 사람이 전 세계를 여행하면서 얼굴 진드기도 분화했다는 사실을 발견했다.[19] 이, 촌충, 심지어 사람의 피부나 내장에 서식하는 박테리아에서도 같은 일이 발생했다.

물론 방금 설명한 일은 우리 주변에서 펼쳐지는 시나리오이지 꼭 우리가 원하는 시나리오는 아니다. 섬 생물지리학을 고려해서 살펴보면 인간은 여러 면에서 지구라는 축축한 반죽을 너무 쥐어짜고 가르고 다시 만드는 바람에 우리가 의존하거나 의존할지도 모르는 야생종을 무심코 멸종시키고, 동시에 문제가 될 수도 있는 종의 기원에 적합한 조건을 조성했다. 게다가 멸종은 새로운 종의 탄생보다 몇 배나 빨리 진행되기 때문에 둘의 숫자는 동등하지 않다. 자연은 우리에게 거래를 제안했다. 우리는 조류, 식물, 포유류, 나비, 벌 수천 종을 포기하는 대신 새로운 모기와 쥐 고작 몇 종을 얻었다. 실패한 거래지만, 우리는 지금까지 이런 거래를 받아들였다.

그러나 좋은 소식도 있다. 지구에서 더 넓은 야생 지역을 보전하기에 아주 늦지는 않았다는 점이다. E. O. 윌슨이 제안한 대로 지구 절반을 구하는 일도 아예 불가능하지는 않다. 공원이나 뒷마당에서도 이렇게 지구를 보전할 수 있다. 우리 집 잔디는 잔디를 좋아하는 종에 적합하다. 잔디를 없애고 식물을 심어 토착종에 적합한 환경을 만들자. 뒷마당을 토착종, 숲 종, 초원 종을 보전하는 군도의 일부로 만드는 것이다. 그러나 나쁜 소식도 있다. 종을 위협하는 것은 서식지 고립만이 아니라는 점이다. 우리는 숲을 벌채하고 늪을 메우면서 지구를 뜨겁게 달구기 시작했다.[20]

03

무심코 만든 방주

기후가 변하면, 서식지 조각에 사는 생물 종은 큰 종이든 작은 종이든 이런 변화에 맞설 방법에서 선택지가 거의 없는 상황에 놓이게 된다. 어떤 종은 행동을 조정하여 새로운 기후에 적응할 수 있다. 한 예로 낮에 돌아다니는 주행성 종은 야행성으로 바뀌어 살기 시작할 것이다. 새로운 조건에 저항성을 발현할 수도 있다. 대부분의 생물 종은 이동해야 할 것이다. 다시 한번 강조하자면, 지구상에 사는 종 대부분은 기후 변화에서 살아남기 위해서 새로운 보금자리를 찾아야 한다. 포유류 수천 종이 이주해야 한다. 조류 수천 종도, 식물 수십만 종도, 곤충 수백만 종도 이동해야 한다. 셀 수 없이 많은 미생물이 모두 움직여야 한다. 이 생물들은 지금 거주하는 서식지 섬을 떠나서 살 만한 조건이 새로 발견될 다른 서식지 섬으로 이동해야 할 것이다. 최근 생물학자 베른트 하인리히는 생물이 새로운 보금자리를 찾아 움직이는 이런 행동을 귀소homing라고 불렀다.

앞으로 다가올 수백 년, 심지어 수천 년 동안 귀소는 생태학적으로 가장 중요한 현상들 중 하나가 될 것이다. 열대 기후가 점점 더워지면서 열대 종은 더 높고 시원한 곳을 찾아 이동해야 하지만, 위로 갈수록 땅의 면적이 줄어들기 때문에 이곳에서도 더 많은 경쟁과 맞닥뜨리게 된다. 북반구에 사는 생물은 더 북쪽으로, 남반구에 사는 생물은 더 남쪽으로 이동할 수도 있다. 예를 들면 코스타리카에 사는 생물은 멕시코 일부 지역으로 이동해야 한다. 멕시코나 플로리다에 사는 생물은 가령 로스앤젤레스나 워싱턴 쪽으로 이동해야 한다. 날 수 있는 종에게도 귀소는 쉽지 않은 일이다.

생물 종이 이동하려면 우선 새로운 서식지가 어디에 있을지 파악한 다음 그곳에 도착해야 한다. 먼 거리를 날아서 이동하는 데 적합한 생물이 아니라면 필요한 조건을 만날 때까지 천천히 걷거나 무엇인가에 얹혀 한쪽 서식지 조각에서 다음 서식지 조각으로 조금씩 이동해야 한다. 자신에게 필요한 조건이 있는 서식지가 아직 조금이라도 남아 있다면 말이다. 그러나 새로운 집을 발견하지 못할 종도 많을 것이다. 이런 종은 이리저리 방황하다가 결국 필요한 곳을 찾지 못한다. 제때 적당한 곳에 다다르지 못할 수도 있다. 기후가 딱 맞는 완벽한 곳에 도착하더라도 필요한 다른 무엇인가가 없을 수도 있다. 짝짓기 상대 없이 혼자 도착했다면 그 또한 문제이다.

몇 년 전 나는 노스캐롤라이나 주립대학교 동료들과 함께 종이 어떤 경로로 움직일지 알아보는 연구를 하기로 했다. 우리의 목표는 생물 종이 이동하는 경로를 추적하는 것이었다. 나중에 이유를 분명히 알게 되겠지만, 당시 나는 이 연구를 샬랜타Charlanta 프로젝트라고 부르기로 했다.

샬랜타 프로젝트 팀의 관점은 지위와 통로라는 두 가지 개념을 바탕으로 이루어졌다. 먼저 생태적 지위地位, niche라는 개념은 1900년대 초 생태학자 조지프 그리넬이 고안한 개념으로, 건물 벽에 동상을 넣기 위한 틈새niche에서 따왔다. 그리넬은 자연에서 각 생물 종이 차지하는 작은 공간을 생태적 지위라고 보았다.[1] 각 생물 종이 각자의 지위를 차지하고 있다는 사실은 생물법칙의 하나이다.

동상을 넣는 틈새는 동상이 들어갈 적당한 모양과 크기를 갖춘 공간이면 된다. 그러나 생물 종이 살아갈 틈새에는 식량, 기후, 잠자리 등 생물이 살아가는 데에 필요한 모든 편의가 갖추어져 있어야 한다. 미래를 생각해볼 때, 이런 필요 요건들 중에서 가장 중요한 것은 기후와 관련이 있다. 모든 종은 각자 생존할 수 있는 일련의 기후 조건이 필요하다. 어떤 종은 기후 지위가 좁지만, 다른 종은 기후 지위가 넓다. 한 예로 기후 지위가 넓은 아메리카표범은 덥고 습한 열대 우림이나 사막은 물론이고 기온이 낮은 숲에서도 살 수 있다. 그러나 북극곰이나 황제펭귄의 기후 지위는 매우 좁다.

생태학자들은 기후 변화라는 관점에서 서둘러 여러 종의 기후 지위를 하나하나 확인하고 있다. 이렇게 하면서 생태학자들은 한 가지 묘수를 발견했다. 지금 어떤 종이 사는 기후를 측정하면 그 종의 기후 지위를 상당히 잘 예측할 수 있다는 점이다. 게다가 어떤 종의 기후 지위를 측정하면 기후가 변할 미래에 해당 종이 어디에서 살아남을 수 있을지 예측할 수 있다. 귀소의 관점에서 이 종이 어디로 가야 할지 예측할 수 있다는 뜻이다.

샬랜타 프로젝트 팀의 생각에 영향을 준 두 번째 개념은 보전 통로이다. 통로는 도심 속 한 공원에서 다른 공원으로, 한 대륙에서 다른 대륙으로 이동할 때처럼 생물 종이 어떤 곳에서 다른 곳으로 이동할 때 이용하는 자연 서식지 다리이다. 생물 종에 필요한 서식지를 보전하면 통로가 만들어진다. 생물 종이 이동할 때 도움을 받는 통로는 일종의 도구이다. 그러나 한편으로는 미래에 어떤 종이 살아남을지 알아보는 데에 이용할 규칙이 될 수도 있다. 보전을 위한 도구로 통로를 이용하자는 주장이 처음 제기되었을 때에는 의견이 분분했다.

나의 친구 닉 아다드는 초기에 보전을 위한 통로의 가치를 지지한 이들 중 한 명이었다. 닉은 희귀종 나비 보전에 초점을 맞추어 연구하는 보전생물학자로, 아직 대학원생이던 시절에 통로 자체가 서식지로 기능할 뿐만 아니라 나비 같은 특정 종이 A 지점에서 B 지점으로 이동하는 데 도움이 되기도 한다고 주장하기 시작했다. 눈을 감으면 그에게는 숲이나 초원 통로를 따라 이동하는 나비나 포유류 무리의 만화경이 보였다. 날지 못하는 포유류나 곤충은 걸어간다. 작은 새는 날아간다. 씨앗은 포유류나 새에 묻거나 먹혀서 이동한다. 수많은 곤충도 그 길을 따라간다. 기후 변화의 관점에서 본다면 이런 생물의 행렬은 언제나 적도에서 가까운 곳에서 먼 곳으로, 산 아래에서 위로 이어진다. 적어도 닉이 보기에는 충분히 논리적인 생각이었다.

처음에 이 통로 개념은 합리적이기는 하지만 검증하기 어렵다는 비판에 부딪혔다. 어떤 이들은 통로가 보통 너무 좁고 한정적이어서 근처 서식지에서 온 종들로 가득 차버릴 것이라고 주장했다. 다른 이들은 생물이 이 통로를 이용하지 않을 것이고, 이용하더라도 토착종보다는 침입종, 식물보다는 동물이 이동하기에 적합할 것이라고 말하기도 했다. 과학자들이 통로의 가능성에서 결함을 찾느라 열을 올릴수록 더 많은 결함이 드러났다.

이 상황을 타개할 묘수는 통로가 작동할지 검증할 방법을 찾으면서 발견되었다. 닉 아다드는 한 가지 아이디어를 냈다. 닉은 야외 현장 일을 좋아한다. 무엇인가를 만들고 땜질하는 일을 즐기는 그는 낡은 집 파이프를 교체하거나 연구에 필요한 도구를 스스로 제작하기도 한다. 그래서 종종 망치나 렌치를 들고 있다. 목공을 좋아하는 닉은 통로 건설 방법에 대한 아이디어를 하나 떠올렸다. 그는 미국 산림청이 정기적으로 나무를 벌목하는 사우스캐롤라이나 서배너리버 현장을 방문한다는 연구 제안서를 미국 국립과학재단에 제출했다. 닉은 이곳에서 산림청과 함께 나무를 벌목해서 초원 서식지 "섬"을 깎아 서식지를 재형성하려고 했다. 목공 일 수준은 아니었지만, 비슷하기는 했다. 보통 섬 같은 서식지 조각이라고 하면 들판이나 초원 한가운데 있는 숲을 떠올린다. 닉이 만든 숲 한가운데 풀밭으로 된 섬 조각은 이와 정반대이다. 자연에는 이런 조각이 흔하다. 숲에 작은 산불이 발생해서 만들어진, 숲으로 둘러싸인 풀밭을 떠올려보자. 오래되어 마른 연못 위에 자란 풀밭을 떠올려보자. 아니면 언덕배기 숲 바로 위쪽 탁 트인 땅 조각을 상상해보자. 닉은 나무를 더 베어 통로를 조성하여 섬 같은 풀밭 조각 절반을 연결했다. 역기를 떠올려보면 비슷한 그림이 나온다. 한편 나머지 조각 절반은 이어지지 않은 상태로 두었다. 본질적으로 이 실험의 목표는 하나는 통로로 이어지고 하나는 이어지지 않은, 서로 닮은 두 가지 세상을 만드는 것이었다(닉은 이 실험 모형에서 여러 다른 복잡한 요소도 고려해야 한다고 제안했지만 나머지는 부차적이었다).

닉의 연구 제안서를 검토한 사람들은 이렇게나 젊은 사람이 계획이라기보다 "몽상"에 가까운 연구를 수행하기는 불가능하다고 말했다. 닉은 보조금을 받지 못했지만, 프로젝트 자금을 얻을 다른 방법을 모색했다. 그는 이 프로젝트가 불가능하지 않다는 사실을 입증하고자 했다. 그리고 결국 이 프로젝트는 지금까지 수행된 통로 실험 중 가장 중요한 실험이 되었고, 오늘날까지 이어지고 있다.

닉은 서식지 조각과 통로를 만든 다음 종들이 그곳을 통과하는지, 통과한다면 어떻게 통과하는지 연구하기 시작했다. 처음에 그는 아내 캐스린 아다드와 함께 작업했다. 산림청은 서식지 조각과 통로를 만들었고, 닉과 캐스린은 직접 그물을 들고 나비에 초점을 맞추어 생태를 기록했다. 캐스린에게 다행스럽게도, 얼마 후 닉은 연구팀을 꾸릴 자금을 얻었다. 수십 명에서 시작해 결국 100명이 넘는 과학자들이 닉과 함께 통로를 연구했다. 연구진은 나비, 새, 개미, 식물, 설치류 등 많은 종을 연구했다. 좋은 소식이 찾아왔다. 몇 가지 고려할 점이 있었지만 통로는 작동했다. 닉은 학생들과 동료, 그리고 시간이 지나며 관계가 굳어지면서 친구가 된 이들과 함께 집필한 수십 편의 과학 논문에서 통로의 작동에 대해서 상세히 논했다.

닉이 통로를 연구하는 동안 다른 과학자들은 동물이 더 큰 규모로 통로를 따라 어떻게 이동하는지 연구했다. 이들은 아메리카표범이 통과할 만큼 거대한 통로를 남겨두거나 만든다면 아메리카표범이 통과하리라는 증거를 발견했다(실제로 미국 남서부로 아메리카표범이 돌아올 때 일어난 일이었다). 토착 야생쥐는 도시에서 도시를 통과하는 좁은 녹색 생물 통로—공원을 거쳐 도심 지역으로 이어지는—를 따라서만 이동했다.[2] 결국 초기에 닉의 주장을 비판하던 이들도 마지못해 통로의 이점에 주목하게 되었다. 이들은 특히 나비나 포유류, 작은 새처럼 비교적 이동이 쉬운 종에 대해서 닉의 주장에 동의했다. 부분적으로 이들이 닉의 접근법을 지지하게 된 것은 닉의 실험 결과 및 이와 비슷한 다른 이들의 실험 결과 때문이었다. 그러나 비판에서 돌아선 이들의 지지는 당면한 보전 문제에서 일어난 변화 때문이기도 했다. 닉이 연구를 시작했을 때만 해도 보전생물학자들은 특정 장소에서 종을 보전하는 일과 해당 장소에서 서식지 조각을 연결하는 방법을 더욱 고심했다. 그러나 지난 10여 년 동안 기후 변화에 따라 얼마나 많은 종이 이동해야 하는지 더 깊이 알게 되면서, 과학자들은 종이 현재 서식하는 장소에서 개체군을 유지하는 방법뿐만 아니라 종들이 지금 서식하는 장소에서 이들이 가야 하는 곳으로 옮겨가는 일에 관심을 두게 되었다.

오늘날 기후 변화의 관점에서 종의 이동을 돕는 통로는 우리가 가진 중요한 도구 중 하나로 여겨진다. 게다가 보전 통로는 전 세계에서 흔히 대규모로 구축되고 있다. 한 예로 Y2Y 통로 프로젝트의 목적은 옐로스톤 국립공원에서 캐나다 유콘 테리토리까지 이어지는 야생 서식지의 연결을 늘리는 것이다. 대륙 간 통로든 국지적 통로든, 통로는 여러 부가적인 이점도 준다. 통로를 날아다니는 토종벌은 통로를 따라 자라는 작물의 꽃가루를 옮겨줄 가능성이 높다. 통로에서 돌아다니는 포식자나 기생충은 해충을 조절해줄 가능성이 높다. 숲 통로로 둘러싸인 강은 수질이 더 좋다. 게다가 통로는 인간들이 다양한 자연 서식지로 이동할 길이 되어준다. 가령 애팔래치아 트레일을 따라 난 숲은 야생종이 다닐 통로이자 인간의 탐험로가 된다. 통로가 종이 이동하는 유일한 길은 아니다. 생물 종은 다른 생물에 타거나 묻어서 기존 서식지에서 새로운 서식지로 개별적으로 옮겨갈 수도 있다. 그러나 수백만 종이 이동해야 한다는 점을 생각해볼 때, 통로는 현실적으로 얼마 되지 않는 방법들 가운데 하나이다.

통로는 항상 방주와 비교된다. 훗날 『성서』와 『코란』에 인용된 고대

메소포타미아의 방주 이야기에서는 어떤 사람이 다가올 홍수를 피해 밧줄과 송진으로 크고 둥근 배를 건조하여 각 생물 종의 구성원을 태우고 자신과 다른 생물을 구하라는 계시를 받는다. 좀더 오래된 방주 이야기에서 홍수는 인간 때문에 너무 자주 성가셔져서 결국 진노한 신이 만든 작품이다. 인간은 너무 시끄럽고, 너무 많고, 신을 너무 성가시게 한 죄로 벌을 받았다. 그래서 홍수가 온다. 공포가 뒤따른다. 홍수가 물러나면 이곳에서 살다가 방주를 타고 사라졌던 종의 후손들이 과거에서 지금으로, 예전에서 다음으로, 저곳에서 이곳으로 돌아와 대지에 다시 번성하고 야생생물의 다양성이 회복된다.[3]

통로가 이곳에서 저곳으로, 예전에서 다음으로("다음"이 무엇을 의미하든) 생물을 옮겨가는 방주라면, 닉의 역할은 명확했다. 닉은 방주를 만든 목수였다. 닉은 이런 비유를 좋아했다. 그는 자신이 오랫동안 관심을 기울인 나비를 포함하여 여러 종을 옮기는 선한 작업을 기꺼이 수행했다. 그는 자신이 혼자 한 일은 없으며, 모두 수십에서 수백 명의 동료 목수들과 함께 한 작업이라고 재빨리 덧붙였다. 메소포타미아의 방주 이야기나 이후 『성서』에서도 방주에 탈 수 있는 종에 곤충은 없었다. 그러나 닉은 그런 실수를 하지 않을 것이다. 한편 닉이 바쁘게 방주를 만드는 동안 우리의 집단적인 일상 행동은 재빨리 또다른 방주를 만들었다.

오늘날 사람의 생활 방식은 다른 종이 기후 변화에 맞서 생존하기 위해서 찾아야 하는 새로운 지위에 귀소하기 어렵게 만들고, 세상을 단편화하며 종이 이동할 통로를 망쳐놓았다고 주장하는 사람이 많다. 그러나 그렇지 않다. 우리의 일상 행동이 통로를 망치고 있는 것은 사실이지만, 우리는 그러면서 통로를 형성하고 있기도 하다. 우리는 무심코 일종의 방주를 만들고 있다. 보전생물학자들이 숲과 숲, 초원과 초원, 사막과 사막을 바쁘게 잇는 동안, 나머지 사람들은 도시와 도시를 잇고 있다. 우리가 샬랜타 프로젝트의 일환으로 미국 남동부에서 종들이 이동해야 할 경로를 파악하는 연구를 수행하면서 이런 사실은 명확해졌다.

내가 샬랜타 프로젝트에 참여한 것은 적어도 어느 정도는 분명 닉의 영향이었다. 당시 닉의 사무실은 나의 사무실 건너 건너에 있었다. 닉이 웃거나 큰 소리로 이야기하는 소리가 벽을 타고 다 들렸다. 그래서 나는 출근하면 매일 "통로"라는 말을 듣게 되었다. 닉은 통로를 연구했다. 닉의 학생들도 통로를 연구했다. 우리는 사무실 통로에서 통로 이야기를 했다. 샬랜타 프로젝트가 어떻게 시작되었는지는 모르지만, 우리의 목표는 앞으로 도시가 어떻게 확장될 것이며, 그렇게 되면 자연 공간을 잇는 통로가 어디에서 유지될지 조사하는 것이었다. 당시 나와 닉의 사무실과 복도(통로) 하나 건너에 사무실을 두었던 애덤 테랜도가 이 연구를 지휘했다. 애덤의 사무실 옆에 있던 커티스 벨리아가 지도를 작성했다. 제니퍼 코스탄자는 야생 서식지를 고려하도록 도와주었다. 여기에 나의 동료인 제이미 콜라조와 알렉사 맥커로, 그리고 내가 도움을 보태러 합류했다.

도시화나 기후 변화, 인간 행동이 유발하는 여러 변화의 미래를 예측하는 표준 방법은 다양한 시나리오를 고려하는 것이다. 과학자들은 "만약 인간이 이런저런 행동을 하는 시나리오를 상상해보면 어떨까?"라고 질문한다. 그리고 여러 "만약" 시나리오를 상상한 다음 야생종, 도시, 기후에 대해서 각 시나리오의 결과를 예측한다.

우리 연구의 경우 "만약"은 다음과 같았다. "만약 인간들이 과거에 해왔던 대로 계속 행동한다면 어떻게 될까?" 이 "평소대로" 시나리오는 미래를 생각할 때 가장 상상력이 부족한 버전이지만, 부정할 수 없이 가장 가능성 있는 버전이다. 우리는 사람들이 집을 지을 수 있는 장소에 대한 규칙이 변하지 않는다면, 또는 사람들이 (숲과 초원, 언덕과 계곡 사이에서) 과거와 비슷한 방식의 주거지를 선호한다면, 그리고 도로가 지금까지처럼 오랫동안 검증된 패턴을 따라 새로 성장한 지역들을 연결한다면 어떤 일이 일어날지 예상하는 모형을 만들었다. 우리의 모형에 따르면 샬럿과 애틀랜타는 약 139퍼센트 커져서 서로 병합되고 다른 도시와 합쳐져 조지아에서 버지니아까지 뻗어나가는 하나의 거대 도시인 샬랜타를 이룰 것이었다.[4]

이런 도시 성장은 서식지가 어떻게 연결될지, 그리고 어떤 통로 일부가 야생종을 위해서 남겨질지에 다양한 영향을 미칠 것으로 예상된다. 도시가 성장하며 모든 숲은 덜 연결되고, 초원도 마찬가지로 덜 연결될 것이다. 각 서식지를 잇는 길고 적당한 통로는 줄어들 것이다.

그러나 도시 성장이 습지에 미치는 영향은 그리 크지 않을 것이다. 우리가 모형에 반영한 오늘날의 정책에 따르면 습지에 도시를 건설하기는 어렵기 때문이다. 우리 연구의 결과로 얻은 큰 그림은 도시가 지금껏 해오던 대로 계속 성장하면 미래에는 종들이 숲이나 초원으로 나아가기가 훨씬 어려워지리라는 사실을 보여주었다. 사실 2014년 우리가 이 모형을 만든 이후 이런 일은 이미 점점 더 어려워지고 있다. 그러나 그동안 사람들이 이런 경관을 연결하는 데 필요한 땅을 사들이고 보전하려는 노력을 기울이며 종이 나아갈 길을 만들어주었다는 좋은 소식도 들린다. 그러나 커티스 벨리아가 만든 지도를 보면 나쁜 소식은 점점 분명해진다.

애덤, 커티스, 제니퍼, 알렉사, 제이미와 나는 커티스가 만든 지도를 유심히 보고 자연 영역을 살펴보았다. 자연이 아닌 지역은 소위 "백색 공간"으로, 우리가 주목했던 서식지를 둘러싸고 침해하는 공간이다. 생태학자 대부분은 주로 이런 식으로 연구해왔다. 우리 분야 사람들이 지닌 오래된 편향이다. 우리 또래나 윗세대 생태학자들은 야생 자연을 관찰하도록 교육받았다. 과학사가 샤론 킹즐랜드의 말대로, 야생에 주목하는 방식은 부분적으로 과거 생태학 분야의 창시자들에게는 사려 깊은 선택이었다.[5] 생태학의 창시자들은 인간 중심 세계의 혼란, 도시나 농장 생태계에서 일어나는 일상적인 혼란을 피하는 편을 택했다. 그러나 이것이 전부는 아니다. 생태학자들이 야생에 주목하는 성향은 생태학자가 되기로 결심한 사람들과도 관련이 있다. 우리 대부분은 어렸을 때 E. O. 윌슨처럼 뱀을 잡고 늪에서 헤엄치며 자랐다. 생태학자 대부분은 인간과 멀어졌을 때 가장 행복해한다. 이는 우리가 인간을 혐오해서가 아니라(어느 정도는 그렇다고 생각할지도 모르지만) 우리가 큰 나무나 예상치 못하게 마주치는 포유류, 좁은 길을 좋아하기 때문이다. 생태학자는 은퇴한다고 크루즈 여행을 다니지 않는다. 이들은 오두막에 틀어박혀 연구를 계속하고, 뿔이 긴 소를 기르거나 잊힌 장소의 지도를 그리고, 전기톱으로 무엇인가를 깎거나 방대한 희귀 석류 변종을 수집하는 취미를 가지기도 한다(은퇴한 연구자들의 몇몇 사례를 보면 이렇다는 말이다). 이런 자연스러운 성향에는 장점도 있지만 이 때문에 놓치는 것도 있다. 생태학자들은 때로 빤히 보이는 것을 놓치기도 한다. 생태학자들은 나무를 보느라 도시를 놓친다. 이미 제2장에서 섬이나 섬 같은 서식지 이야기를 다룰 때에도 비슷한 경우를 살펴본 바 있다. 나는 동료들과 함께 커티스가 만든 지도를 살펴보며 종이 기후 변화에 대응하는 방식을 연구할 때에도 비슷한 일이 일어난다는 사실을 발견했다. 우리는 대체로 어떤 종이 이동해서 기후 변화에 대처할 수 있을지 미리 정해둔다. 우리는 평소대로 일상 행동을 하며 방주를 만들고 특정 종을 이곳에서 저곳으로, 예전에서 다음으로 옮긴다. 우리의 방주는 거대 도시 샬랜타였다.

그림 3.1을 보면 이 방주의 특성을 알 수 있다. 오른쪽 그림은 기존의 도시를 끈의 매듭처럼 이은 거대 도시 샬랜타를 보여준다. 그러나 샬랜타 북단에는 워싱턴에서 뉴욕, 그리고 아직 완벽하게는 아니지

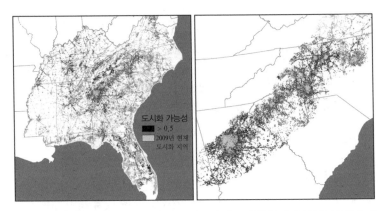

그림 3.1 왼쪽은 2009년 측정한 미국 남동부의 도시화(회색 부분)와 2060년 예측(검은색 부분). 오른쪽은 미래 도시 샬랜타 부분을 확대한 것. 거대한 인공 애벌레처럼 남동쪽에 걸쳐서 뻗어 있다. (지도 : 커티스 벨리아)

만 보스턴 인근까지 뻗어나간, 이미 존재하는 거대 도시와의 연결 또한 거의 형성되었음을 볼 수 있다. 이것이 우리가 놓친 사실이다. 우리는 이미 완벽하고 거대한 통로를 만들었지만, 이 통로는 희귀종 나비나 아메리카표범, 식물을 위한 통로가 아니다. 대신 이 통로는 도로를 따라 이동하고 건물 사이에서 살 수 있는 종, 녹색 공간이 아니라 회색 공간에 사는 도시 종을 위한 통로이다. 결과적으로 새로운 집을 찾아 이동할 수 있는 종은 도시에서 잘 번성하고, 잘 날거나 빨리 걸을 수 있는 종이 될 것이다. 흑곰의 내장에서 살아남거나 송장벌레 다리에 묻어 이동하는 것이 아니라, 인간이나 가축에 묻어서, 우리의 탈것이나 심지어 우리의 물건들에 묻어서 우리와 함께, 우리를 타고 쉽게 이동하는 종 말이다.

방주가 등장하는 옛이야기 대부분에서 흔히 비둘기 같은 새는 방주에서 날아가 돌아오지 않고, 홍수 이후에 생긴 땅을 발견한 다음 그곳에 눌러앉는다. 사라진 비둘기는 홍수 이후의 시대를 상징한다. 비둘기는 우리의 미래에 어떤 메시지를 주기도 한다. 포덤 대학교의 박사 과정 학생인 엘리자베스 칼린과 지도교수 제이슨 문시사우스의 연구 덕분에 이런 사실이 밝혀졌다. 북아메리카 집비둘기는 도심 경관에서는 잘 자라지만, 숲이나 초원에서는 잘 자라지 못한다. 북아메리카 동부에서 집비둘기가 서식하는 도시는 대부분 워싱턴에서 뉴욕에 이르는 도시 통로로 연결되어 있다. 그러나 뉴욕과 보스턴 사이에는 약간의 틈이 있다. 칼린은 최근 북아메리카 도시들에 서식하는 비둘기의 유전학을 연구했다. 칼린이 발견한 증거에 따르면, 워싱턴에서 뉴욕 사이에 사는 비둘기들은 상당히 자유롭게 교배하므로 워싱턴 도심에 사는 비둘기나 뉴욕 브로드웨이에 사는 비둘기는 거의 차이가 없다. 비둘기는 이곳에서 저곳으로 금세 쉽게 퍼졌다. 그러나 워싱턴과 뉴욕에 이르는 통로에 사는 비둘기는 보스턴에 사는 비둘기와 유전적으로 조금 다르다. 현재로서는 둘 사이를 잇는 통로가 충분하지 않다는 의미이다.[6]

보스턴 비둘기의 사례에서는 도시가 생물 이동과 새로운 종의 출현을 어떻게 허용하는지 살펴볼 수 있다. 섬 생물지리학과 통로 개념을 종합하면 서로 잘 연결되어 거대 도시를 이루는 도시들에서는 종들이 (북반구에서는) 남쪽에서 북쪽으로 이동한다고 예측할 수 있다. 그러나 특정 거대 도시에 사는 종이 다른 거대 도시에 사는 종과 분화된다고 볼 수도 있다. 한편 특정 종의 이야기가 확산, 분화, 멸종 이야기와 얼마나 가까운지는 그 종의 개체군이 얼마나 큰지, 얼마나 잘 이동하는지, 특정 서식지에 처음 도착했는지 아닌지에 따라서도 달라진다.

도시의 통로는 도시 서식지를 선호하고 잘 퍼져나가는 종의 생존을 확보하는 데에 완벽하게 적합하다. 우리가 무심코 만든 방주는 이런 종을 위한 방주이다. 그러나 이들에게만 좋은 것은 아니다. 우리는 우리의 집과 심지어 우리 몸이라는 서식지도 연결했다. 우리는 전 세계 빈대가 더 적합한 기후를 찾아 북쪽이나 남쪽으로 옮겨갈 통로를 만들었다. 독일바퀴벌레는 기후 지위가 좁다. 독일바퀴벌레가 중국에 서식한다면, 이들은 냉난방이 되는 실내에서만 살 수 있다. 그러나 최근 연구에 따르면 이 바퀴벌레는 지난 50년 동안 온도 조절이 되는 기차를 통로 삼아 중국 전역으로 퍼져나갔다고 한다.[7] 우리는 비둘기, 빈대, 바퀴벌레 같은 종과 이들의 서식지를 연결했을 뿐만 아니라 앞으로 이들이 연결될 기반을 놓고 있다. 우리는 이 종들의 생존을 보장할 기반 시설에 투자하고 있는 셈이다.

당신이 이 글을 언제 읽는지에 따라서 이런 상황이 다소 익숙하게 느껴질 수도 있다. 오늘날 우리는 인간이 도로뿐만 아니라 항공기와 배로 지구 곳곳을 연결했다는 사실이 아주 공고하게 드러나는 현실 한가운데에서 살고 있다. 전 세계 해안 도시들은 수많은 선박과 해상 운송 경로로 연결되어 있다. 도시는 훨씬 많은 항공편으로 연결되어 있다. 우리는 운송으로 여러 국가를 엮고 있고, 그 과정에서 더 좁은 종류의 종을 위한 또다른 통로를 만들었다. 바로 우리의 피부에 묻거나 몸속에 들어와 이동하는 종이다. 코로나바이러스 감염을 유발하는 코로나바이러스는 이런 통로로 이동했다. 코로나바이러스의 이동 경로는 여기에서 저기로, 다시 저기에서 여기로 이동하는 우리 몸의 이동 경로를 보여준다. 이런 연결이 유발하는 결과는 엄청나다. 제4장에서 설명하겠지만, 인류가 전 세계에서 번성한 이유 중 하나는 우리에게 얹혀 우리와 함께 살고 싶어하는 종들을 털어내고 이들로부터 탈출할 수 있었기 때문이다.[8]

04

최후의 탈출

동물은 필요한 조건을 찾아 이동하면서 전에 한 번도 본 적 없는 종을 만난다. 서로 함께 산 적이 없는 종들이 만나는 것이다. 식물은 꽃가루를 옮겨줄 새로운 종을 만나지만 새로운 해충도 만난다. 올빼미는 이전에 들어본 적 없는 다른 올빼미 종의 울음소리를 듣는다. 쥐는 새로운 종의 쥐를 만난다. 새로운 만남은 새로운 이야기가 펼쳐질 기회이다. 새로운 이야기는 수백만 가지는 될 것이다. 이런 이야기 중 일부는 우리 주변에서 펼쳐지는 각본 없는 드라마의 일부처럼 예측할 수 없을 것이다. 그러나 예측할 수 있는 이야기도 있다. 이런 이야기 중 일부는 탈출법칙과 관련하여 예측할 수 있다.

탈출법칙은 어떤 종이 포식자나 기생충, 천적을 피할 때 이득을 얻는다는 법칙이다. 생물 종은 적이 없는 지역으로 이동하거나, 적에게 저항할 수 있도록 진화하거나, 드물게는 적을 진압해서 탈출하면 이

점이 있음을 오랜 경험으로 알고 있다. 지난 수백 년간 인간이 어떤 지역에서 다른 지역으로 도입한 종에서 이런 탈출이 두드러졌다. 도입종은 보통 적이 없는 상태에서 번성한다. 가령 많은 도입종 나무는 토종나무보다 초식동물에게 덜 먹힌다.[1] 적을 뒤에 남겨두고 온 도입종 나무는 더 번성한다. 인간도 탈출법칙에서 예외가 아니다. 우리는 전 세계 이곳저곳을 돌아다니며 적에게서 탈출하며 이점을 얻었다.

때로 우리는 포식자를 피해서 탈출했다. 우리의 조상은 오랫동안 포식자에게 둘러싸여 있었다. 인간이 아닌 야생 영장류가 무엇인가 말을 할 수 있다면, "오, 맛있는 과일이네"—보통의 침팬지라면 내뱉을 감탄사—라거나, 긴꼬리원숭이 같은 종이라면 "앗, 표범이잖아" 또는 "젠장, 뱀이네", "맙소사, 새끼를 잡아먹는 거대 독수리잖아"라고 말할지도 모른다.[2] 초기 호미닌hominin 역시 표범, 뱀, 독수리에게 잡아먹혔지만, 사람을 공격하는 종은 이들만이 아니었다. 가장 잘 보존된 초기 호미닌의 머리뼈 중 하나는 타웅이라는 마을에서 발견된 어린아이의 머리뼈인데, 이 머리뼈는 거대 독수리 둥지에 깔린 채 발견되었고 한쪽 눈구멍에 발톱 자국이 있다는 점에서 주목할 만하다. 호미닌 뼈가 여럿 발견된 다른 장소도 애초에는 인간의 은신처로 여겨졌지만, 나중에 거대한 하이에나 뼈 더미가 드러났다. 우리 조상은 자주 잡아먹힌 것이다. 오늘날 인간의 투쟁-도피 반응은 이런 극적인 이야기의 맥락에서 진화했다. 그러나 우리 조상이 일단 사냥을 시작하자 인간은 자신의 포식자들을 죽이게 되었다.

파충류학자 해리 그린과 동료 토머스 헤들랜드의 최근 연구가 지적한 바에 따르면, 일부 인간 개체군이 여전히 거대 뱀에게 잡아먹힐 위험에 처하기도 하지만 이런 경우는 극히 예외이다.[3] 대부분의 인간은 이미 포식자로부터 완전히 탈출했다. 과거에 비하면 극적인 이야기이다. 기생충에서 탈출한 이야기는 조금 다르다. 일부 기생충에서 탈출한 것은 부분적으로 백신 접종, 손 씻기, 정수 처리 체계, 기타 공중 보건 조치 덕분이다. 인간은 이처럼 비교적 최근에 적에게서 탈출한 경험이 있지만, 한때 우리가 살던 지형학적 지역에서 탈출한 더 오래된 탈출 시도에서는 이득을 얻거나 실패하기도 했다. 지구가 더워지고, 우리가 만든 지역과 대륙이 연결되고 이에 따라 다른 종들이 이동하면서 이전에 인간이 탈출에서 얻은 이점은 분명해지겠지만, 그때는 이미 그런 이점이 사라진 후일 것이다.

전 세계로 볼 때, 인간의 탈출 지형은 비교적 단순하다. 수년 전 나는 친구 마이크 개빈, 동료 나이마 해리스와 조너선 데이비스와 함께 연구하여, 덥고 습한 조건에서는 인간 전염병과 이를 유발하는 기생충이 매우 다양하고, 지금껏 그래왔다는 사실을 밝힐 수 있었다.[4] 이런 점에서 기생충은 그다지 특별하지 않다. 지금까지 연구된 생물 대부분은 덥고 습한 열대 기후 조건에서 매우 다양했다. 이런 조건은 아름다운 새나 기괴한 개구리, 다리 긴 곤충은 물론이고 바이러스, 박테리아, 원생생물, 심지어 작은 군단인 괴물구두충처럼 질병을 유발하는 치명적인 기생충이 다양화되고 잘 살아남는 데에도 유리하다. 덥더라도 더 건조한 조건은 대부분의 기생충에게 적합하지 않다. 더 추운 조건도 마찬가지이다. 열대 지방에서 진화한 기생충은 더 건조하거나 더 추운 지역에서 살 수 있지만, 번성할 가능성은 대체로 낮다. 간단히 말하면 더 따뜻하고 습한 지역일수록 인간은 더 많은 기생충 종을 만나게 되고 인간이 기생충에서 탈출을 경험할 가능성은 낮아진다.

그러나 특정 기생충 종을 자세히 들여다보면 상황은 더욱 복잡하다. 기생충의 고대 지형도와 복잡성의 지형도를 비롯한 여러 측면에서 말라리아는 상징적이다. 오늘날 말라리아는 해마다 100만여 명의 목숨을 앗아간다. 그러나 모든 곳에서 그렇지는 않으며, 계절적으로 춥거나 건조한 지역에서는 말라리아를 통제하기가 더 쉽다. 열대 기후 지역을 벗어나서 살게 된 일부 인간이 탈출한 상대는 이런 열대 기생충이다. 감염과 탈출의 지형도에는 오래된 뿌리가 복잡하게 얽혀 있다.

고릴라, 침팬지, 보노보 등 아프리카 호미니드hominid의 현대 종에는 각각 고유한 말라리아 원충이 산다. 호미니드가 각각 진화하고 분화하면서 이들과 함께 살던 말라리아 원충도 마찬가지로 진화하고 분화한 것이다. (호모 하빌리스 같은) 초기 인간 종을 괴롭히던 말라리아 원충 종에는 현대 침팬지나 보노보를 감염시키는 말라리아 원충 종과 매우 밀접한 고대 말라리아 원충 종이 포함되어 있었을 것이다(우리 대부분은 침팬지나 보노보와 가장 밀접하게 연관되어 있다). 이 기생충은 고대 인간 말라리아 원충이자 우리의 기원에서 이어진 유산이다. 그러나 대략 300만 년에서 200만 년 전 무렵에 고대 인간 종 유전자 하나가 진화하여 변화가 일어난 듯하다. 이 유전자는 적혈구에서 발견되는 당의 한 종류를 생산하는 유전자로, 이 당은 말라리아 원충 1종과 결합한다. 이런 변이 덕분에 이 고대 인간 종은 이후 수백만 년 동안 고대 말라리아에 면역을 지니게 되었다.[5]

약 1만 년 전 열대 아프리카 어딘가에서 고릴라 말라리아 균주가 인간에게 옮겨왔다. 이 과정에서 이 말라리아 원충은 중요한 당이 없는 인간 적혈구에 맞서는 능력을 진화시켰다.[6] 이 기생충은 분화하여 결국 오늘날 플라스모디움 팔시파룸*Plasmodium falciparum*, 또는 간단히 열대열 말라리아라고 부르는 새로운 종이 되었다. 열대열 말라리아는 아프리카 전역으로 퍼졌고 계속 퍼져나가고 있다. 인간이 농업을 시작하면서 인간 숙주 개체군에 정착한 열대열 말라리아는 흔히 고여 있는 물을 따라서 더욱 확산되었다. 오늘날 전 세계 말라리아 사망자의 대다수를 차지하는 것이 바로 이 열대열 말라리아 감염자이다.

고대 말라리아 원충의 진화, 그리고 우리 조상이 말라리아에서 진화적으로 탈출한 이야기는 모두 열대 지방에서 나왔다. 인간이 고릴라 말라리아 원충에 점령된 이야기와 열대열 말라리아의 진화 이야기도 역시 열대 지방에서 나왔다. 인간이 덥고 습한 기후에서 사는 한 잠재적으로 말라리아 원충에 취약할 수밖에 없고, 인간의 몸이라는 비극의 무대에서 발생하는 진화 이야기는 끝없이 이어진다. 열대열 말라리아는 지난 1만 년 동안 너무 치명적이어서 일부 인간 개체군은 열대열 말라리아 원충과 이들이 가져오는 결과에 덜 취약하게 적응하도록 진화했다.

인간이 더 건조하거나 시원한 거주지로 이동하면 말라리아 원충이 일으키는 비극의 무대에서 떨어져 나올 수 있다. 말라리아 원충 자체와 이 기생충을 옮기는 모기 종은 모두 모기가 번식할 만큼 습하면서도 겨울에도 모기가 죽지 않을 만큼 따뜻한 조건에서 가장 번성한다. 인류 역사와 선사시대 일부 기간에 말라리아가 다소 춥고 건조한 지역으로 퍼져나간 적도 있지만 이내 주춤했다. 이런 지역에서 말라리아의 영향은 드물게 발생했다(그리고 훨씬 나중에는 통제하기 더 쉬워졌다). 전반적으로 지난 1만 년 동안 인간은 춥고 건조한 지역으로 이동하면서 말라리아에서 탈출했다. 이렇게 말라리아에서 탈출할 수 있다는 가능성을 예측한 일부 국가의 권력자들은 자국 내에서 더 시원한 곳으로 이주하여 말라리아가 선호하는 지위 밖으로 이동하면서 그 기생충에서 탈출했다. 마찬가지로 오늘날 말라리아 발생 지역 바깥에 사는 인간들은 계속해서 이 기생충에서 탈출해서 이득을 본다. 지난 1만 년 중 대부분의 시기 동안 다른 기생충은 말할 것도 없고 말라리아에서 탈출하기만 해도 기대 수명이 연장되고 유아 사망률이 감소할 가능성이 높아졌다. 당신이 오늘날 말라리아가 없는 지역에 산다면 말라리아가 없다는 점에서 혜택을 입고 있을 확률이 매우 높

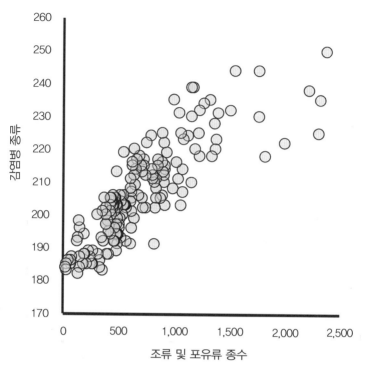

그림 4.1 벌레, 박테리아, 바이러스 또는 기타 분류군에 속한 기생충이 유발하는 감염병의 종류와 정치적으로 구분된 지역에서 서식하는 조류 및 포유류 다양성의 관계. 조류나 포유류가 많은 지역에 질병이 더 많다. 다양한 조류나 포유류의 진화를 유발하는 과정이 전염병의 흔한 매개인 다양한 기생충의 진화도 유발하기 때문이다.

은 셈이다. 당신은 탈출법칙의 결과로 이득을 보고 있다. 열대열 말라리아는 주로 열대 지위에 서식하는 수백 종의 기생충 중 하나일 뿐이다. 종의 생물학적 세부 특성과 이 특성에 따라 종이 선호하는 지위는 각각 다르지만, 이 기생충 이야기들은 기생충 지위 바깥의 지형학적 지역에 사는 인간들이 기생충에서 탈출했다는 점에서 모두 마찬가지이다.

이들 기생충의 지위 바깥에 사는 인간들은 기생충의 영향에서 지형학적으로 탈출한다. 이 탈출은 두 가지 방식으로 일어난다. 제2장에서 나는 지위를 단일한 개념으로 소개했다. 그러나 사실 모든 종에는 두 가지 지위가 있다. 기본 지위와 실현 지위이다. 어떤 종의 기본 지위는 해당 종이 살 수 있는 조건과 흔히 그런 조건을 갖춘 지형을 말한다. 실현 지위는 이런 조건의 하위 집합이자 종이 실제로 발견되는 지형을 말한다. 다른 종 때문에 특정 영역에는 정착하지 못한다면 종의 실현 지위는 기본 지위보다 좁을 수 있다. 그러나 좀더 실제적인 맥락에서 본다면 기본 지위와 실현 지위가 다른 경우는 어떤 종이 그저 특정 영역에 도달하지 못한 때로 볼 수 있다. 예를 들면 남극은 북극곰이 살 수 있는 조건을 갖추었을 가능성이 충분하다. 즉 남극은 북극곰에게 기본 지위의 일부일 수 있다. 그러나 실제로 북극에서 남극까지는 헤엄쳐 가기에 너무 먼 거리이므로 북극곰에게 남극은 실현 지위의 일부가 아니다.

기본 지위와 실현 지위의 구분은 탈출에 대한 생각과 밀접한 관련이 있다. 인간 같은 생물 종은 적의 기본 지위를 벗어나면 적으로부터 탈출할 수 있다. 오늘날 유럽인들은 이렇게 열대열 말라리아에서 탈출했다. 열대열 말라리아는 유럽에 쉽게 도착할 수 있지만, 말라리아 원충을 옮기는 모기와 말라리아 원충 자체의 생물학적 조건 탓에 도착하더라도 금방 통제되기 때문이다. 그러나 어떤 적의 기본 지위 안에 있더라도 아직 적의 실현 지위에 속해 있지 않은 지역으로 이동한다면 역시 탈출이 가능하다. 인간은 적이 아직 도착하지 않은 곳으로 이동할 수 있고, 그렇게 해서 적으로부터 탈출한다. 이런 탈출은 인간의 역사와 선사시대에 걸쳐 중요했다. 그러나 그 효과는 언제나 금세 사라졌다. 해당 적이 기본 지위를 모두 점령하는 데 실패한 경우에만 이런 탈출이 작동하기 때문이다. 결국 우리의 적은 우리가 직면할 미래와 밀접한 관련이 있는 현실을 따라잡고야 만다.

인류 역사상 가장 잘 연구된 탈출 중 하나는 인간 개체군 일부가 대륙을 잇는 육교를 통해 아시아에서 아메리카로 건너가기 시작했을 때 일어난 탈출이다. 극도의 추위가 이어지는 동안 물이 대부분 얼어 빙하가 형성되면서 해수면이 낮아지자 육교가 생기고 통로가 드러났다. 인간이 이 육교를 건너자 인간의 이동은 인간에게 서식하는 기생충이 이용할 수 있는 지위의 지형에 복잡한 영향을 미쳤다. 한편 인간이 새로운 지역에 정착하면서 이 지역은 인간의 몸에 서식하는 많은 기생충이 이용할 수 있는 잠재적인 지위의 일부가 되었다. 인간이 꽁꽁 얼어붙은 북아메리카를 거쳐 아메리카 대륙의 나머지 지역으로 처음 나아갔다는 사실은 기생충에게 독특한 결과를 초래했다. 구충처럼 알이 부화하려면 더 따뜻한 곳이 필요한 내장 기생충은 아메리카 최초의 인류가 극북을 통해 이동할 때 살아남지 못했을 것이다. 마찬가지로 더 열대 조건에 사는 기생충이나 매개체는 훨씬 뒤에 남겨지게 되었다. 결핵균, 이질균, 장티푸스균처럼 인구 밀도가 높은 곳에서 잘 번성하는 일부 기생충 역시 뒤에 남았다.[7] 이런 기생충은 우연히 뒤에 남겨졌을지도 모른다. 이동한 인간 개체군에 이런 기생충이 적었던 탓에, 아메리카 최초의 인류가 인간 기생충 대부분에서 탈출한 사건은 극북 지역에 살던 시기뿐만 아니라 남쪽으로 나아갈 때에도 일어났을 가능성이 있다. 대개 이런 일은 실제로 일어난 듯하다.

내가 "대체로"라고 말한 이유는 기생충에서 완전히 벗어나기는 생각보다 몹시 어렵기 때문이다. 보통 기생충은 한번 도달하면 인간 개체군 사이에서 급속히 퍼진다. 최근 코로나바이러스가 퍼졌을 때를 살펴보아도 비슷하다. 코로나바이러스 감염을 유발하는 바이러스는 인간을 감염시키도록 진화한 후에도 중국에 계속 남아 있을 수 있었다. 중국 바깥 세계는 이 바이러스가 벌이는 최악의 상황에서 탈출할 수도 있었다. 그러나 안타깝게도 바이러스는 중국을 빠져나와 전 세계를 빠르게 점령했다. 브라질의 기생충학자 아다우투 아라우주와 그의 가까운 동료인 네브라스카 대학교의 기생충학자 카를 라인하르트의 연구에 따르면, 수천 년 전 아메리카 대륙에서도 비슷한 일이 발생했다.

아라우주와 라인하르트는 아메리카 대륙에 유럽인이 도착하기 전 아메리카인의 미라와 유해에서 발견된 기생충을 평생 연구했다. 두 사람은 인간이 극북 육교를 걸어서 건너는 과정에서는 살아남지 못했을 기생충 종 여럿이 이 유해에 포함되어 있다는 사실을 발견했다. 육교의 조건은 이런 기생충의 기본 지위를 벗어났으므로 기생충은 추위에 죽었어야 했다. 그것만으로도 놀라운 발견이었지만, 두 사람은 아메리카 대륙에 도착한 최초의 인류 일부가 육교를 걸어서 건너지 않고 배를 타고 왔다는 증거를 하나 더 발견했다(배 한 척—또는 여러 척—이 태평양을 건너왔는지, 북쪽에서 남쪽으로 해안을 따라 이동했는지는 아직 밝혀지지 않았다). 그러나 기생충 일부가 이런 경로로 이동했다는 증거보다 더 놀라운 사실은 그렇게 이동해 온 기생충의 종수였다. 이런 기생충에는 구충, 선충, 편충, 회충이 포함되어 있었다. 그러나 이는 일부에 불과했다.[8] 결핵 균주도 이런 경로(또는 이런 경로들)로 이동했을 수 있다.[9] 아메리카 대륙에 도착한 기생충 종은 모두 그들의 기본 지위의 일부인 아메리카라는 지형 안에서 인간 개체군 전체 또는 거의 대부분을 점령했다.

이런 기생충이 아메리카 전역으로 퍼지자 아메리카 최초의 인류가 아프리카나 유럽, 아시아에서 온 적으로부터 탈출한 비율은 감소했다(이런 전조는 돌이켜보았을 때에만 분명히 드러난다). 그러나 모든 기생충이 배를 타고 들어오지는 않았다는 점은 중요하다. 여전히 뒤에 남은 기생충도 많았다. 한 예로 아마존 우림에 처음 도착한 아메리카인에게는 황열병, 주혈흡충증, 열대열 말라리아도 없었다. 그러나 그들에게는 다른 것이 있었다.

대가속 초기에 유럽, 아시아, 아프리카에서 살던 인간은 자연을 점점 더 손보기 시작하며 새로운 여러 생태 조건을 조성했다. 오랫동안 희귀했던 종이 보편화되었다. 이러한 일들은 돼지나 염소, 소, 양, 닭 같은 많은 가축에서 일어났다. 게다가 인간은 적어도 일부 지역에서는 매우 밀집되어 살았다. 이런 상황들이 조합되면 새로운 기생충이 진화하고 질병이 발생하기에 최적이라는 사실은 질병생태학자들이 전적으로 동의하는 사안들 가운데 하나이다. 제2장에서 살펴본 개념으로 돌아가보면, 기생충이 보기에 거대한 인구는 거대한 서식지 섬이나 마찬가지이다. 인간과 함께 사는 동물은 많은 기생충 종이 이 서식지 섬에 정착할 기회를 준다. 그리고 바로 이런 일이 이때에도 일어났다. 새로운 기생충은 유럽과 아시아, 아프리카의 대규모 정착지에서 인간에게 기생하여 살아갈 능력과 인간에서 인간으로 퍼질 수 있는 능력을 진화시켰다. 인구 밀도가 매우 높은 지역에서는 심지어 공기를 통하여 인간에서 인간으로 감염되는 완전히 새로운 기생충이 진화하기도 했다. 대가속에 따라 인구 밀도가 높아지고 인간이 생태계에 미치는 영향이 커지면서 진화한 기생충은 인플루엔자, 홍역, 유행성 이하선염, 흑사병, 천연두 등 셀 수 없이 많은 질병을 일으켰다.[10]

유럽이나 아시아, 아프리카와 마찬가지로 아메리카 사람들도 인구 성장률 가속을 겪었다. 그러나 이런 일은 조금 나중에 일어났다. 그리고 아직 이유는 완전히 밝혀지지 않았지만, 아메리카의 인구 증가가 새로운 기생충을 진화시킨 경우는 훨씬 적었다.

결국 아메리카 사람들은 1-2종이 아니라 새롭거나 오래된 수십, 수백 종의 기생충에서 탈출했다.

인간이 전 세계의 크고 작은 섬으로 이동할 때에도 비슷한 탈출이

다양한 정도로 일어났다. 인간은 배를 건조하고 돛을 달고 노를 저어 새롭거나 오래된 괴물들을 요리조리 피했다.

포식자와 기생충으로부터 탈출한 인간의 경험은 작물에서도 반복되었다. 인간은 지구상 여섯 지역에서 스스로를 더 넓은 녹색 자연계와 차단한 채 식물을 작물화하는 방법을 알아냈다. 그다음 작물을 원래 조건보다 약간 더 건조한 조건으로 옮기기 시작했다. 작물이 옮겨진 지역이 작물에 적합한 기후나 토양을 지닌 곳은 아니었다. 대신 인류에게 작물이 가장 필요한 곳이었다. 작물이 아마도 우연히 일부 해충이나 기생충의 지위를 벗어나 탈출할 수 있었던 것도 이런 지역에서였을 것이다. 그다음 인간은 배를 타고 이곳저곳으로 이동하기 시작했다.

인간이 배를 타고 이동하면서 두 가지 결과가 빚어졌다. 인간 개체군은 새로운 지리적 영역으로 이동해 신체적으로 새롭게 탈출했다. 인간은 마다가스카르, 뉴질랜드, 갈 수 있는 가장 먼 모든 장소로 탈출했다. 인간은 작물도 옮겼다. 남아메리카와 중앙아메리카의 작물은 카리브 해로 옮겨졌다. 아프리카의 작물은 남유럽으로 옮겨졌다. 작물도 탈출했다. 작물의 탈출 효과는 작물이 완전히 새로운 생물지리적 지역으로 옮겨졌을 때에 가장 크게 나타났다.

서로 다른 지역에 사는 동식물, 심지어 미생물은 수억 년 동안 각각 다른 육지 지역에 고립되면서 달라졌다. 지역이 분리될수록 두 지역

사이에 종들이 이동할 가능성은 낮아졌다. 지리적으로 분리된 종은 분화했다. 시간이 흐르면서 종들은 더 많이 분화했고 결국 분리된 지역에는 완전히 다른 종이 살게 되었다. 벌새는 아메리카 대륙에서만 산다. 토마토, 감자, 고추의 조상도 마찬가지이다. 나무타기캥거루는 오스트레일리아와 파푸아뉴기니에서만 산다. 바나나의 조상도 마찬가지이다. 유인원은 아프리카와 아시아에서만 산다. 나중에 일어난 이동이 이런 분화에 겹쳐졌다. 때로 육지가 이동해 충돌하면서 한 육지에서 다른 육지로 건너온 종이 다른 종과 섞이기도 했다. 특정 종이 한 육지에서 다른 육지로 퍼지기도 했다. 원숭이들이 각각 큰 통나무를 타고 바다를 건너는 모습을 상상해보자. 영장류는 이런 식으로 아메리카 대륙에 도착한 것으로 보인다. 생태학자들은 이런 고립과 구조, 확산이 뒤섞여 발생한 육지 간 생물군의 차이에 따라 서로 다른 육지를 생물지리적 지역인 생물지리구로 구분했다. 가령 북아메리카 대부분은 신북구 생물지리구에 속하며, 이곳 생물 종은 유럽과 아시아 대부분을 포함하는 구북구 생물지리구 생물 종과 매우 다르다.

작물은 한 생물지리구에서 다른 생물지리구로 이동하면서 고대 해충이나 기생충에서 탈출했고, 고대 해충이나 기생충의 친척도 없는 지역으로 이동했다. 그리고 이를 통해서 더 완벽하고 새롭게 탈출했다. 유럽인들이 아메리카에 도착하자 작물이 이동하고 탈출하는 속도가 가속되었다. 포르투갈인과 함께 인도와 한국 같은 곳으로 이동한 고추는 이들 문화와 요리법에 제대로 안착해서 이제는 거의 토종

그림 4.2 다양한 지역에 서식하는 양서류, 조류, 포유류 종을 바탕으로 그린 지구의 생물지리구. 서로 다른 지역은 흰색 선과 다양한 음영으로 구분된다. 화살표는 기생충과 포식자를 피해서 전 세계로 퍼져가는 우리 종 호모 사피엔스의 잠재적인 궤적을 나타낸다. (지도 : 로런 니컬스가 벤 G. 홀트 등의 논문을 바탕으로 작성. Holt, Ben G. et al. An Update of Wallace's Zoogeographic Regions of the World, *Science* 339, no. 6115 [2013]: 74-78.)

으로 여겨질 정도이다. 토마토는 결국 유럽으로 옮겨갔다. 감자는 안 데스 산맥에서 아일랜드로 옮겨갔다.

인간은 이렇게 이동하면서 탈출 기회를 만드는 한편, 필연적으로 기생충과 해충이 퍼져나가고 결국 이들이 지리적으로 기본 지위 전체 에 정착할 기회도 만들었다. 숙주가 기생충이나 포식자에서 탈출할 때 생태학자들은 이 탈출의 결과를 "천적 회피"라고 부른다. 반면 천 적이 우리에게 다시 찾아오는 순간을 일컫는 적절한 단어는 없다. 그 순간이 얼마나 끔찍한지 쉽게 설명할 도리가 없기 때문일 것이다.

유럽인들은 아메리카 대륙에 도착하면서 아메리카 원주민이 아메 리카 대륙으로 건너올 때 이미 탈출한 옛 기생충 몇 종을 다시 들여왔 다. 유럽, 아프리카, 아시아의 큰 도시에서 진화한 새로운 기생충도 데려왔다. 유럽에서 오는 배는 인간이 겪는 갖가지 질병으로 가득 차 있었다. 이런 질병이 퍼지자 전에 없던 대규모 죽음이 이어졌다. 수천만 명의 아메리카 원주민이 사망한 이 사건은 "대살상"이라고 불리게 되었다. 고대 아메리카 도시는 무너지고 사람들은 흩어졌다. 도시가 너무 황폐해진 나머지 식민지 개척자들은 아메리카 대륙에 인간이 번성한 적이 없었다고 상상하기 시작했다. 그들은 집과 문명이 무너진 폐허를 질병과 대량 학살이 뒤섞인 결과가 아니라 그저 사람들이 사망했기 때문이라고 보았다.[11]

그후 아메리카 대륙의 작물에서 서식하던 기생충은 예전에 옮겨진 작물과도 다시 만났다. 아일랜드에 감자마름병이 찾아오자 감자는 예전에 탈출했던 옛 천적과 다시 마주쳤다. 이어진 기근으로 아일랜드인 100만 명이 사망했고 100만 명은 다른 국가로 이주해야 했다.

오늘날 많은 국가에서 인간의 건강과 복지, 작물 수확량은 여전히 두 종류의 탈출에 달려 있다. 첫 번째는 기본 지위보다 실현 지위가 좁은 기생충과 해충 종이 유발한 탈출이다. 두 번째는 인류와 작물이 기생충과 해충의 기본 지위 바깥 조건에 살고 자라면서 경험하는 탈출이다. 두 가지 탈출은 모두 오늘날 전 지구적 변화로 위협받고 있다. 첫 번째 탈출은 운송망을 통해 세계를 잇는 방식으로 인해서, 두 번째 탈출은 기후 변화로 인해서 위협받는다.

인간이 세계를 연결하는 방식 때문에 탈출이 받은 위협의 결과는 최근 카사바 가루깍지벌레가 카사바를 덮친 사례에서 그 조짐을 엿

볼 수 있다. 카사바는 열대 아메리카가 원산지이지만 열대 아프리카와 아시아에도 도입되었다. 열대 아프리카와 아시아 여러 지역에 천적이 없던 카사바는 그곳의 주식 작물이 되었고, 아프리카, 아시아 및 아메리카 열대 저지대의 많은 사람에게 감자 기근 직전 감자가 아일랜드인들에게 주식이던 것과 마찬가지로 주식이 되었다.[12]

그러다가 1970년대에 이르러 카사바는 위험에 처했다. 아프리카 콩고 분지의 카사바에 새로운 가루깍지벌레(진딧물의 일종)가 도착했다. 연구자들이 좋은 의도로 아메리카에서 아프리카로 새로운 카사바 변종을 들여오려다가 우연히 가루깍지벌레를 데려온 것이다. 이들은 포식자였다. 가루깍지벌레는 이쪽 끝에서 저쪽 끝까지 1년만 해도 수천 제곱미터나 되는 카사바 밭을 시들게 했다. 콩고 분지에서 퍼진 것과 같은 속도로 퍼진다면 아프리카 전역에 가루깍지벌레가 퍼지는 일은 몇 년이면 충분했다. 아시아로 퍼지는 것도 시간문제였다. 이런 재앙을 막을 방법은 아무것도 없어 보였다. 가루깍지벌레는 방치된 채 자라고 있었다. 가루깍지벌레 개체군은 해충이나 기생충의 압력도 받지 않은 채 성장했다. 가루깍지벌레를 잡아먹도록 진화한 다른 생물 종은 모두 원래 지역에 남겨두고 온 채였다. 가루깍지벌레는 탈출한 것이다.

가루깍지벌레를 막을 한 가지 방법은 이들이 원래 있던 곳으로 돌아가 이들을 억제하는 곤충이나 기생충을 찾은 다음 이 천적을 가루깍지벌레가 도입된 곳에 풀어두는 것이었다. 이런 생물학적 통제는 장기적인 해결책이었다. 핵심은 가루깍지벌레의 고향에서 이들을 잡아먹는 종이 무엇인지 알아낸 다음 이 천적을 콩고 분지로 데려와서 여러 개체로 불린 후에 방사하는 것이었다.

가루깍지벌레의 천적을 찾으려면 가루깍지벌레가 애초에 어디에서 왔는지 알아야 했다. 그러나 아무도 몰랐다. 가루깍지벌레가 어디에서 왔는지 모르면 가루깍지벌레의 친척이 어디에서 왔는지라도 알아내야 도움이 될 텐데, 어떤 종이 가루깍지벌레의 친척인지, 하물며 어디 사는지는 더더욱 몰랐다. 가루깍지벌레의 친척이 어디에서 왔는지 모른다면 카사바가 처음 작물화된 곳(가루깍지벌레나 이들의 친척에 대한 해충과 기생충이 가장 흔하게 서식하는 곳)으로 가면 되는데 카사바가 지형학적으로 어디에서 기원했는지 상세히 연구한 사람도 없었다. 그렇게 적당한 선택지가 없는 상황에서, 너무 젊어서 현실을 잘 모르고 과감히 연구에 덤벼들 수 있었던 과학자 한스 헤런이 연구를 시작했다. 헤런은 캘리포니아에서 시작해 남쪽으로 이동했다. 곳곳이 전쟁터였고 고난이 이어졌다. 콜롬비아에서 깍지벌레를 발견하기는 했지만, 곧 다른 깍지벌레임이 밝혀졌다.[13] 한 친구가 헤런의 이름을 따서 이 깍지벌레에 이름을 붙여주었다. 헤런은 탐사를 계속했다.

헤런은 가루깍지벌레를 발견하지 못했지만 친구 토니 벨로티에게 자신의 연구에 대해서 이야기했다. 우연히도 당시 벨로티는 이혼 서류에 서명하러 아내와 함께 파라과이에 가야 했고, 심란한 마음을 돌릴 무엇인가가 필요했다. 주위를 둘러보던 벨로티는 파라과이의 토착지에서 카사바 가루깍지벌레를 발견했다.[14] 헤런과 벨로티, 다른 동료들은 파라과이 카사바 가루깍지벌레의 몸속에 알을 낳는 말벌을 발견했다. 그들은 말벌 수십 마리를 영국 검역소로 가져갔다(말벌 몇 마리가 실수로 탈출해도 문제가 덜할 곳이었다). 이들은 말벌의 생물학적 특성을 자세히 연구한 다음 말벌의 후손을 서아프리카로 데려갔고, 온갖 곤경을 무릅쓰고 말벌 몇 마리를 수백, 수천 마리로 불리는 방법을 발견했다. 이들은 수백, 수천 마리의 말벌을 방사했고, 놀랍게도 이 말벌과 그 후손은 아프리카를 가로질러 퍼져나가며 가루깍지벌레를 말살하고 카사바를 살려 수억 명의 아프리카 사람들을 구했다.[15] 비슷한 이야기가 나중에 아시아에서도 되풀이되었다.

　생물 세상의 모호한 측면을 다루는 데 전문가인 일군의 과학자들이 수억 명을 굶주림에서 구했다. 이 과학자들은 영웅이다. 이들은 건초 더미에서 바늘—이 경우에는 말벌—을 찾듯, 미지의 종이 지닌 야생성을 기꺼이 집요하게 탐색했다. 그러나 우리가 아는 한 더욱 놀라운 점은 이들이 가루깍지벌레를 발견하고 이를 찾는 과정에서 카사바를 공격하는 가루깍지벌레의 친척이 여러 종이라는(게다가 가루깍지벌레를 죽일 수 있는 말벌 친척 종도 여럿이라는) 사실을 발견한 다음에도, 가루깍지벌레의 친척들로 돌아가 연구하지 않았다는 사실이다. 말벌의 친척이나 카사바 원산지에 사는 다른 종을 연구한 사람도 없다. 적어도 상세히 연구한 사람은 없다. 다음 재앙이 닥쳐오기 전까지 이런 연구는 시작되지 않을 것이다. 우리는 어제의 비극과 오늘의 비극을 바탕으로 앞으로 다가올 알 수 없는 비극의 규모를 상상한다. 우리는 어제 일어난 비극의 잔잔한 여파와 오늘 일어나는 비극의 슬픈 침묵 속에서 앞으로 다가올 알 수 없는 비극은 잊는다. 우리는 자신을 희생하며 잊는다.[16]

그러나 과학자들은 잊지 않는다. 과학자들은 논문을 써서 무엇을 해야 하는지 알린다. 강의를 통해서 무엇을 해야 하는지 알린다. 더 많은 논문을 쓰고, 과학자의 언어를 버리고 일상적인 언어로 경고한다. 그리고 아무도 듣지 않으면 제자리로 돌아가 스스로 할 수 있는 일을 한다. 우리의 작물을 공격하는 종은 너무 많지만, 우리가 옮겨서 연이어 재난을 일으키는 종을 연구하는 과학자는 드물다. 과학자들이 제때 세상을 구원할 때도 있다. 그러나 그렇지 못할 때도 있다. 반면 자신이 생존할 만한 곳에 아직 도착하지 않은 작물 기생충은 수백 종이나 된다.

오늘날 자동차 타이어의 사이드월과 비행기 타이어 전체는 파라고무나무에서 흘러나오는 라텍스로 만든다. 이 나무는 아마존 우림에서 자생하지만, 해충이나 기생충에 매우 취약하므로 이곳 농장에서는 재배할 수 없다. 그래서 전 세계에서 사용하는 고무 대부분이 아시아의 열대 농장에서 나온다. 이곳 고무나무는 해충이나 기생충을 탈출해서 자란다. 그러나 해충과 기생충이 이곳 고무나무를 따라잡는 것은 시간문제이고, 그렇게 되면 전 세계 고무 생산은 10년도 지나기 전에 사라질 것으로 추정된다.[17]

오늘날 많은 작물이 탈출 덕분에 번성한다. 오늘날 많은 사람도 탈출 덕분에 번성한다. 이런 탈출은 인류 역사의 세부 맥락에서뿐만 아니라 해충과 기생충 지형의 세부 맥락에서도 발생했다. 중요한 사실은 이 지형이 변하고 있다는 점이다.

생물 종은 운송망을 통해서 전 세계로 이동하며 사람과 작물의 탈출을 위협하기도 하지만, 이런 이동과 기후 변화가 뒤섞여 사람과 작물의 탈출을 위협하기도 한다. 이집트숲모기의 경우를 살펴보자.

황열병과 뎅기열을 일으키는 바이러스는 이집트숲모기의 연약한 몸을 타고 이 사람의 혈액에서 저 사람의 혈액으로 옮겨진다. 아메리카 대륙에 사람들이 처음 발을 디뎠을 때에는 이런 바이러스도, 모기도 존재하지 않았다. 우리에게는 1만 년 넘도록 이런 바이러스나 모기가 없었다. 아메리카 사람들은 황열병이나 뎅기열을 모르고 살았다. 그러다가 결국 이집트숲모기가 도착했다. 이 모기는 노예선을 타고 아메리카대륙으로 들어온 다음 도로, 강, 철도가 이어지며 생긴 통로를 통해서 퍼진 것으로 보인다. 황열병 바이러스도 모기처럼 노예선을 타고 노예의 몸을 이용해서 유입되었다. 나중에 뎅기열 바이러스도 아시아를 거쳐 아메리카로 전파되었다. 황열병 바이러스나 뎅기열 바이러스, 그리고 이들이 숙주로 삼는 모기는 오늘날 아메리카의 햇볕 따뜻한 위도 지역과 도시 곳곳에 퍼져 있다. 기후가 변하고 도시가 커지며 더욱 연결되면서 이 바이러스와 모기는 여러 수준으로 계속 확산될 것이다.

이집트숲모기는 "가축" 또는 심지어 "가축화된" 모기 종으로 불린다. 사람 주변에서 더 잘 번성하기 때문이다. 도시에는 모기에게 필요한 서식지가 있다. 오래된 타이어나 배수로에 고인 작은 물웅덩이 등 물이 있는 작은 생태 조각이다. 게다가 보통 도시는 주변 서식지보다 더 따뜻하다. 이집트숲모기는 열대 종이므로 따뜻한 지역에서 잘 번성하고 추운 겨울에는 죽는다. 그러나 이집트숲모기가 살기에 너무 추운 일부 지역이라도 따뜻한 도심 환경이라면 모기가 생존할 수 있다. 한 예로 어떤 이집트숲모기 개체군은 워싱턴 도심에 정착한 것으로 보인다. 이 모기들은 내셔널 쇼핑몰 근처에 살며, 겨울에 쇼핑몰이 추워지면 국가의 수도首都 아래 인간이 만든 여러 지하 구조물에서 숨어 지낸다. 대부분의 종은 기후 변화를 따라잡기 위하여 허덕이겠지만, 더위를 좋아하고 도심에서 서식하는 종은 변화에 앞서 미리 북쪽으로 이동해 도시의 따뜻한 공간에서 살아남을지도 모른다.

이집트숲모기가 도시의 통로를 따라 화염처럼 열대 지방에서 북쪽으로 퍼져나가 겨울을 견디는 현상은 미국의 여러 지역 및 세계 다른 지역 인구에 영향을 미칠 치명적인 문제이다. 황열병 바이러스와 뎅기열 바이러스가 살아남는 데에 필요한 조건은 모기가의 생존에 필요한 조건과 미묘하게 다르다. 그러나 일단 모기가 정착하면 두 바이러스 역시 생존의 발판을 얻기가 훨씬 쉬워진다. 과학자들은 이집트숲모기의 생리에 대한 지식을 모두 끌어모아 앞으로 이들이 어떻게 분포할지 연구하여, 향후 수십 년 이내에 미국 동부 지역 대부분이 뎅기열 모기와 뎅기열 전염병의 위험에 놓이게 될 것이라고 주장한다. 이 지역들이 황열병에 직면하게 될지는 (인간 면역계에서 일어날) 뎅기열 바이러스와 황열병 바이러스의 복잡한 상호 작용, 이집트숲모기의 개체수와 분포, 이집트숲모기와 경쟁하는 흰줄숲모기 등 미국에 유입된 다른 모기의 개체수와 분포, 황열병 바이러스가 기생하는 포유류 종의 분포 등에 달려 있다. 우리가 아는 것은 미국 남부 지역 대부분이 숲모기와 관련된 새로운 문제에 직면하리라는 사실이다. 이런 문제에는 뎅기열 바이러스와 황열병 바이러스뿐만 아니라 치쿤구니야열 바이러스, 지카 바이러스, 마야로 바이러스 등이 복잡하게 얽혀 있을 것이다. 그러나 더 중요한 사실은 세계 각지가 연결되고 기후가 변화하면서 우리는 어디서든 살 수 있는 기생충을 옮기는 **한편**, 이런 기생충이 그들의 기본 지위 지형도 안에서 어떻게 이동할 수 있을지에도 영향을 미친다는 점이다.

얼핏 보기에 미래 기생충의 운명을 예측하는 어려움은 조류, 포유류, 나무의 운명을 예측하는 어려움과 비슷하다. 그러나 기생충의 생애 주기는 조류, 포유류, 나무의 생애 주기보다 훨씬 복잡하기 때문에 문제가 더욱 어렵다. 게다가 기생충에 대해서 우리가 아는 것은 척추동물이나 식물에 대해 아는 것보다 적다(부분적으로는 인간 중심주의 법칙 탓이다). 그래서 기생충 종을 하나하나 살펴보면 이들이 얼마나 세세하게 다른지, 그런데도 우리가 이들을 얼마나 모르고 있는지 깜짝 놀라게 된다. 다양한 기생충 종의 분포를 나타내는 자료는 일부 예외를 제외하고는 말도 안 될 정도로 적다. 최근에 내가 동료와 함께 진행한 연구에 따르면 인간에게 비교적 흔한 인간 기생충의 지형보다 차라리 조류, 심지어 아주 희귀한 휘파람새의 지형이 훨씬 많이 알려져 있을 정도이다.[18] 조류 종보다는 인간에게 영향을 미치는 기생충 종이 훨씬 적은데도 말이다. 이런 현실에 직면한 과학자들은 가장 해로운 몇몇 기생충에 초점을 맞춘다. 예를 들면 우리는 말라리아가 어디에 퍼질지 잘 알고, 뎅기열이 어디에 퍼질 가능성이 있는지도 이와 비슷한 정도로 잘 안다. 그러나 이렇게 하면 대부분의 기생충 종은 눈에서 멀어진다. 게다가 인간 기생충뿐만 아니라 작물이나 가축 기생충도 이동할 기생충에 포함된다는 사실을 고려하면 문제는 더욱 어려워지고 미래를 명확히 내다보겠다는 희망은 훨씬 요원해진다. 그러나 다행히도 경험에 바탕을 둔 몇 가지 도움이 되는 규칙이 있다.

기후 과학자들은 인간 행동을 고려한 여러 시나리오를 바탕으로 다양한 지역의 기후를 점점 더 잘 예측하게 되었다. 그 결과 우리는 뉴욕이나 마이애미 등 관심 있는 특정 지역을 선택하여 이 지역의 향후 기후를 예측하고 현재 기후가 비슷한 다른 지역과 연결한 지도를 그릴 수 있다. 현재 비슷한 기후 지역에서 발견되는 기생충 종을 알면 앞으로 뉴욕이나 마이애미 같은 특정 지역에 살 종을 적어도 하위 종 정도는 합리적으로 추정할 수 있다. 말하자면 기생충 자매 도시 접근법이다.

나는 기생충 자매 도시 접근법을 이용해서 다양한 기후 시나리오를 따를 경우 특정 도시에서 생존할 가능성이 가장 높은 기생충이 무엇인지 추정할 수 있었다. 기후 과학자들은 도시 계획자들처럼 각 시나리오가 인간의 여러 행동, 그리고 기후가 인간의 행동에 반응하는 양상을 반영한다고 여기며 미래를 고려한다. 기후 과학자들은 인간 행동을 예측하는 전문가는 아니지만, 기후가 인간의 여러 행동과 다양한 시나리오에 어떻게 반응할지 이해하는 능력을 키웠다. 각 시나리오에는 인간의 여러 행동과 결정, 이런 행동과 결정에 따른 온실가스 배출량, 그리고 이런 온실가스 배출이 유발하는 기후 변화가 반영되어 있다. 이런 시나리오 자체는 우리가 무엇을 해야 하는지 알려주지 않는다. 다만 우리가 집단으로 하는 여러 행동을 고려해 볼 때 어떤 결과가 일어날지 설명한다.

각 시나리오는 인간이 온실가스 배출을 얼마나 줄일지, 그로 인해 기후 변화가 얼마나 완화될지에 따라서 다르고, 전 세계 인간의 집단적 행동을 얼마나 낙관적으로 보는지에 따라서도 다르다. 낙관적인 시나리오들은 우리가 재빨리 행동 방식을 바꾸고 온실가스 배출을 줄이리라고 가정한다. 이런 시나리오들 중 일부는 더 이상 가능하지 않다. 우리가 이런 시나리오를 가능하게 만드는 일에 필요한 변화를 일으키는 데 이미 실패했기 때문이다. 가능한 시나리오 중 가장 낙관적인 시나리오는 RCPRepresentative Concentration Pathways2.6이라는 시나리오이다. 이 시나리오를 따르려면 이 책이 출판되기 전인 2020년까지 기후 변화를 유발하는 전 세계 온실가스 배출량을 줄이기 시작했어야 한다. 우리는 2020년까지 온실가스 배출량을 7.6퍼센트 줄였어야 했고, 계속해서 2100년까지 해마다 온실가스 배출량을 줄여 인간이 내뿜는 온실가스 배출량을 0으로 만들고 유지해야 한다. 완전히 0으로 말이다. RCP2.6은 가능성이 매우 희박한 시나리오이다.

두 번째 시나리오인 RCP4.5는 이만큼 희망적이지는 않지만 당장 시작해야 하는 급진적인 변화를 요구한다. 이 두 번째 시나리오에 따르면, 인구가 계속 늘어날 것으로 예상됨에도 불구하고 2050년까지 온실가스 배출 증가를 멈춰야 한다. 다시 말하자면, 집단 배출량을 일정하게 유지하기 위해서는 개인 배출량을 실제로 훨씬 극적으로 줄여야 한다는 의미이다. 이 시나리오를 달성하려면 신속히 에너지를 재생 에너지로 전환하고, 육류 소비를 줄이고, 다른 변화 중에서도 무엇보다 전 세계적으로 자녀 수를 줄여야 한다. 식단이나 여행, 일상 교통, 냉난방 측면에서 멀게는 10년 전과 비슷한 생활 방식을 유지하고 있다면, 당신이 이 시나리오를 따르고 있을 가능성은 거의 없다. 이처럼 RCP4.5 시나리오는 급진적인 변화를 요구하지만, 이것을 따라도 전 세계적으로 섭씨 2도 정도 기온이 상승하는 온난화가 발생한다.

세 번째 시나리오는 우리가 지금처럼 계속 화석 연료를 사용하는 시나리오이다. 이 시나리오의 이름은 RCP8.5, 또는 "평소대로 시나리오"라고 한다. RCP8.5에 따르면 2100년까지 무려 4도가 상승하는 기후 변화가 일어난다. 나의 주변에서 기후 변화를 연구하는 이들은 일상에서 이 마지막 시나리오에 대비하고 있다. 이들은 직장에서 RCP2.6 시나리오를 연구하고 이에 어떻게 대처할지를 다루는 논문을 쓴다. 집에서 남는 시간에는 공동체에 RCP2.6 시나리오를 따르도록 촉구한다. 그러나 일과가 끝나고 소파에 털썩 앉아서는 우리가 RCP8.5 경로를 따르고 있다고 걱정하며 여러 결정을 내린다. 인터넷으로 더 추운 곳, 가령 캐나다나 스웨덴의 부동산을 뒤적인다. 부동산업자에게 "근처에 항상 물이 흐르는 곳인가요?" 같은 질문을 한다. 배우자와는 어느 국가 정권이 안정적이고 말라리아 위험이 없는지 대화를 나눈다. 이들은 내부 정보와 가처분 소득을 이용하여 미리 도망갈 준비를 하고 있다. 여기에서 다시 방주 이야기가 떠오른다. 노아는 육지를 덮칠 대홍수가 온다는 이야기를 듣고 사람들에게 이 사실을 알리려고 애썼다. 그러나 아무도 귀담아듣지 않았다.

이 세 가지 시나리오는 2014년 "기후 변화에 관한 정부간 협의체 Intergovernmental Panel on Climate Change, IPCC"에서 나온 관련 시나리오들이다. IPCC는 특정한 한 가지 예측보다 여러 시나리오를 제안하기로 했다. 여러 시나리오를 제시하면 우리의 선택이 선명하게 드러나며, 인간의 집단적 선택과 행동을 예측하기보다 어느 정도의 온실가스 배출량이 기후에 어떤 영향을 미칠지를 훨씬 예측하기 쉽기 때문이다 (이후 인간의 행동을 조금 다르게 가정하는 새로운 시나리오들이 개발되었다. 이런 시나리오들의 명칭과 세부 사항은 조금씩 달라졌지만, 이들은 앞에

서 내가 언급한 시나리오들과 상당히 비슷한 예측을 내놓는다). 기후 과학
자들은 우리가 평소대로 살아가는 경로를 고수하는 방향(RCP8.5)을
선택할지, 급진적으로 삶의 방식을 재구성할지(RCP4.5) 알 수 없다.
우리의 선택은 우리가 얼마나 바뀌고, 기후가 우리를 얼마나 바꿔놓
을지와 관련된다.

몇 년 전, 나의 동료 맷 피츠패트릭은 이런 시나리오들을 고려하여
RCP4.5 및 RCP8.5 시나리오를 따를 경우 자신이 사는 도시가 미래(대
략 2080년)에 현재 북아메리카의 어떤 도시와 가장 비슷해질지 보여주
는 도구를 개발했다. 맷은 그것을 기생충 자매 도시 접근법이라고 부
르지는 않았지만, 내가 그렇게 해도 괜찮을 것이다. 적어도 그가 용납
해주기를 바란다.

그림 4.3은 맷의 연구 결과에 따른 몇몇 도시의 미래를 보여준다. 맷
은 RCP4.5와 RCP8.5 시나리오에 주목했다. 이 지도에서 한 도시에서
시작된 선은 2080년 해당 도시의 미래 기후와 가장 비슷한 현재 기후
를 지닌 장소로 이어진다. 위쪽 그림은 RCP4.5 시나리오를 바탕으로
예측한 결과이고, 아래쪽 그림은 RCP8.5 시나리오를 바탕으로 예측
한 결과이다.

지도의 선은 미래의 기생충을 매우 직접적으로 측정해준다. 플로
리다 주 마이애미를 살펴보자. RCP4.5 시나리오에 따르면 2080년 마
이애미는 기후 면에서 덥고 계절에 따라 때로는 습한 지금의 멕시코
아열대 지방 기후와 유사해진다. 그러나 RCP8.5 시나리오에 따르면

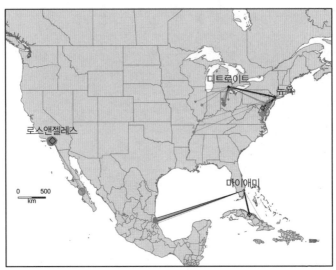

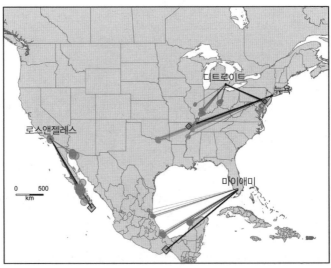

그림 4.3 RCP4.5(위) 및 RCP8.5(아래) 시나리오에 따라 예측한 여러 도시의 미래 기후와 가장 비슷한 "자매 도시"를 연결한 지도. 각 선은 서로 다른 기후 모형에 따른 결과를 나타낸다. 선이 닿는 부분의 원이 작을수록 두 도시의 기후가 일치하고, 원이 클수록 덜 일치한다. 이 지도의 온라인 버전에서는 미국 모든 도시를 선택하고 미래를 그려볼 수 있다. 다이아몬드 모양과 검은색 선은 모든 모형의 평균 결과를 나타낸다.

2080년 마이애미는 지금의 멕시코 열대 지방 기후와 비슷해진다. 적어도 마이애미 일부 지역은 지금의 열대 기후에 가까워지는 것이다.

미래 마이애미의 기후가 현재 멕시코 일부 지역의 기후와 비슷해진다는 점은 미래의 마이애미가 지금의 아열대 멕시코(RCP4.5를 따를 경우) 또는 열대 멕시코(RCP8.5를 따를 경우)에 서식하는 대부분 종의 기본 지위에 속하게 된다는 사실을 말해준다. 이렇게 되면 마이애미에 살게 될 야생생물들은 영향을 받는다. 원숭이나 아메리카표범은 어떻게 될까? 지금 원숭이나 아메리카표범이 사는 멕시코 서식지에 있는 종들은 마이애미로 거주지를 옮겨야만 할 것이다. 이런 종은 마이애미와 멕시코 사이에 광대하게 펼쳐진 지역이 아무리 덥고 건조하더라도 이동하면서 계속 자신의 지위를 찾아야만 한다. 몹시 험난한 길이다. 이런 종을 위해서 우리에게 필요한 것은 멕시코와 미국 사이의 벽이 아니다. 대신 멕시코에서 플로리다, 그리고 그 너머로 이어지는 숲 통로가 있어야 한다. 우리는 서식지 방주가 필요하다. 방주 대부분은 방주가 필요한 종에게 완벽하지는 않겠지만, 썩 괜찮기를 바라야 할 것이다.

한편 기생충에게는 배, 비행기, 고속 도로, 기타 운송 수단이 풍족하다. 게다가 멕시코에는 기생충이 넘쳐난다. 열대 멕시코 기후는 말라리아 원충과 이를 옮길 모기, 뎅기열과 황열병 바이러스와 이를 옮길 모기, 샤가스 병을 유발하는 기생충과 이를 옮길 벌레가 살기에 적합하다. 게다가 열대 멕시코에는 아직 플로리다에서 번성하지 못하는 여러 가축 및 작물 기생충도 있다. 이런 기생충 종 일부 또는 이들에게 필요한 포유류 숙주나 곤충 매개체 같은 종은 이미, 때로는 우연히 플로리다에 유입되었다. 이들은 플로리다 주의 최대한 따뜻한 곳에 숨어서 주변이 좀더 따뜻해지기를 기다리고 있다. 작물 기생충에 대해서도 비슷한 비교를 할 수 있다. 그리고 맷의 웹사이트를 보면 미국 모든 도시에서 이런 비교를 해볼 수 있다.[19] 맷은 미국 내 여러 지역의 미래 기후를 북아메리카의 다른 지역과 연결하는 데에 초점을 맞추었다. 그러나 세계 다른 곳으로 연결해볼 수도 있다. 향후 마이애미를 기본 지위의 일부로 삼을 아프리카나 아시아의 기생충도 있을 것이다. 이런 기생충이 도착하기는 더욱 어렵겠지만, 역사를 교훈 삼아본다면 결코 극복할 수 없는 문제는 아니다.

탈출을 바라볼 때의 문제는 이미 탈출한 사람들이 탈출을 가치 있게 여기지 않는다는 것이다. 대부분의 지구상 인간과 작물은 거의 모든 열대 기생충에서 탈출해본 적이 없는 곳에서 살고 있다. 마이애미에서 산다면, 이미 가장 해로운 여러 천적을 피해온 셈이다. 따라서 이런 기생충이 유발할 결과는 추상적인 먼 이야기처럼 보인다. 사람들에게 기후가 변하면 물에 잠길지도 모르니 이곳에 집을 짓지 말라고 설득하기는 어렵다. 하물며 지금 여기에도 없고 인생이 끝나기 전에 올지 오지 않을지 모를 기생충에 대비해야 한다고 설득하기는 더더욱 어렵다. 대규모 기생충 이동에 미리 대비해야 한다는 것을 납득시키기는 거의 불가능하다. 실행해야 할 계획이 너무 지루하고 상세하기 때문이다. 그렇지만 우리는 미리 계획할 수 있다. 간단한 몇 가지 단계가 있다.

우리가 할 수 있는 첫 번째 단계는 막는 것이다. 밀려오는 기생충이 도착하지 않도록 막는 모든 행동은 많은 사람에게 도움이 된다. 기생충의 도착을 막는 일이 어렵기는 하지만, 아무리 어렵다고 해도 이미 도착한 기생충을 통제하기보다는 훨씬 쉽다. 우리는 최악의 기생충을 옮기는 곤충 매개체도 감시해야 한다. 대중을 이런 매개체를 감시하는 데에 참여시켜야 한다. 기생충 자체를 감시할 탄탄한 공중 보건 감시 체계를 개발해야 한다. 이런 체계가 일부 자리 잡은 곳도 있다. 그러나 충분한 곳은 아직 없다. 가령 미국 대부분의 지역에서 새로운 모기 종이 도착했을 때부터 발견되기까지는 보통 약 10년이라는 시차가 있다. 그 정도 시기가 지나면 모기가 너무 퍼져서 눈에 띈다. 그러나 그때가 되면 이미 늦다.

새로운 기생충을 다룰 준비가 된 공중 보건 체계도 마련해야 한다. 나는 마이크 개빈, 나이마 해리스, 조너선 데이비스와 함께 전 세계의 기생충이 유발하는 질병 다양성을 모형화해서 두 가지 주요 결론에 도달했다. 첫 번째 결론은 앞에서 언급했듯이 기생충이 덥고 습한 조건에서 가장 다양하다는 점이다. 기후는 질병 다양성을 매우 잘 예측한다. 인간이 질병 통제에 엄청난 돈을 쏟아붓는다는 점을 감안할 때 우리가 기후와 질병 사이의 오랜 연관 관계를 끊을 수 있을지 모른다고 바랄 수도 있다. 그러나 우리는 그렇게 하지 못했다. 겸손해야 할 일이다. 덥고 습한 지역에서는 기생충이 유발하는 질병이 더 많이 발생할 것이다. 그러나 두 번째 결론도 있다. 심각한 질병에 걸린 사람의 유병률―감염된 사람의 비율―은 기후만으로 설명되지 않는다는 점이다. 기후와 함께 공중 보건 투자를 고려한 모형이 유병률을 가장 잘 설명했다. 즉 보통 공중 보건에 투자해서 기생충을 박멸할 수는 없지만, 투자하지 않았을 때보다 기생충이 덜 퍼지게 유지할 수는 있다. 농업 관련 기생충과 해충에 대해서도 비슷할 것으로 보인다. 앞으로 더욱 열대 기후로 바뀔 국가와 주에서는 새로 도착할 무리를 통제할 기반 시설에 투자를 시작해야 한다.

물론 다른 선택지도 있다. 다시 도주를 시도하는 것이다. 몇몇 사람들이 주장해온 대로 우리는 달이나 화성에서 살 수도 있다. 생태학자인 내가 보기에는 지구에서 우리 주변에 이미 작동하는 생태계를 파괴하는 일을 멈추기도 힘든데 다른 행성에서 지속 가능하게 관리할 수 있는 새로운 생태계를 설계할 수 있을 것 같지는 않다. 그러나 논의를 위해 인간이 달이나 화성에서 살 수 있다고 상상해보자. 일론 머스크가 달이나 화성에 멋진(하지만 봉쇄된) 발코니가 있는 여름 별장을 세웠다고 치자. 아주 맛있는 채소로 가득 찬 온실을 머릿속에 그려보자. 지구에서 우리가 사랑하는 것들을 좀더 단순한 형태로 복제한 것을 떠올려보자. 어떤 기생충도 없는 정착지이다. 이런 시나리오라면 우리는 다시 탈출할 수 있다. 적어도 몇몇 부자들은 다시 탈출할 수 있을지도 모른다. 그러나 과거가 준 교훈을 떠올려보면 이런 탈출도 일시적일 뿐이다. 연구자들은 최근 국제우주정거장 우주비행사가 관리하는 정원에서 식물 기생충을 발견했다. 식물 기생충은 이미 우주에도 있다.[20]

05

인간이 살아갈 틈새

지구상 대부분의 종이 각자 번성할 수 있는 환경에 자리를 잡으려면 기후 변화에 따라서 이동해야 한다. 희귀종 조류, 달팽이, 기생충은 모두 생존을 위해서 이동해야 하는 종이다. 여기까지는 이미 설명했다. 그러나 아직 언급하지 않은 점이 있다. 여기에 인간이 포함된다는 사실이다. 어떤 면에서 보면 인간이 도망치고 탐험하면서 거주하고 성장할 수 있게 된 기후와 환경은 놀라울 정도로 다양하다. 인간의 지위는 매우 넓다. 농업 발명 이전부터 인간은 어떻게든 툰드라, 늪, 사막, 열대 우림에 정착했다. 현대 인간은 혁신을 거듭하며 다른 어떤 고대 인간 종보다 훨씬 많은 생물군과 조건을 차지할 수 있게 되었다. 개인과 사회로 좁혀보면 이런 혁신은 주목할 만하다. 보온을 위한 불 이용법과 옷의 발명, 물을 흘려보내는 관개 시설, 건물 냉난방 능력 등이 이런 혁신에 포함된다. 특정 환경에 독특하게 맞춘 생활 방식도 있다. 전 세계 목축업자들은 계절마다 동물과 함께 이동하며 극한의 환경에서 산다. 극북 사람들은 계절에 따라 이동하고, 식량을 저장하고, 새로운 건축 기술을 개발하는 한편 주변 동식물에 대한 놀라운 지식에 의존하여 살아간다. 현대 과학은 비록 잠깐이지만 인간이 우주에 거주하는 방법을 알아냈다. 지금 하늘 위에 있는 우주비행사도 아침을 먹고, 잠자고, 책을 읽고 있을지도 모른다.

그러나 인간 전체로 넓혀 그저 인간이 살 수 있는 곳이 아니라 많은 인구가 밀집해서 살 수 있는 곳을 살펴보면 상황은 달라진다.

인간 전체로 넓혀보면 혁신은 그다지 중요하지 않다. 오히려 인간의 몸이 지닌 생리학적 한계가 더욱 분명해질 뿐이다. 중국 난징 대학교의 쉬츠와 오르후스 대학교, 엑서터 대학교, 바헤닝언 대학교의 공동 연구자들은 최근 전 세계 곳곳의 인구 밀도 자료를 바탕으로 고대와 현대 인간의 지위를 측정했다. 인간의 생존에 어떤 환경이 유리한지 측정하기 위해서는 인구 밀도를 고려하는 것이 합리적인 출발점이기 때문이다.[1]

쉬츠와 동료들은 다양한 기후 조건을 지닌 육지 비율을 상대적으로 도표화했다. 이들은 이렇게 해서 매우 춥고 건조한 기후부터 매우 덥고 습한 기후까지 적어도 지구상에서는 기온과 강수량의 다양한 조합을 밝힐 수 있었다. 그러나 일부 기후는 다른 기후보다 훨씬 일반적으로 퍼져 있고, 우리가 보통 생각하는 것보다 훨씬 흔하다는 사실이 밝혀졌다. 지구의 육지 대부분은 외딴 툰드라처럼 춥고 건조하거나, 사하라 사막처럼 덥고 건조했다. 쉬츠와 동료들은 이런 조건 중 인구 밀도가 높게 유지될 수 있는 조건의 하위 집합을 살폈다. 연구 진은 쉬츠의 동료들을 포함하여 이 프로젝트에 참여한 생태학자들이 인간 이외의 동물이 점한 지위를 조사할 때에 사용하는 접근법을 이용했다. 그것은 꿀벌, 비버, 박쥐 같은 다른 동물 연구에 이용하는 방법이었다.

쉬츠와 동료들은 최근 온라인 데이터베이스에 모은 다양한 고고학적 자료를 바탕으로 비교적 먼 과거인 6,000년 전 인간의 지위를 처음 연구했다. 6,000년 전에는 오늘날에 비해서 세계 인구 가운데 수렵채집인이 훨씬 많았다. 쉬츠와 동료들은 이 고대인들을 연구하여 이들이 광범위한 기후 조건에 비교적 밀집되어 살았지만, 모든 환경에 살지는 않았음을 발견했다. 그림 5.1의 상단 가운데 그림에서 가장 밝은 흰색 부분은 6,000년 전 인구 밀도가 가장 높았던 지역의 기후 조건을 나타낸다. 이 그림을 보면 고대인들은 대체로 매우 추운 지역이나 덥고 습한 지역에서는 매우 듬성듬성 살았지만, 지구에서 가장 덥고 건조한 몇몇 지역에서는 비교적 밀집되어 살았다는 사실을 금방 알 수 있다. 그러나 가장 밀집되어 살았던 곳은 기온이 온화하고 비교적 건조한 지역이었다. 적어도 인구 밀도의 관점에서 본다면 고대 인간 개체군에 "이상적인" 연평균 기온은 약 섭씨 13도로, 오늘날 미국 샌프란시스코나 이탈리아 피렌체의 연평균 기온과 비슷하다. 이상적인 강수량은 연간 1,000밀리미터로 샌프란시스코보다는 습하지만 피렌체

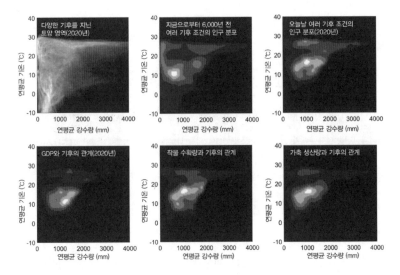

그림 5.1 상단 왼쪽 그림에서는 밝은 흰색일수록 해당 기후 조건이 더 넓은 토양 영역을 차지함을 나타낸다. 상단 가운데와 상단 오른쪽 그림에서 음영은 인구 밀도를 나타낸다. 가장 밝은 부분은 인구 밀도가 가장 높은 곳으로 최대치의 90퍼센트에 이르는 부분이며, 그다음 밝은 부분은 최대치의 80퍼센트 식으로 계속 이어진다. 하단 그림에서 가장 밝은 부분은 GDP와 작물 수확량, 가축 생산량이 최대치의 90퍼센트에 이르는 기후를 나타낸다. (그림 : 쉬츠와 로런 니컬스의 책)

와 비슷한 조건이다. 에어컨이나 중앙난방이 발명되기 훨씬 전인 고대에는 이런 쾌적한 기후에 많은 인간이 살았다.

고대에서 현대로 시선을 돌려보면 우리 인간이 놀라운 혁신의 힘을 더한 기술로 우리의 지위를 얼마나 확장했을지 궁금해진다. 그러나 놀랍게도 대답은 대체로 "전혀 확장하지 못했다"이다. 현대로 넘어오면서 수년 동안에도 인간은 지구 전역의 다양한 기후대에 골고루 퍼지지 않고 오히려 더 몰려서 살았다. 증기 기관, 석탄 발전, 원자력, 에어컨, 중앙난방, 담수화 공장, 기타 우리가 이룬 빛나는 여러 현대적 결과물 같은 많은 혁신에도 불구하고, 인간의 지위는 오히려 축소되었다.

6,000년 전 매우 춥고 건조한 환경에서 살던 사람들은 극북의 어류나 조류, 포유류에 의존하여 수렵채집을 하며 살았다. 이 수렵채집인들은 문화적 혁신을 통해서 계절에 따른 식량 변화에 맞서고(식품을 발효하여 보존함), 극한의 추위를 이기고(다른 사람들과 달리 보온하고 추위를 극복하는 방법을 익힘), 먼 거리를 이동하며(일부 지역에서는 개 썰매를 이용함) 번성했다. 이와 비슷하게 6,000년 전 유목민들은 덥고 건조한 지역에서 살 방법을 발견했다. 이들은 방목한 동물을 이용하고(잡아먹거나 젖을 짜 마시고 가죽과 고기를 이용함), 계절 변동에 따라 살고, 더위를 견딜 수 있는 옷과 집을 만들었다. 다른 사람들과 달리 이들은 그저 이런 환경을 견디는 데에 익숙해지기도 했다.

오늘날 이런 사람들이 한때 살았던 극한 지역 대부분은 비교적 사람이 살지 않거나 아주 듬성듬성 살아서 더 이상 전 세계 인구 대부분을 대표하지 않는 지역으로 바뀌었다. 한 예로 사하라 사막의 가장 더운 지역에는 6,000년 전에 비하여 사람이 훨씬 적게 살고, 오늘날 이곳에 사는 사람은 전 세계 인구 중 아주 적은 비율을 차지한다.[2] 이와 비슷하게 툰드라 일부 지역의 인구 밀도는 6,000년 전보다 낮다. 연구를 통해서 쉬츠와 동료들은 인간이 이룬 근대적 혁신도 6,000년 전 옛 사람들이 이미 이룬 혁신으로 얻은 범위 이상으로 전체 인류가 경험할 만큼 인간의 지위를 확장하지는 못했다고 결론을 내렸다. 이런 현상은 향후 몇 년간 문제가 될 것이다. 지구의 기후가 점점 극단으로 치닫고, 거의 모든 지역이 더욱 더워지고 일부 지역은 훨씬 건조해지거나 습해질 것이기 때문이다. 우리 앞에 놓인 더욱 극단적인 미래를 고려하면 이런 극단적인 기후가 애초에 인간 개체군에 왜 문제가 되는지를 이해하는 일이 중요해진다.

우리가 대부분의 시간을 온도가 조절되는 실내에서 보내는데도 극단적인 기후가 인간에게 부정적인 영향을 미치는 이유는 무엇일까? 매우 중요한 질문이지만, 이런 질문은 생태학자나 심지어 인류학자들의 관심 밖이었다. 흥미롭게도 이런 질문을 가장 깊게 연구한 이들은 경제학자들이었다. 몇 년 전 솔로몬 시앙과 그의 동료, 지도교수들을 포함해서 몇몇 기후 변화 경제학자로 이루어진 소규모 연구진은 인간 사회의 두 가지 측면이 기후에 어떤 영향을 받는지를 연구하기 시작했다. 첫 번째는 연구자들의 분야로 볼 때 당연하게도 각 국가의 GDP와 기후의 관계였다. 두 번째는 폭력과 기후의 관계였다. 폭력과 기후의 관계가 GDP와 기후의 관계보다 더 직접적이기 때문에, 나는 먼저 폭력과 기후의 관계를 살펴보겠다.

시앙이 대학원생이었을 때만 해도 경제학 분야에서 기후가 경제에 미치는 영향은 그다지 시급한 문제가 아니었다. 이런 상황에는 부분적으로 역사적인 이유도 있다. 1950년대에서 1960년대에 인류학 분야는 환경결정론이라는 개념에 반대했다. 경제학을 비롯한 다른 인문학 분야도 이를 따랐다. 환경결정론은 인간 사회가 개미 사회와 마찬가지로 환경의 영향을 받는다는 개념이다. 인문주의자들도 당연히 반발했다. 부분적으로 이런 결정론이 인종차별과 식민주의를 강화한다는 합당한 이유 때문이었다. 그러나 시앙은 인간이 어쨌든 생물학적, 물리학적 세상에 반응한다고 생각했다. 시앙은 자신이 너무 젊어서 이런 역사를 잘 몰랐다고 말했다. 그는 그저 기후와 경제, 인간에게 관심이 있을 뿐이었고, 컬럼비아 대학교 대학원에서 자신의 관심사를 연구하기 시작했다.

시앙은 박사 과정 당시 사이클론이 경제에 미치는 영향을 밝힌 일련의 논문을 발표했다. 이 연구를 마무리한 그는 프린스턴 대학교에서 박사후연구원으로 일하며 기후 변화와 사회에 대한 더욱 광범위한 연구를 시작했고, 이 연구를 하나의 포괄적인 작업으로 종합하여 「사이언스Science」에 발표했다.[3] 당시 캘리포니아 대학교 버클리 캠퍼스에서 연구하던 경제학자 마셜 버크 및 에드워드 미겔과 함께 공동 저술한 이 논문은, 그들이 서술한 대로 기후와 인간 사회에 대한 지식을 집대성한 "최초의 포괄적인 종합 이론"이었으며, 동시에 통계적인 종합을 이룬 논문이었다. 연구진은 통계학이라는 확대경을 통해서 인류를 바라보았다. 이전 연구에서는 기온 변화와 개별 사회의 연관성을 살펴보았지만 전반적인 분석은 하지 않았다. 시앙과 버크, 미겔은 이런 노력을 결합하여 큰 그림을 보려고 했다.

시앙과 동료들의 접근법은 쉬츠와 동료들이 이용한 접근법을 보완하는 동시에 이와 독립적이었다. 쉬츠가 특정 시기의 여러 지역 전반에 걸쳐 인구 밀도와 기후에 어떤 관계가 있는지에 초점을 맞추었다면, 시앙은 서로 다른 시기에 특정 지역에서 인간 사회와 기후가 어떤 관계를 가졌는지 알아보는 데에 주목했다.

시앙과 버크, 미겔은 인간 사회가 급격한 기후 변화에 직면할 때, 특히 많은 사람이 거주할 가능성이 비교적 높은 지역에서 조건이 변화할 때 인간이 거의 항상 어려움을 겪는다는 사실을 발견했다. 인간의 지위 내에 있는 조건보다 기후가 더 극단적으로 변하는 곳에서 이런 위기는 더욱 두드러지며, 이곳에 사는 사람들이 겪는 어려움에는 모든 시공간에 걸쳐 드러나는 일반적인 위기의 요소도 있었다. 바로 폭력이었다.

인간의 지위와 관련하여 일반적인 기후 변화, 특히 기온 상승(그리고 더욱 드물지만 기온 하강)이 일어나면 모두 폭력이 증가하는 경향이 있다. 기후 변화가 일어나면 사람들이 자신에게 폭력을 가할 확률이 높아진다. 기온이 올라가면 자살 및 자살 시도가 증가한다. 다른 사람에게 폭력을 가할 가능성도 높아진다. 미국에서는 기온이 상승하면서 가정 폭력과 성폭행이 모두 증가했다. 기온이 상승하면 집단에 대한 개인의 폭력도 잦아진다. (기온 상승에 따라) 야구 투수가 다른 팀원에게 보복하거나, (역시 기온 상승에 따라) 경찰 한 사람이 대중에게 폭력을 가하는 일도 늘어난다.[4] 다른 집단에 대한 집단 폭력도 마찬가지이다. 시앙과 동료들이 고찰한 바에 따르면, 기온이 상승하면서 인도에서 집단 간 폭력은 증가했으며, 브라질의 집단 간 폭력과 동아프리카의 정치적 및 집단 간 폭력 역시 많아졌다. 이런 사례는 계속 이어진다. 중요한 사실은 무엇보다 고대 마야 제국, 고대 앙코르 제국, 중국 왕조는 물론이고 현대 도시, 주, 국가에서도 기온 상승에 따라 전쟁이나 사회 붕괴로 이어지는 폭력이 늘었다는 점이다.

시앙과 버크, 미겔이 기온 및 강수량의 변화와 관련하여 살펴본 폭력은 인간의 지위와 관련된 조건이 변화하며 발생했다. 인간의 생활 조건이 이상적인 인간 지위와 멀어질수록 더 많은 사람이 고통을 겪고 더 폭력적으로 바뀌는 것으로 보였다. 쉬츠가 측정한 인간 지위의 가장자리에 있는 장소들을 세계 지도에 놓는다고 상상해보자. 이제 지도에 기후 변화를 겹쳐보자. 시앙과 버크, 미겔의 연구에 따르면 폭력은 기후가 현재 한계에 놓여 있고 더욱 악화하는 지형학적 지역에서 가장 흔했다. 이 사실을 발견한 나는 쉬츠에게 연락해서 이런 지도를 만들자고 했고, 그는 이 지도를 만들었다. 쉬츠가 만든 지도에서 집단 간 폭력을 보면 전 세계적으로 가장 폭력이 심각한 지역은 적어도 두 가지 기후 조건에서 불균형적으로 분명하게 나타났다. 첫째는 극도로 더운 지역(그리고 일반적으로 점점 더워지고 있는 곳)이었고, 둘째는 덥고 비교적 건조해서 농사를 짓기에 충분한 비가 내리는 해도 있지만 그렇지 않은 해도 있는 지역이었다. 첫 번째 조건에 해당하는 곳은 파키스탄 일부 지역이다. 두 번째 조건에 해당하는 곳은 미얀마 북부, 인도와 파키스탄의 국경, 그리고 모잠비크, 소말리아, 에티오피아, 수단, 니제르, 나이지리아, 말리, 부르키나파소 일부 지역이다. 모두 끊임없이 폭력을 겪고 있는 곳이다.

  기후 조건이 이상적인 사람의 지위에서 멀어지고 특히 기온이 상승하면서 시앙과 버크, 미겔의 연구에서 발견된 종류의 폭력을 촉발하는 많은 사건이 일어나고 있다. 이러한 현상은 오늘날 세계 곳곳에서 관찰된다. 기온이 상승하면 의사 결정, 특히 충동을 조절하는 능력과 연관된 뇌 영역이 손상되어 이 뇌에서 신체적 결과를 불균형하게 느낀다는 가설이 있다. 평균 기온은 그다지 높지 않더라도 기온이 전반적으로 상승하여 일일 최고 기온이 높아지면 의사 결정에 영향을 미친다. 더위에 맞서 육체적 스트레스를 받으면 그렇지 않을 때보다 정신이 덜 합리적으로 작동하게 된다는 주장도 있다. 두려움과 분노, 충동을 담당하는 고대 뇌 영역인 대뇌변연계limbic system가 뇌 속 모든 화학 물질과 그로 인하여 일어날 결과를 도맡게 되는 것이다. 비교적 시원한 지역에서도 더운 날에는 이런 일이 생길 수 있다. 더운 지역에서는 물론 이런 일이 자주 발생한다.

  한 실험에서 심리학자들은 신호등 앞으로 차를 몰고 간 다음 녹색으로 바뀐 이후에도 움직이지 않고 기다렸다. 이들은 다양한 조건에서 뒤차가 참지 못하고 경적을 울릴 때까지 얼마나 걸리는지 조사했다. 날이 더울수록 경적은 빨리 울렸다. 이 관계는 선형적이었고, 운전자가 차창을 열어두고 외부의 더위를 그대로 느끼고 있을 때에 더욱 두드러졌다. 기온이 올라가면 사람들은 더 자주, 더 오래 경적을 울렸다. 연구자가 언급했듯, "섭씨 38도가 넘어가면 피험자의 34퍼센트가 다음 녹색 불로 바뀌기 전까지의 시간 절반 이상 동안 경적을 울려댔다. 그러나 섭씨 32도 이하에서는 아무도 그렇게 하지 않았다."이 실험은 미국에서 실시되었는데, 총에 맞은 연구자는 기적적으로 아무도 없었다.[5]

다른 연구에서는 참가자들을 방에 들어가 있게 한 다음 불편하게 느낄 정도로 난방을 했다. 방 온도가 올라가자 참가자들은 시원할 때보다 더 많이 다투기 시작했다. 실험을 반복해도 결과는 비슷했다. 참가자들은 방이 더워지면 더 논쟁적이고 공격적으로 바뀌었다. 어떤 경우에서는 한 참가자가 다른 참가자를 칼로 찌르려고 하기까지 했다. 다른 연구에서는 특정한 상황이기는 하지만 온도가 올라갔을 때 의식적인 결정을 내리는 인지 조절 능력이 저하된다는 사실이 밝혀지기도 했다.[6]

타인의 재물에 대한 폭력, 즉 악의적인 재물 파손에서도 비슷한 패턴이 발견되었다. 스톡홀름 대학교의 잉빌드 알모스는 솔로몬 시앙, 에드워드 미겔 등과 함께 대규모 연구팀을 꾸려 미국 캘리포니아 버클리와 케냐 나이로비에서 참가자들의 성향을 조사한 다음 인간 행동을 연구하는 온라인 롤플레잉 게임을 하도록 했다. 롤플레잉 게임 참가자에게는 공정하게 행동할지(또는 그렇지 않을지), 협력할지(또는 그렇지 않을지), 신뢰할지(또는 그렇지 않을지) 선택할 기회가 주어졌다. 이 게임 중 "파괴의 즐거움"이라는 게임에서는 참가자가 다른 참가자의 상품을 파괴하는 행위를 선택할 수 있었다. 남의 상품을 파괴하더라도 자신이 얻는 이득은 없었지만, 대신 상품을 잃은 참가자에게 불이익을 줄 수는 있었다. 따라서 이런 행동은 악의의 정의에 꼭 맞았다. 알모스와 동료들은 각 세션당 12명의 참가자로 144번의 세션을 진행했다. 각각의 세션에서 참가자 절반이 게임을 하는 방의 온도는 비교적 쾌적한 온도인 섭씨 22도로 설정했다. 그러나 나머지 절반이 게임을 하는 방의 온도는 위험하지는 않지만 참가자들이 불쾌하게 느낄 섭씨 30도로 설정했다. 연구자들은 더워지면 공정, 협력, 신뢰 성향이 감소하는지, 악의적인 행동이 더 흔하게 일어나는지 알아보고자 했다.

알모스와 동료들의 실험 결과, 더운 방에서 게임을 한 참가자들이 내린 경제적 결정 대부분은 시원한 방에서 게임을 한 참가자들이 내린 결정과 비슷했다. 온도 자체는 개인의 공정, 협력, 신뢰 성향에 영향을 미치지 않은 것이다. 또한 온도는 단순한 인지 측정 결과와도 무관했다. 그러나 나이로비 참가자들의 경우에는 더운 방에서 타인의 재물을 악의적으로 파괴하려는 욕망이 50퍼센트나 증가했다(버클리 참가자에게서는 이런 현상이 나타나지 않았다). 즉 온도는 때로 폭력을 증가시키며, 적어도 재물에 대한 악의적인 가상 폭력은 가중시켰다고 볼 수 있었다.

여기에는 다른 원인도 있었다. 알모스와 동료들이 나이로비에서 실험할 당시, 소수 민족인 루오족은 최근 다수 민족인 키쿠유족에게 유리한 선거 결과 때문에 변방으로 밀려나는 일을 겪은 상황이었다. 이런 소외는 비디오 게임 실험 결과에 영향을 미쳤다. 소외된 집단 사람들은 게임에서 다른 사람의 재물을 파괴할 가능성이 훨씬 높았다. 루오족 사람들의 결과를 실험에서 제외하면, 온도가 가상 재물 파손 성향에 미친 영향은 없었다. 즉 온도가 심리적 상태와 불편함에 어느 정도 뒤섞인 영향을 미칠 때에 재산을 망가뜨리려는 폭력 성향이 늘어났지만, 이런 결과는 두 집단 사이에 권력 차이와 지속적인 적대감이 있다는 맥락 아래에서만 나타났다.[7]

기온 상승이 심리적으로 영향을 미친다는 점 외에도 폭력을 증가시킨다는 사실에 대한 좀더 독특한 설명도 있다. 기온이 물류에 영향을 미치는 방식과 연관된 설명이다. 세상은 꽤 미래적으로 보이기도 하지만 사실 고된 일 대부분은 여전히 인간의 몸으로 수행된다. 인간은 몸을 써서 과일을 따고, 트럭에 싣고, 돼지와 닭을 잡는다. 세계 경제는 여전히 인간의 몸에 의존한다. 전 세계 농업 생산량의 50퍼센트는 작업 대부분을 순전히 야외에서 손수 하는 소규모 농민에게 기댄다. 이런 일을 하는 수많은 인간의 팔다리는 직접적인 기온의 영향에 취약하다. 경제학자들은 인간의 몸이 수행하는 분당 노동량에 기온이 미치는 영향을 연구한다. 기온이 편하게 일할 수 있는 온도를 넘어서면 인간이 수행하는 분당 평균 노동량은 감소한다. 노동량이 감소하면 그 영향은 사회 전체로 퍼진다. 세계 경제와 지역 사회의 기능은 모두 인간의 몸과 마음에 달려 있다. 즉 인간이 이마에 흐르는 땀을 닦고 계속 일할지, 일을 멈추고 들고일어날지에 달려 있다는 것이다. 시앙과 동료들은 논문에서 이렇게 지적했다. 어떤 면에서 "분쟁에 참여하는 행동의 가치는 정상적인 경제 활동에 참여하는 행동의 가치에 비례하여 증가한다."

쾌적한 온도에서는 보통 보이지 않는 수십억 개의 팔다리가 우리의 일상을 이끈다. 그러나 기온이 올라가면 팔다리가 느려지고, 최고 온도에 이르면 더는 움직이지 않는다. 가난한 국가일수록 온도가 인간의 신체 노동에 더 큰 영향을 미친다. 이런 국가에서는 실내 작업이 차지하는 비중이 적고, 실내에서 일하더라도 에어컨의 혜택을 받으며 일할 가능성이 낮다. 기온이 상승하면 이런 국가에서 일하기가 얼마나 어려워질지, 한계 기온을 넘으면 일손이 완전히 멈출지 어떨지는 금방 상상할 수 있다.

온도는 보통 "치안"이라고 부르는 것을 통해서 사회에 영향을 미칠 수도 있다. 치안은 우리가 아는, 제복 입은 경찰의 임무를 넘어서 사회 규범을 부과하는 사람이 실외 업무를 하는 능력과 관련된다. 날이 너무 더우면 경찰은 교통 딱지를 떼지 않고, 그 결과 이런 기회를 노리는 사람들은 과속한다. 날이 너무 더우면 식품 안전 검사관이 실사實査를 나가는 빈도가 줄어든다. 이처럼 기온 상승으로 치안이 쇠퇴하는 사이 세수는 줄어들고, 정부의 세입이 고갈되면서 사회적 문제가 가중된다. 치안이 쇠퇴하면 치안으로 억제되었던 것들이 수면으로 부글부글 끓어오른다.

기온 상승 등의 기후 변화가 인간 지위의 경계를 무너뜨리는 마지막 방법은 인간에게 직접적인 영향을 미치지 않는 대신 인간이 의존하는 종에 영향을 주는 것이다. 제8장에서 자세히 살펴보겠지만, 인간은 수천 종의 다른 종에 의존하는 반면에, 다른 종들은 우리와 달리 비교적 적은 수의 작물과 가축에 의존한다. 쉬츠와 동료들의 연구에 따르면, 인간의 지위는 부분적으로 작물과 가축이 번성하는 곳으로 한정된다. 그러나 이러한 곳들이 너무 춥거나, 덥거나, 너무 뜨겁고 습해지면 작물과 가축이 번성하기도 어려워진다.

그림 5.1로 돌아가보면, 오늘날 인간의 지위와 작물 및 가축의 지위가 거의 비슷하다는 사실을 알 수 있다. 특히 기온이 높을 때 그렇다. 연평균 기온이 20도가 넘으면 인류가 이용하는 주요 작물 수확량 대부분이 감소한다. 마찬가지로 인구 밀도도 감소한다. 쉬츠와 동료들은 현대의 인구 패턴을 고려해서 단순히 전반적인 인간의 지위가 아니라 농업 인구의 지위를 지도화했다. 오늘날 세상에서 높은 인구 밀도를 유지하기란 농업의 맥락에서만 가능하므로, 현재 높은 인구 밀도로 사는 인간의 지위와 농업의 지위는 본질적으로 동의어이다. 그러나 6,000년 전에는 그렇지 않았다. 수렵채집인과 목축인이 낮은 인구 밀도로 살기는 했지만, 전 세계로 합쳐보면 그 수가 많았기 때문이다.

연구에 따르면 기후 변화가 작물과 가축에 미치는 영향은 기온이 높으면서 동시에 강수량이 적은 지역에서 가장 큰 경향이 있다(물론 강수량만 과도해도 영향을 줄 수는 있다). 작물 재배가 실패하면 식량이 부족해지고 다양한 불안과 폭력이 이어진다. 때로 불안과 폭력은 국가 내에서 기후 변화의 영향을 가장 많이 받는 지역에 집중된다. 다른 맥락에서 볼 때 인간 지위의 가장자리에서 기후 때문에 작물 재배가 실패하며 벌어진 폭력은 국가 전체나 더 넓은 지역으로 영향을 미친다. 2010년 러시아를 덮친 폭염은 러시아 농업에 피해를 입혔고 결과적으로 전 세계 식량 가격이 뛰어올랐다. 식량 가격이 상승하면 대규모 이주가 발생한다. 농업 경제에 주로 의존하는 국가에서 도시로의 이주가 발생하면 그 영향은 더욱 커진다. 배고픈 시골 사람과 배고픈 도시 사람이 도시에서 만나게 된다. 이렇게 이어지는 사건은 비교적 간접적이지만 매우 중요하다. 기온 상승은 작물에 영향을 미치고, 농민의 생계를 불안하게 하여 도시로 이주하도록 만들고 이어서 사회를 불안하게 한다. 결국 사회 불안정은 정부를 전복시킨다.

쉬츠와 동료들이 오늘날 인간의 지위, 특히 농업에 의존하는 오늘날 인간의 지위를 제한하는 기후 조건을 올바르게 예측했다면, 그리고 솔로몬 시앙과 마셜 버크, 에드워드 미겔이 그 지위를 벗어날 때 일어날 효과를 올바르게 예측했다면, 기온 변화의 영향은 경제학자들이 해마다 측정하기 좋아하는 세계 경제 데이터로 매년 분명하게 드러나리라고 생각할지도 모른다. 예를 들면 기온 상승이 한 국가의 GDP에 미치는 영향을 살펴볼 수도 있을 것이다(GDP는 1년 동안 생산된 재화와 서비스의 가치를 측정한 것이다). 쉬츠와 시앙이 옳다면 기온(또는 기타 조건)이 인간의 최적 지위에 가까워질 때에 국가의 GDP가 증가할 것이다. 반면 기온이 최적값에서 벗어나서 올라가면(또는 내려가면) 폭력이 늘어나는 것과 같은 이유로 GDP도 줄어야 할 것이다. GDP 감소는 조기 경보일 수 있고, 아직 다가오지 않은 더 심각한 위험의 전조일 수도 있다.

최근까지 이런 현상은 아무도 확인하지 않았다. 그래서 시앙과 버크, 미겔은 다시 팀을 꾸려 필요한 자료를 수집했다. 그다음 연간 기온 변화가 각 국가의 GDP에 얼마나 영향을 미치는지 따져보았다. 결과는 쉬츠의 연구 결과와 정확히 일치했다. 쉬츠의 결과처럼, 시앙과 버크, 미겔 팀은 경제적 산출을 위한 최적 연평균 기온이 대략 13도라는 사실을 확인했다. 인간의 지위에 적합한 최적 온도보다 연평균 기온이 낮은 국가에서 기온이 상승하면 GDP는 계속 증가한다는 사실도 발견했다. 덴마크, 스코틀랜드, 캐나다 같은 국가에서 평년보다 기온이 따뜻해지면 바깥에서 일할 수 있는 시간이 늘고 동시에 농업 산출량도 증가할 것이다.

그러나 연평균 기온이 경제 산출을 위한 최적 온도와 같거나 그보다 높은 국가에서는 기온이 상승하면 GDP가 꾸준히 감소했다. 미국이나 인도, 중국에서 기온이 상승하면 모든 상황에서 GDP가 감소한다. 이런 GDP 감소는 작물 재배가 실패하고, 너무 더워서 바깥에서 일을 할 수 없고, 머리가 둔해지고, 직간접적으로 폭력이 발생하기 때문에 일어난다.

이런 결과를 보고 다음과 같은 명백한 질문을 던질 수 있다. 인간에게 새로운 행동, 문화적 관행, 기술에 적응할 시간만 주어지면 문제 없지 않을까? 기온 상승에 따른 GDP 감소는 새로 닥쳐온 충격일 뿐이며 국가가 노동 시간을 조정하거나 신기술을 활용한다면 생산성이 회복될지도 모른다. 시앙과 버크, 미겔은 두 가지 방법으로 이런 점을 고려했다. 첫째, 이들은 1960년에서 1989년 사이 29년 동안 GDP에 일어난 반응을 1990년에서 2010년 사이 20년 동안 일어난 반응과 비교했다. 이들은 지구 온도가 1960년 이후(사실 훨씬 이전부터이지만) 상승했다고 전제하고, 처음 29년 동안 여러 국가가 더 새로운(더 더워진) 기후에 적응했기 때문에 다음 20년 동안은 온난화가 최적 경제 산출에 미치는 부정적인 영향이 그다지 두드러지지 않으리라고 가정했다. 그러나 이들은 사람들이 이렇게 적응했다는 증거를 발견하지 못했다. 인간에게 최적인 온도보다 기온이 높아지는 온난화는 1960년에서 1989년 사이와 마찬가지로 1990년에서 2010년 사이에도 여전히 문제를 일으켰다. 인간이 적응하는 법을 배울 수 없다는 의미는 아니다. 20년이라는 시간이 주어졌는데도 인간은 적응하지 못했다는 이야기이다.[8]

적응 문제를 극복하는 다른 방법은 각 국가의 상대적인 부를 고려하는 것이었다. 연구팀은 부유한 국가라면 경제적 부를 이용하여 기후 효과를 완충할 것이라는 가설을 세웠다. 적어도 부유한 국가에서는 많은 작업이 실내에서 이루어지므로 기온이 신체에 미치는 직접적인 영향이 적을 수 있다. 더 부유한 국가는 담수화 공장 같은 기술을 이용해서 극심한 더위와 강수량 감소로 유발된 가뭄의 영향을 줄일 수도 있다. 그러나 시앙과 버크, 미겔은 부유한 국가에서 GDP가 덜 감소한다는 사실을 발견하지 못했다. 가난한 국가처럼 부유한 국가도 어려움을 겪었다. 그렇다면 전체적인 이야기는 놀랄 만큼 단순하다. 인간 지위를 위한 최적 온도 이상으로 기온이 올라가면 폭력이 증가하고 GDP가 감소하며, 쉬츠의 연구로 되돌아간다면 거대한 인구를 유지할 가능성도 낮아진다.

현재 인구 밀도가 높은 곳과 연관된 인간의 지위를 알면 앞으로 인간의 지위가 어디로 이동할지, 특히 인간이 높은 밀도로 번성할 수 있는 조건들에 정착하려면 무엇을 해야 하는지 알 수 있다. 생태학자는 새나 식물을 연구할 때처럼 인간이 이동해야 할 경로를 추적할 수 있다. 쉬츠와 동료들은 이렇게 해서 미래에는 인간의 성공과 생존에 적합한 공간이 줄어들기 때문에 인간은 북반구에서는 북쪽으로, 남반구에서는 약간 특이한 경로로 이동해야 한다는 사실을 발견했다. 인간은 북아메리카에서는 캐나다로, 유럽과 아시아에서는 스칸디나비아나 북러시아로 이동해야 한다. 한편 사하라 사막 이남의 북아프리카, 아마존 분지 전체, 열대 아시아의 거의 절반은 2080년이 되면, 사람의 최적 지위에서 훨씬 멀어지거나(온실가스 배출량을 극적으로 줄이는 기후 변화 시나리오 RCP4.5에 따르면), 아예 인간의 지위에서 벗어날 것이다(평소대로 생활하는 기후 변화 시나리오인 RCP8.5에 따르면). 안타깝게도 향후 수십 년간 인구가 가장 빠르게 성장할 것으로 예상되는 지역은 바로 이 지역이다. 그 결과 2080년이 되면 많은 사람이 인간의 지위 조건에서 벗어나 살게 될 것으로 예상된다. 대부분의 사람이 현재 전 세계 온실가스 배출을 억제하는 최상의 시나리오로 여기는 RCP4.5(제4장에서 소개함)로 보아도, 60년 안에 15억 명이 인간의 지위를 벗어난다. 평소대로 살아가는 시나리오인 RCP8.5로 보면 60년 안에 인간의 지위를 벗어나 살게 될 사람은 35억 명이나 된다.

보전생물학자들은 기후 변화에 따라 새로운 보금자리를 찾아 이동해야 하는 종을 도울 방법을 여러모로 연구해왔다. 통로를 만들고 가능한 한 많은 서식지를 보전하는 접근법은 완벽하지는 않지만, 어쨌든 어느 정도 추진력 있는 접근법이고 수천, 아마도 수십만 종을 도울 수 있을 것이다.

우리는 수억, 심지어 수십억의 사람들이 새 보금자리를 찾을 방법을 모색해야 한다. 그러기 위해서는 전 세계적인 야심 찬 계획이 필요하다. 이 계획은 많은 사람이 이주해야 한다는 사실뿐만 아니라 지리적인 다른 요소도 고려해야 한다. 지금까지 기후 변화에 일조한 온실가스 대부분은 미국이나 유럽 산업체와 사람들이 내뿜은 것이다. 그러나 온실가스가 기후 변화, 이어 사람들에게 미친 피해는 불공평하게도 현재 농업 지위의 가장자리에 사는 사람들, 또는 온실가스 배출에 본질적으로 거의 아무런 역할도 하지 않은 사람들이 입게 된다. 수백만 가족이 보금자리를 찾도록 돕고 이들의 생존과 성공을 위한 통로를 만들 의무는 우리가 직면한 위기를 유발한 국가가 가장 무겁게 져야 한다.

그러나 농업에 의존하는 인간의 지위에서 가장 멀리 떨어진 것 같은 지역에는 또 하나의 희망이 있다. 그림 5.1을 다시 살펴보자. 인간의 주요 지위는 매우 좁고, 6,000년 전에 사람이 가장 많이 살던 것과 같은 기온과 강수량을 보이는 영역으로 제한되어 있다. 그러나 우리는 현대 인간의 지위에 매우 덥고 습한 또다른 기후 영역도 있음을 발견할 수 있다. 쉬츠와 동료들은 논문에서 이 영역이 주로 열대 인도의 몬순 지역에 해당한다고 지적했다. 쉬츠와 동료들은 인간의 지위가 이처럼 독특하게 확장된 사실을 설명하려고 하지 않았다. 그러나 한 가지 가능한 설명은 인도 사람들이 신체 열을 다스리는 문화적 방법과 주식 작물에 더위가 미치는 영향을 조절할 농업적 방법을 발견했다는 것이다. 쉬츠와 동료들은 연구에서 인도의 기후 지위가 기존에 존재했던 어떤 지위보다 더욱 덥고 습할 뿐만 아니라 인도 작물과 가축의 기후적 지위로 보아도 그러하다는 사실을 발견했다. 여기에 희망이 있다. 이 사례들은 우리가 옛 인간의 지위를 벗어난 새로운 인간 지위에서 생존할 수 있는 방법을 찾아낸 모든 곳을 시급히 확인하고, 이런 곳에서 일어난 성공을 배우고 조정해야 한다는 점을 암시한다. 인간의 지위를 더 넓힐수록 미래에 올 고통은 줄어들 것이다.

그러나 오늘날 인도가 지금의 인도 기후와 비슷해질 미래의 지역에 대해서 몇 가지 답을 줄 수 있음에도, 인도 자체의 기온도 상승하며 사람이 이제껏 경험한 바와는 전혀 다른 환경이 조성되리라는 사실을 기억해야 한다. 인도뿐만이 아니다. 세계 인구의 대부분은 2080년이 되면 지금 인도의 가장 더운 지역에서 발견된 조건보다 훨씬 더운 조건에서 생활할 것으로 예상된다. 평소대로 생활하는 시나리오를 따랐을 때에는 물론이고, 가장 낙관적인 시나리오로 보아도 마찬가지이다.[9]

06

까마귀의 지능

향후 수년간 평균 기온 변화는 그 자체로 인간, 문화, 국가, 그리고 수백만 야생종에 심각한 영향을 미칠 것으로 예상된다. 세상은 우리가 행동하거나 행동하지 않은 결과로 인해서 끔찍한 더위를 겪을 것이다. 안타깝게도 이런 **평균** 변화는 단독으로 일어나지 않는다. 평균 변화는 강수량과 기온 변동성이 해마다 증가하는 현상과 함께 일어난다.[1] "변동성"이라는 말은 모호하고 무해하게 들린다. 그러나 그렇지 않다. 변동성은 자연의 가장 큰 위험 중의 하나이자 근본적인 위협이다. 우리는 변동성을 두려워해야 한다. 그리고 변동성에 대해서 계획을 세워야 한다.

인간 이외의 여러 야생동물 종은 더 적합한(다른 말로 하면 귀소할 수 있는) 서식지를 찾아 통로를 따라 이동하거나 공기로 퍼져나가 평균 조건의 변화에 맞설 수 있다. 과학자들은 최근 일어난 평균 조건의 변화에 맞서 급속한 진화로 대응한 몇몇 종들의 사례도 기록했다. 한 예로 클리블랜드의 더운 지역에 사는 개미는 같은 국가의 다른 지역에 사는 친척 개미보다 높은 온도에 저항성을 가지도록 진화했다.[2] 자연선택은 높은 온도에 대처할 수 없는 계통을 골라냈다. 수십억 년간 해왔던 것처럼 한 종은 태어나게 하고 다른 종은 도태시키며 생물 종이 새로운 조건에 맞설 수 있도록 도운 것이다.

그러나 더위를 견디는 능력처럼 생물의 단순한 특성에 생긴 급속한 적응적 변화는 한 해에 일어난 새로운 조건들로 다음 해에 직면할 조건을 예측할 수 있는 종에게만 매우 유용하다. 가령 앞으로의 조건이 덥거나, 지금보다 덥거나, 계속 더워지는 상태일 때에는 적응 변화가 제대로 작동하지만, 기후가 변동하며 더워지다가 갑자기 추워지거나 전보다 더 더워지거나 하면서 요동칠 때에는 적응 변화도 소용이 없다. 그러나 여러 지역에서는 후자의 패턴처럼 비정상적으로 극단으로 요동치며 장기적으로 온난화하는 경향이 이미 나타나고 있다. 텍사스 일부 지역에서는 "전례 없는" 더위, 가뭄, 화재가 발생한 다음 기록적인 추위가 이어졌다. 오스트레일리아는 기록적인 가뭄에 시달리다가 폭우로 도시가 물에 잠겼다. 앞으로는 이런 변동이 훨씬 흔하고 극단적인 형태로 일어날 것이다.

변동이 심한 조건에 종이 적응하면서 부딪히는 문제는 이 조건이 한 해에서 다음 해로 이어질 때 극단을 오간다는 점이다. 갈라파고스의 다프네 섬에는 1982년 엘니뇨 현상으로 오랫동안 비가 내린 탓에 다윈의 핀치 몇 종이 먹는 식물 중 하나인 큰 씨앗 종이 희귀해졌다. 그러자 그해에 중간 크기의 핀치인 게오스피차 포르티스*Geospiza fortis* 중 부리가 작은 개체가 같은 종에서 부리가 큰 개체보다 더 번성했다.[3] 다음 해인 1983년이 되자 더 많은 핀치의 부리가 작아졌다. 핀치는 진화했다. 게다가 큰 씨앗을 품는 식물 종이 보기 힘들어지면서 부리가 작은 핀치가 계속 번성했다. 그러나 1984년 엘니뇨가 끝나고 큰 씨앗을 품는 식물 종이 다시 돌아오자 상황은 급변했다. 핀치가 가진 부리는 새로운 조건에 전혀 맞지 않는 도구였다. 새로운 조건은 부리가 큰 중간 크기의 핀치가 살기에 알맞았다. 자연선택은 장기간에 걸쳐 이렇게 종을 이리저리 조절할 수 있지만, 이런 밀고 당김이 너무 커졌다. 결국 살기 좋지 않은 해, 그다음에 "또다른" 해가 이어지면 적응이 아니라 멸종이 일어난다.

그렇다면 변동이 심한 조건에서는 어떤 적응이 일어날 수 있고, 어떤 종이 이렇게 적응할 수 있을까? 변동성 자체가 어떤 종에게는 지위가 될까? 그리고 무엇보다 중요한 질문으로, 우리는 이런 종처럼 적응하는 법을 배울 수 있을까? 동물에게 이런 질문에 대한 답을 주는 한 가지 생물법칙이 있다. 바로 인지적 완충법칙이다. 인지적 완충법칙의 기본 개념은 뇌가 큰 동물이 창의적인 방식으로 지능을 이용하여 식량이 부족할 때에도 식량을 찾아내고, 추울 때는 따뜻한 곳을, 더울 때는 그늘을 찾을 수 있다는 법칙이다. 이런 종은 큰 뇌로 좋지 않은 조건을 완충할 수 있다. 표면적으로 이 법칙은 우리 인간에게 좋은 징조를 보여주는 듯하다. 사람은 지쳤을 때 머리 자체의 무게로 고개를 끄덕일 수 있을 정도로 몸에 비해 아주 큰 뇌를 지녔다. 게다가 이 큰 뇌는 부분적으로는 변화무쌍한 기후에 적응하는 데에도 도움이 되도록 진화한 것으로 여겨진다. 그러나 우리의 큰 뇌가 미래에 우리에게 도움이 될지는 우리가 뇌를 어떻게 사용할지, 그리고 우리와 우리의 사회 기관이 까마귀를 닮았을지, 아니면 검정바다멧참새를 닮았을지에 달려 있다.

까마귀와 참새를 설명하기 전에 새들이 일상적인 어려움에 맞서 뇌를 사용하는 두 가지 방법에 대해서 말해두어야겠다. 어떤 새는 내가 창의적 지능이라고 부르는 지능을 지녔다. 이 지능은 행동을 바꾸는 데에 필요한 지능으로, 새로운 문제와 조건에 맞서 새로운 해결책을 발명한다. 새로운 어려움에 맞설 방법을 생각해내거나 그 해결책을 반복할 방법을 배우게 한다. 창의적 재능이 있는 새들은 어디에 먹이를 저장했는지 기억하고, 가장 필요할 때 저장한 먹이를 이용한다. 새들은 창의적 지능을 이용하여 먹이에 접근할 새로운 방법을 고안하기도 한다. 뉴칼레도니아 까마귀는 여러 도구를 이용하여 다른 방법으로는 닿을 수 없는 먹이에 접근한다. 까마귀들은 이런 도구를 고안한다. 한 실험실에서 베티라는 이름의 뉴칼레도니아 까마귀에게 곧게 뻗은 철사로는 닿을 수 없는 먹이를 주자 이 까마귀는 철사를 구부려 갈고리를 만들어 먹이를 잡았다. 여러 야생 뉴칼레도니아 까마귀 개체군은 다양한 도구를 이용하여 여러 가지 작업을 한다.[4] 까마귀는

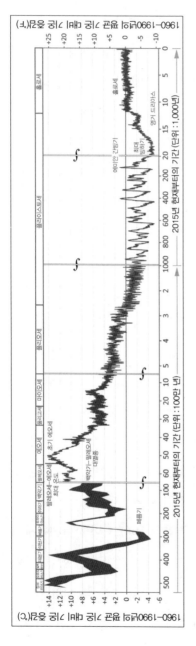

그림 6.1 빙해 및 여러 원천에서 나온 기후 대표물로 재구성한 기후 변화의 역사. 지구의 역사를 볼 때 기후는 계속 변해왔다. 그러나 세 가지 특성에서 볼 때 오늘날 일어나는 변화는 비교적 독특하다. 한 가지는 온난화의 속도이다. 지금 일어나는 온난화는 지난 수백만 년 동안 일어났던 속도보다 훨씬 빠르게 일어나고 있다. 두 번째는 온난화의 규모이다. 다음 세기에 일어날 것으로 예상되는 온난화는 4,000만 년도 전인 에오세에 마지막으로 일어났다. 세 번째는 농경이 시작된 이래 사람이 쉬운 기후는 그림 맨 오른쪽에 보이는 곳처럼 매우 안정했다는 점에 있다. 우리 문화와 사회 기관은 이런 안정된 상황에서 발전했다. 미래의 기후는 이렇게 안정하지 않고 계절마다, 해마다, 수십 년마다 변동하는 특징을 지닐 것이다. (그림 : 로렌 E. 리시에츠키 등의 논문을 바탕으로 로버트 로드가 만든 그림을 빌 맥킨이가 변환. Lisiecki, Lorraine E., and Maureen E. Raymo, "A Pliocene-Pleistocene Stackcene Stack of 57 Globally Distributed Benthic d18O Records," *Paleoceanography* 20, January 2005 : PA100.)

배우고 발명한다. 존 마블러프와 토니 앵겔은 멋지고 매혹적인 책 『까마귀의 선물Gifts of the Crow』에서 창의적인 지능이 있는 새는 아주 똑똑한 개나 유아도 할 수 없는 방법으로 발명을 한다고 지적한다.[5] 새들은 새로운 행동으로 새로운 상황에 맞선다. 진화생물학자인 에른스트 마이어가 고대 인간을 묘사할 때처럼, 새들은 탈전문화의 전문가이자, 다양한 시기와 장소에서 다양한 일을 해내는 데 전문가이다.[6]

그러나 새들은 창의적 지능으로만 일상적인 문제를 해결하지 않는다. 새들은 여러 전문화 기술을 가지고 있다. 좁은 범위의 작업을 아주 잘 해낼 수 있는 기술이다. 작가 애니 딜러드는 이런 종들이 "필요한 것을 파악하고 놓치지 않는다"라고 썼다.[7] 비둘기는 둥지에서 심지어 수천 킬로미터 떨어진 곳에서도 집으로 가는 길을 찾는다. 독수리는 수 킬로미터 떨어진 곳에 있는 죽은 동물도 찾아낸다. 메추라기는 위험을 피해서 함께 재빨리 날아간다. 가마우지는 청흑색 날개를 언제 어떻게 말려야 하는지 안다. 이런 사례는 창의적인 기술이 아니며, 보통 뇌는 물론이고 심지어 몸 전체에 퍼져 있고 뇌에서 가장 오래된 불수의적인 뇌 영역과 연결된 나머지 신경계와도 관련이 없다. 그러므로 이런 기술은 무의식적 또는 자동적이라고 부를 수 있다.

놀라운 자동 기술을 지닌 새들 중 하나는 검정바다멧참새이다. 검정바다멧참새는 메릿 섬 주변과 플로리다 주 세인트존스 강 근처 습지에 살았다. 수천 년 동안 검정바다멧참새는 습지의 풀 줄기를 완벽하게 이용해 둥지를 짓고 그 속에 숨은 곤충을 먹었다. 검정바다멧참새는 자신이 어디에 살아야 하는지 파악하는 데에 필요한 기술을 가지고 있었다. 그들은 모든 상황이 자신들의 생활 방식에 아주 적합한 메릿 섬과 세인트존스 강 주변에서만 날아다니고 먹고 짝짓기하며 이곳에만 의존해 살아가는 행동경향을 지녔다. 이들은 다른 곳에서는 살지 않았다. 보통 이 참새들은 검정바다멧참새로 살아가는 일을 거의 완벽하게 해내는 데 필요한 일종의 기술을 가지고 있었다. 그런 점에서 검정바다멧참새는 다른 수천 종의 새와 비슷했다.

창의적 지능을 가진 새는 변동성이 큰 미래에 번성할 것이다. 반대로 전문화된 자동적 기술을 지닌 새는 어려움을 겪을 것이다. 좀더 구체적으로 말하면 이런 새들은 사라져가는 삶의 방식을 고수한 결과로 힘들어질 것이다. 이 장의 뒤쪽으로 조금 건너뛰어본다면 창의적 지능을 가진 인간 사회나 기관은 번성하겠지만, 전문화된 기술을 지닌 사회는 어려움을 겪으리라고 생각해도 지나친 비약은 아니다. 그러나 인간에 대해서는 나중에 다시 살펴보고, 우선은 다시 새에 집중해보자.

놀랍게도 과학자들은 적어도 새에 대해서는 창의적 지능을 측정하는 방법에서 어느 정도 합의를 보았다. 몸집에 비하여 뇌가 큰 새는 창의적인 행동을 더 많이 한다. 스페인 카탈루냐에 있는 생태연구 및 응용임업 센터 연구원인 대니얼 솔은 새의 사고를 연구하는 선도적인 학자이다. 20여 년 동안 새의 지능을 연구한 솔은 2005년, 뇌가 큰 새가 익숙한 먹이를 먹는 새로운 방법을 시도하거나 낯선 먹이를 먹으려고 시도하는 등 새로운 섭식 행동을 더 많이 한다는 사실을 밝혔다.[8] 물론 예외는 있다. 뇌가 큰 새가 유연성이 거의 없는 경우도 있고, 뇌가 작은 새가 창의적인 방법을 발견하는 경우도 있다. 그러나 전반적으로 보면 패턴은 비슷하다.

뇌가 큰 새에는 까마귀뿐만 아니라 큰까마귀, 어치, 까마귓과의 기타 종, 앵무새, 뿔부리새, 올빼미, 딱따구리도 포함된다. 물론 각 조류 집단에서도 다른 새보다 똑똑한 새가 있다. 집참새의 사고력은 다른 참새 종을 훨씬 능가한다. 집참새의 하위 종 중에서 뇌가 아주 큰 종은 때로 깃털 달린 유인원이라고 불릴 정도이다. 그럴 만하다. 인간의 평균 뇌 무게는 평균 체중의 약 1.9퍼센트이다. 마슬러프와 앵겔이 보고한 바에 따르면, 큰까마귀의 뇌 무게는 평균 체중의 1.4퍼센트로 인간보다 아주 조금 적을 뿐이다. 한편 뉴칼레도니아 까마귀의 뇌 무게는 평균 체중의 2.7퍼센트이다. 포유류의 뇌와 새의 뇌는 매우 다르기 때문에 이런 비교를 심각하게 받아들일 필요는 없다. 그러나 까마귀는 상당히 똑똑하므로 까마귀를 "깃털 달린 유인원"이라고 부르는 비유는 유인원을 "깃털 없는 새"라고 부르는 비유만큼 적절하다는 정도만 말해두자.

여러 전문화 방법을 볼 때, 자동 기술을 지닌 새들은 매우 많다. 전문화 이외에도 이 새들은 모두 몸집에 비해서 뇌가 작다는 공통점이 있다.

어떤 새들에게 창의적 지능이 풍부하다는 가설에 동의하면, 여러 종에서 조건 변동성, 특히 해마다, 심지어 계절마다 일어나는 기후 변동성에 생물 종이 대처하는 데에 창의적 지능이 도움이 되는 요소인지 생각해볼 수 있다. 과학자들은 기후가 가변적인 지역이나 생물군 내에서 새들이 창의적 지능을 더 진화시킬 가능성이 높은지 검증할 수도 있다. 가변적인 조건에서 새로운 인간 생물군이 나타나면 지능 있는 새들이 이 집단으로 이동해 올지도 알아볼 수 있다. 이런 경우는 연구자들이 합의하지 못하는 또다른 사례가 될 수도 있다. 그러나 다시 말하지만 전반적인 합의는 이루어져 있다.

나의 친구이자 동료인 카를로스 보테로는 최근 인지적 완충법칙을 설명하는 몇몇 연구를 주도했다. 내가 인지적 완충법칙을 처음 알게 된 것 역시 카를로스를 통해서였다. 콜롬비아에서 자란 카를로스는 어린 시절 새를 올려다보느라 발을 헛디뎌 넘어진 적도 있을 정도였다. 카를로스는 새를 연구하며 뉴욕 코넬 대학교를 거쳐 미주리 주 세인트루이스 워싱턴 대학교의 조교수가 되었다. 카를로스는 새의 행동에 흠뻑 빠졌다. 특히 처음에는 수컷 열대앵무새가 노래를 만드는 능력에 주목했고, 앵무새가 변동성이 큰 환경에서 더 창의적이고 정교한 노래를 만든다는 사실을 발견했다. 앵무새의 노래 연구에 이어 새의 뇌와 지능에 광범위하게 관심을 둔 그는 변동성이 큰 미래에 어떤 조류 종이 번성할 가능성이 있을지 질문했다.

카를로스와 친구들, 동료들은 새들이 직면하는 여러 변동성을 연구했다. 그중 한 가지는 1년 동안 일어나는 기온과 강수량의 차이, 즉 계절과 연관된 것이었다. 이런 변동성은 예측 가능하지만(해마다 일어나므로) 새들에게는 여전히 문제였다. 카를로스와 동료들은 계절적 변화를 겪어야 하는 새들이 뇌가 더 큰 경향이 있다는 사실을 밝혔다. 서로 다른 새, 가령 큰까마귀, 까마귀, 까치 같은 까마귓과 종을 플라밍고와 비교해보면 이런 점은 사실이다. 특정 새 종류, 가령 올빼미 같은 특정 집단 내에서도 뇌가 큰 종이 계절성에 더 적합하다. 계절성 환경에 사는 올빼미는 특히 똑똑한 경향이 있다.[9] 뇌가 크면 먹이가 부족한 곳에서도 먹이를 잘 찾는 데에 도움이 된다. 다른 연구자들은 여러 앵무새 종을 비교해서 같은 사실을 발견했다.[10] 이런 패턴은 종내에서도 나타났다. 털사 대학교의 지지 와그너와 찰스 브라운은 최근 연구에서 극한의 한파가 오면 뇌가 작은 삼색제비는 뇌가 큰 삼색제비보다 살아남지 못할 가능성이 더 높다는 사실을 발견했다.[11] 반대로 계절성 환경에 살지만 이동하는 새는 이동할 수 있다는 장점 덕분에 계절성의 결과를 피할 수 있어 뇌가 크지 않을 뿐만 아니라 오히려 특별히 뇌가 작은 경향이 있다. 이런 새들은 날 수 있어서 이동하는 새들이다.[12]

그러나 이 이야기에도 주의할 점이 있다. 카를로스 보테로나 동료 트레버 프리스토, 대니얼 솔과 동료들 등의 많은 연구자는 뇌가 큰 새만 계절적 변동에 잘 대처하는 것은 아니라는 사실을 발견했다. 뇌가 작은 새의 하위 종도 특정 변동에 맞춘 생활 방식을 가질 수 있다.[13]

한 예로 겨울이 변동성의 원인이라면 호두만큼도 아니고 땅콩이나 종종 땅콩의 절반 크기밖에 되지 않는 작은 뇌를 가진 새도 먹이를 발효하여 먹고살 수 있는 큰 소화 기관과 한 덩치하는 몸집을 이용하여 잘 살아남을 수 있다. 이런 새들은 자신이 맞닥뜨리는 변동성의 특정한 세부에 맞설 전문화된 기술을 가지고 있다. 또한 가령 여름은 따뜻하고 겨울은 추운 극북에는 큰까마귀와 까마귀, 올빼미도 번성하지만, 카를로스의 지적대로 곡식이나 솔잎, 뿌리, 줄기 등을 먹는 뇌가 작은 뇌조나 꿩도 번성한다.

그러나 어떤 점에서 계절과 연관된 이런 변동성은 쉬운 사례이다. 충격은 매번 올 때마다 체계 전체에 충격을 주지만—첫눈이나 첫 봄비, 첫 여름 더위처럼—어쨌든 이것들은 예견된 충격이다. 봄, 여름, 가을, 겨울, 봄, 여름, 가을, 겨울, 이렇게 이어지니까 말이다. 하지만 계절에 따른 변동성이 아니라 해마다 다른 변동성도 있다. 이런 변동성은 패턴이 없으므로 대처하기가 더욱 어렵다. 새는 언제 건조한 해가 올지 예측할 수 없다. 게다가 앞으로 계속 잦아지리라 예상되는 변동은 바로 이처럼 예측할 수 없는 변동, 예측할 수 없이 해마다 달리 나타나는 기온과 강수량의 변동이다. 계절적 변동이 나타나는 지역과 마찬가지로 해마다 조건이 달라지는 지역에서도 창의적 지능을 지닌 새가 선호될 것이다.

창의적 지능은 새들이 주로 먹는 먹이가 부족할 때 다른 먹이를 찾는 데에도 도움이 된다. 즉 창의적 지능은 새들이 먹이 종을 다양화하는 데에 도움이 된다. 최근 까마귀를 관찰해 새가 지닌 창의적 지능의 가치를 다시 생각해보는 일이 있었다. 나는 해마다 일정 기간 코펜하겐 대학교에서 연구하는데, 지난번 코펜하겐에 갔을 때에는 자전거로 출퇴근하면서 뿔까마귀 군집을 자주 보았다. 미국까마귀와 비슷한 이 뿔까마귀는 도시에서 해안을 따라 북쪽으로 향하는 도로 옆 해변에 모여 있었다. 나는 매일 같은 까마귀 군집을 지나쳤고, 그렇게 해서 이 까마귀들이 무엇을 먹는지 볼 수 있었다. 늦여름이면 까마귀들은 사람이 떨어뜨린 호밀빵이나 감자튀김, 감자 칩 등을 먹고 덴마크 칼스버그 맥주를 홀짝였다. 그러나 8월이 되어 기온이 낮아지고 해변을 찾는 사람들이 드물어지면서 먹을 수 있는 음식 쓰레기가 줄자, 까마귀들은 인근 나무에서 모은 호두로 먹이를 바꾸었다. 까마귀들은 종일 시멘트 길바닥으로 호두를 떨어뜨려 외피를 깨고 다시 떨어뜨려 껍질을 깠다. 호두 철이 지나면 사과를 떨어뜨렸다. 사과가 바닥나면 홍합을 떨어뜨렸다. 최근에 자전거를 타고 지나갈 때에는 까마귀들이 달팽이를 떨어뜨리는 것을 보았다. 야생 자연의 은혜가 잘 드러나지 않는 도시 주변부에 사는 까마귀들도 살기 위해서 혁신했다. 까마귀의 혁신은 바로 대니얼 솔이 발견한, 큰 뇌 덕분에 이룬 혁신이다. 까마귀들은 큰 뇌를 이용하여 새로운 먹이를 찾고 선택하고 접근한 것으로 보인다. 이런 방법은 도시에서 달마다 일어나는 변동에 대처하는 데에도 유용하지만 연간 변동에 대처하는 데에도 유리하다. 까마귀를 인내심 있게 관찰하는 사람이라면 결국 까마귀만의 혁신적인 식생활 사례를 볼 수 있다. 까마귀만이 아니다. 영국의 한 마을에 사는 푸른박새는 집 현관 앞에 놓인 우유병의 알루미늄 뚜껑을 쪼아 크림을 먹는 방법을 배웠다고 보고되었다. 조너선 와이너는 『핀치의 부리*The Beak of the Finch*』에서 새들이 이런 행동을 한번 고안하면 이웃으로, 주변 새들에게로, 옆 현관으로 점점 퍼진다고 밝혔다.[14] 다른 새들이 힘겹게 지낼 때 창의적인 푸른박새는 생명을 주는 크림을 먹고살았다.

그러나 다른 계절에 다른 먹이를 먹고, 새로운 먹이를 얻는 새로운 방법을 고안하는 것은 창의적 지능을 지닌 새가 변동성에 대처하는 방법의 일부일 뿐이다. 새들은 먹이를 저장하기도 한다. 한 예로 산갈가마귀는 잣을 땅에 묻어 저장하는데, 큰 뇌를 이용하여 잣을 어디에 묻었는지 하나하나 정확히 기억할 수 있다. 큰 뇌는 언제 잣을 저장할지, 어디에 묻을지 파악하거나, 묻은 잣을 찾으려면 어디를 파야 할지 아는 데에도 도움이 된다. 산갈가마귀는 심지어 잣을 묻은 지 10개월이 지나도 잣을 묻은 수천 곳의 위치를 기억할 수 있다. 누군가는(나는 아니지만) 잣을 묻은 위치를 기억하는 데에 필요한 것이 정말 창의적 지능인지, 아니면 다른 독특한 기술의 일종인지 논점을 제기할 수도 있을 것이다. 그러나 언제 잣을 파내거나 파내지 않을지, 그리고 어떤 잣을 먼저 파내고 다른 것은 남겨둘지를 결정하는 능력은 분명히 창의적 지능의 요소이다. 이런 새는 먹이를 저장할 뿐만 아니라 신중하게 배분한다. 마즐러프와 앵겔이 지적했듯이, 미국어치는 잘 "썩지 않는 씨앗보다 잘 썩는 벌레를 더 빨리 파먹는다."[15] 일종의 "유효 기한" 꼬리표를 붙여둔 셈이다. 창의적 지능을 지닌 새의 능력은 여기에 그치지 않는다. 마츨러프와 앵겔은 갈가마귀와 미국어치가 먹이를 숨길 때 다른 새―아마도 잠재적인 도둑―가 먹이를 숨긴 위치를 보고 눈독 들이고 있다는 사실을 알아채면 먹이를 옮겨 숨긴다는 사실을 알아냈다.

지능의 완충 효과에 대한 이런 생각이 옳다면 다른 예측도 할 수 있다. 조건이 가변적일 때 문제를 풀 다양한 해결책을 찾는 능력을 가지는 것이 새에게 도움이 된다면, 뇌가 큰 새 개체군은 뇌가 작은 새 개체군보다 변화무쌍한 기후가 이어져도 덜 늘거나 줄 것이다. 카를로스 보테로는 트레버 프리스토와 함께 이 추측이 사실임을 밝혔다. 뇌가 작은 새는 살기 좋은 해에는 번성하고 살기 나쁜 해에는 감소한다. 그러나 뇌가 큰 새 개체군은 일정하게 유지된다. 완충되는 것이다.[16] 인간이 변동성 큰 기후를 유발하면 뇌가 큰 새가 더 번성하리라 예측하는 사람도 있다. 실제로 그렇다.[17] 뇌가 큰 새는 조건을 예측하기 힘든 도시에서 인간 주변에 살며 도시 이곳저곳, 여러 시기에 걸쳐 번성할 가능성이 더 높다고도 생각할 수 있다. 진화생물학자인 페런 세이욜은 지도교수인 대니얼 솔 및 다른 교수 알렉스 피고트와 함께 뇌가 큰 새가 실제로 이렇게 생존한다는 사실을 밝혔다.[18] 도시에서 잘 번성하는 또다른 종은 뇌가 작지만 자주 번식한다는 독특한 전문화 능력을 지닌 종이다. 자주 번식하는 종은 새끼를 많이 낳고 그중 일부가 번성하기 때문에 적절한 장소나 시기를 만나기를 "희망하며" 도시에 서식한다.

도시에 사는 뇌가 큰 종인 까마귀를 생각해보자. 코펜하겐의 뿔까마귀, 가나 아크라의 얼룩까마귀, 싱가포르의 정글까마귀, 노스캐롤라이나 주 롤리의 바다까마귀를 떠올려보자. 시인 메리 올리버는 이렇게 썼다. "고속도로 가장자리에서/힘없는 것을 낚아채는 까마귀", 이들은 도시 생물계의 "심부 근육"이다.[19] 자신의 책『까마귀 행성Crow Planet』에서 라이안다 린 하우프트는 까마귀와 다른 까마귓과 종이 지구 역사상 그 어느 때보다 오늘날 가장 번성한다고 주장하기까지 했다.[20] 그럴 수도 있고, 아닐 수도 있다. 그러나 분명한 사실은 까마귓과 종들이 우리와 함께 성공적으로 살아가고 있다는 점이다.

그러나 도시에서 살아남기 위하여 뇌를 이용하는 종은 까마귀만이 아니다. 올빼미도 그렇다. 심지어 앵무새의 하위 종들도 그렇다. 우리 주변에 똑똑한 새가 나타난다는 사실은 인간이 세상을 얼마나 예측 불가능하게 만들고 있는지 보여주는 척도이다. 까마귀나 지능 있는 다른 새들은 대부분의 다른 종은 견딜 수 없는 예측 불가능한 조건이 찾아왔음을 나타내는 지표이다. 1855년 1월 12일 헨리 데이비드 소로는 일기에 까마귀 울음소리가 "마을의 작은 속삭임, 아이들 노는 소리와 어우러진다. 개울이 다른 개울로 조용히 이어지고 야생동물과 길들인 동물이 하나가 되듯 말이다"라고 썼다.[21] 소로가 보기에 까마귀는 스스로뿐만 아니라 소로를 위해서도 울었다. 그러나 까마귀가 넘쳐난다는 사실은 소로나 우리를 위한 것이라기보다 우리에 대해서 무엇인가를 말해준다고 보는 편이 더 정확할 것이다.

변동성이 늘면 어떤 새가 힘들어질까? 새로운 조건이 무엇이든 간에 그 조건에 더 이상 맞지 않는 전문화된 기술을 지닌 새는 어려움을 겪을 것이다. 이런 새들은 항상 살아온 대로 살면서 힘든 시기를 이겨내고자 할 것이다. 어떤 희생을 감수하고서라도 옛 방식을 고수할 것이다. 예를 들면 검정바다멧참새가 이런 새이다.

앞에서 나는 검정바다멧참새가 커내브럴 반도 끝단의 메릿 섬 주변에 산다고 언급했다. 이곳과 세인트존스 강 인근에 사는 이 참새들은 비교적 건조한 고지대 습지에 전문화되어 20만 년에 걸쳐 진화해왔다. 습지는 오랫동안 안정되어 있었으므로 검정바다멧참새는 새로운 조건에 대응하는 데에 요구되는 지능이 필요하지 않았다.

내가 언급하지 않은 것이 있다. NASA가 메릿 섬에 존 F. 케네디 우주 센터를 짓기로 했다는 사실이다. NASA는 우주에 로켓을 띄워 인류가 지구를 돌아볼 장소로 메릿 섬을 택했다. 우주비행사 마이크 콜린스가 탄 아폴로 11호가 우주로 발사된 곳이 바로 이 존 F. 케네디 우주 센터이다. 콜린스는 나중에 다큐멘터리 인터뷰에서 이 임무를 떠올리며 이렇게 말했다. "다른 무엇보다 내가 지구를 바라보며 느꼈던 감정은 바깥에서 보기에 이 작은 지구가 너무나 연약하다는 사실이었다."[22]

NASA가 메릿 섬을 우주 프로그램의 중심으로 결정하고 지구와 우주를 연결하는 탯줄로 삼기로 한 전후에, 인류는 메릿 섬을 이용하기 위한 활동의 일환으로 이 섬을 통제해서 인간이 살기에 더욱 적합하고 일관된 곳으로 만들었다. 첫 번째 통제 노력은 살충제 DDT를 사용하는 것이었다. 인간들은 섬의 모기를 통제하기 위해서 섬 전체에 DDT를 뿌렸다. 이 일은 두 가지 효과를 일으켰다. 먼저 검정바다멧참새가 먹는 수많은 곤충이 죽었다. 그리고 의도하지는 않았지만 분명 예측할 수 있었듯이, DDT에 내성이 있는 모기(그리고 아마도 몇몇 다른 곤충 종도)가 진화하기에 적합해졌다. 총 곤충 생물량이 감소하자 검정바다멧참새의 수도 크게 줄었다. DDT 방제는 1940년대에 시작되었다. 1957년이 되자 검정바다멧참새의 개체수는 70퍼센트가 감소했다. 참새는 다른 먹이를 찾는 데에 필요한 창의적 지능이 없었다. 그러는 동안 일단 모기가 DDT에 내성을 가지게 되자 모기를 통제할 새로운 조치가 취해졌다. 새로운 조치는 상당히 야심 찬 계획이었다. 당시 이 섬에는 우주 센터에서 일하는 이들이 많이 살고 있었기 때문이다. 인간들은 배수로를 만들고 늪을 메웠다. 노아의 홍수처럼 물을 넘치게 하거나 배수한 다음 말리고 이런 일을 반복했다. 참새의 주요 요구 사항을 만족하는 남은 서식지는 훨씬 줄어 아주 작은 섬 같은 일부 조각으로 쪼그라들었다. 그리고 디즈니월드와 우주 센터를 잇는 고속 도로가 건설되자 남아 있던 가장 좋은 서식지 조각조차 사라졌다. 고속 도로가 생기면서 주택이 건설되었고 홍수와 배수가 계속

되었다. 1972년 조사 당시에는 검정바다멧참새 수컷 110마리를 포함해서 전체 200마리가 발견되었다. 그러나 1973년에는 수컷 54마리를 포함하여 전체 100마리만 남았다. 1978년이 되자 수컷 23마리, 전체 검정바다멧참새는 겨우 50마리밖에 남지 않았다. 그다음 수컷은 단 4마리였고 암컷은 사라졌다. 마지막 검정바다멧참새는 새장 안에서 1987년에 죽었다. 다른 참새 종과 교배하여 어떤 형태로든 종을 유지하려고 야생에서 잡아 온 개체였다. 한 보고서는 야생에서 잡혀 온 마지막 수컷이 "아이러니하게도 디즈니'월드'에 갇혀 아직 노래하고 있다"라고 썼다. 참새는 원래 살던 세상을 대체한 다른 형태의 "월드"에서 노래했다.[23]

검정바다멧참새는 우주 속 작은 존재인 한낱 새일 뿐이었다. 그러나 검정바다멧참새가 사라지면서 이 새의 사랑스러움이 여러 사람의 입에 올랐다. 검정바다멧참새는 소설이나 시, 수많은 과학 논문의 주제가 되었다. 작가 배리 로페즈는 "많은 일이 그렇듯 깊은 고마움과 상실감이 동시에 느껴졌다"라고 썼다.[24] 결국 검정바다멧참새는 전문화라는 새 자체의 특성과 개발, 기술(로켓), 정치(우주 경쟁), 오락(디즈니월드) 등 여러 압력이 교차하는 가운데 희생되었다. 검정바다멧참새의 자율적인 전문화 지능으로 이런 압력을 예측하기는 별똥별을 예측하기보다 어려웠을 것이다.

우리가 가는 곳마다 남기는 변동성의 결과로 고통받는 종은 검정바다멧참새뿐만이 아니다. 곤충의 개체수가 감소하면서 곤충을 먹는

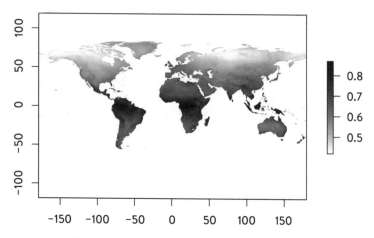

그림 6.2 기온의 역사적 예측(한 해에서 다음 해로). 어두운 부분은 기온 변화가 적은 (따라서 예측 가능한) 지역이다. 이런 지역에서 한 해의 기온에 대응해 진화한 동물은 다음 해에도 대응하는 데 필요한 형질을 지닐 것이다. 반면에 밝은 부분은 한 해의 기온으로 다음 해의 기온을 반드시 예측할 수는 없는 지역이다. 가장 밝은 지역, 즉 가장 예측 불가능한 지역에서는 매우 창의적인 지능을 가진 새들이 불균형적으로 번성할 가능성이 있다. 오스트레일리아 중부, 북아프리카, 온대 아시아, 북아메리카 같은 지역이다. (그림 : 카를로스 보테로)

새는 전 세계적으로 크게 줄었다. 더욱 일반적으로 보면, 전문화된 놀라운 방법, 즉 자신에게 필요한 방법으로 그들의 세상을 잘 살아나갈 현명한 새가 될 전문화된 방법을 지닌 많은 새들이 줄어들고 있다.[25] 대가속 동안 사람이 여러 방식으로 세상을 바꿔온 탓에 오늘날 수백 종의 새가 멸종한다.

아이가 막대기로 물의 흐름을 막으면 일시적으로 개울의 흐름을 통제할 수 있다. 물의 흐름이 멈춘다. 모든 것이 통제되고 마른다. 그러나 곧 물은 작은 댐을 넘쳐흐른다. 한때 개울이었던 것이 옛 수로를 따라 흘러넘쳐 잠시뿐이지만 강이 되어 흐른다. 세상을 통제할 때 흔히 우리는 변동성을 일으킨다. 우리는 세상을 통제하고 변동성을 줄이려고 하면서 단기적으로 다른 종에게 더욱 큰 변동성을 만들어왔다. 그리고 장기적으로는 우리 자신에게 변동성을 일으켰다. 우리가 내리는 수많은 작은 결정—어떤 차를 운전하고, 어떻게 여행하고, 무엇을 먹고, 아이를 얼마나 낳을지 등—은 대기에 온실가스를 넘치게 하고 기후를 바꾼다. 이 변동성에 어떻게 대처할지, 우리가 까마귀가 될지 아니면 검정바다멧참새가 될지는 스스로 질문해야 한다.

이 질문을 곰곰이 따져보기 전에 우리는 먼저 우리 같은 포유류가 인지적 완충법칙에서 벗어날 수 없다는 최근의 여러 연구 결과를 알아야 한다. 가령 한 연구에서는 포유류가 진화해온 기존 환경과 다른 새로운 조건, 즉 갑작스럽게 마주친 새로운 조건의 지역에 놓였을 때 어떤 포유류가 가장 살아남을 가능성이 높은지 알아보았다. 그리고 뇌가 큰 동물이 살아남을 가능성이 훨씬 높다는 결과를 얻었다.[26] 즉 우리와 함께 우리가 전 세계로 퍼트린 동시에 우리가 지구를 통제하려고 하면서 무의식적인 의도로 퍼트린 포유류는 바로 창의적 지능을 가진 동물인 것이다.

영장류에서 지능의 역할은 대개 인간을 설명할 때 특별한 주목을 받았다. 우리는 "나는 누구인가"라고 자문하고 원숭이나 침팬지에게도 답을 물었다. 영장류는 보통 조류나 일반 포유류보다 상황이 더 복잡하지만, **그렇게까지** 복잡하지는 않으므로 계속 나의 이야기를 따라가보자.

첫 번째 복잡한 문제는 예측 가능한 기후에서 벗어날 경우, 우리 속屬의 종들을 제외하면 영장류가 잘 살아남지 못한다는 점이다(같은 이유로 많은 영장류 종은 기후 변화로 인해서 불균형적으로 고통을 겪을 가능성이 높다). 물론 인간은 뇌가 가장 큰 영장류이고, 가장 예측할 수 없는 기후에 살고 있다. 그러나 우리 자신을 살펴보는 문제는 어렵다. 자신의 이야기를 명확히 살펴보기에 우리는 스스로와 너무 가깝다. 인간의 뇌가 커지도록 만든 진화에 영향을 준 핵심 요소를 연구하는 일은 거울로 자신의 뒤통수를 보려는 일과 비슷하다. 할 수는 있지만 전혀 정확하지는 않은 관점이다. 그러므로 인간보다는 인간이 아닌 영장류에 집중해서 살펴보는 편이 더 쉽다.

뇌가 큰 조류 계통처럼, 인간이 아닌 아프리카 영장류의 뇌는 비교적 커서 에너지를 상당히 많이 소모한다. 이런 맥락에서 기후 변동성과 예측 불가능성이 뇌 크기 및 이에 따른 창의적 지능과 어떻게 연관되는지는 두 가지 상반된 설명으로 풀어볼 수 있다. 한 가지 설명은 새와 마찬가지로 영장류의 뇌가 기후를 예측할 수 없을 때 더 커져야 한다는 것이다. 큰 뇌와 이런 뇌가 지닌 인지 능력은 어려운 시기에 일어나는 현상을 완충할 수 있다. 다른 설명은 예측할 수 없는 기후 때문에 식량이 줄어든다면 뇌에 공급할 식량이 충분하지 않기 때문에 영장류의 뇌는 사실 몸집에 비해서 더 작아져야 한다는 설명이다. 대신 영장류는 뇌는 작아지고 번식력은 높이도록 진화해야 한다.

이렇게 상반된 두 가지 설명을 함께 고려하는 한 가지 방법은 뇌의 크기뿐만 아니라 영장류가 뇌로 무엇을 할 수 있는지 직접 측정하는 것이다. 즉 기후 차이와 서식지 변동성에 상관없이 영장류가 하루에 일정한 양의 열량과 영양분을 얼마나 섭취할 수 있는지 측정하는 것이다. 이런 생각은 창의적 지능이 있는 영장류라면 어려운 시기에도 먹을 것을 충분히 찾을 수 있다는 아이디어에서 온다. 다시 말하면 창의적 지능이 있는 영장류는 내가 코펜하겐에서 자전거로 지나치며 보았던 뿔까마귀처럼 행동한다는 것이다. 코펜하겐의 뿔까마귀는 감자튀김이 있으면 감자튀김을 먹고, 견과가 있으면 견과를 먹는다. 연구자들은 최근 이 점을 실험하여, 새의 경우와는 약간 다르지만 어느 정도 비슷한 상황을 발견했다. 실제로 영장류의 뇌 크기는 변동성이 작은 기후에서보다 변동성이 큰 기후에서 평균적으로 더 작았고 더 적은 열량을 소모했다. 이런 관찰 결과는 큰 뇌가 에너지를 많이 소모하고 때로 어려운 환경에서는 그다지 소용이 없다는 사실과 일치한다. 그러나 기후 변동성과 관계없이 일정한 열량을 먹을 수 있는 영장류는 뇌가 더 큰 영장류였다.[27]

　다시 말해서 우리는 변동성이 큰 환경에서 작고 에너지 소모가 적은 뇌와 흔히 작은 몸집을 지닌 영장류가 될 수도 있고, 큰 뇌로 열량을 충분히 얻을 새로운 방법을 찾는 영장류가 될 수도 있다. 후자의 경우에 가장 잘 맞는 영장류에는 긴꼬리원숭이, 개코원숭이, 침팬지가 있다. 가장 연구 자료가 많은 침팬지의 사례를 보면 이들은 습한 숲에서 살든 건조한 사바나에서 살든 비슷한 것을 먹을 수 있다. 침팬지는 과실나무가 어디에 있고 언제 열매가 열리는지 기억할 뿐만 아니라, 뇌를 이용하여 도구를 만들어 해조류, 꿀, 곤충, 심지어는 고기처럼 다른 방식으로는 얻을 수 없는 먹이를 얻는다. 실제로 막스플랑크 진화인류학 연구소 연구원이자 나의 동료인 에이미 캘런의 최근 연구에 따르면, 침팬지는 조건을 예측할 수 없는 곳에서 도구를 사용할 가능성이 가장 높았다.[28] 가령 세네갈의 퐁골리에 사는 침팬지는 좋아하는 먹이가 없는 곳에서도 고기를 찾는 방법을 발견했다. 침팬지는 창을 만들어 갈라고원숭이가 자는 구멍에 찔러 넣었다.

침팬지가 도입한 것과 같은 다양한 독창성과 도구 사용에 더해, 사람의 뇌 크기는 예측할 수 없는 조건과 시대에 맞추어 훨씬 더 크게 진화했다. 사람은 큰 뇌를 이용하여 이런 조건과 시대를 거치며 변동성을 완충했다. 기후가 인간 뇌의 기원을 모두 설명한다는 의미는 아니다(분명히 그렇지 못할 가능성이 크다). 그보다는 우리 인간의 역사가 다른 많은 종의 역사와 비슷하다는 사실을 보여준다는 의미이다. 우리는 다른 종이 잘 다져놓은 길을 선택했다.

인지적 완충법칙은 미래에 변화하는 세상에서 어떤 종이 번성할지에 가장 분명한 영향을 미친다. 계속되는 온난화는 그런 조건을 견딜 수 있는 종, 그런 조건에 적절한 기후 지위를 지닌 종에 알맞다. 이와 비슷하게 따뜻하고 습한 조건은 따뜻하고 습한 조건에 적합한 지위를 지닌 종에 알맞다. 따뜻하고 건조한 조건은 따뜻하고 건조한 조건에 적합한 지위를 지닌 종에 알맞다. 매우 추운 조건은 추운 조건에 적합한 지위를 지닌 종에 알맞게 되거나, 조만간 매우 추운 조건이 닥친다면 그에 적합한 지위를 가질 종에 알맞게 될 것이다. 대부분은 그렇지 못할 것이다. 한편 가변적인 조건은 가변적인 기후를 지위에 포함하는, 상당히 다른 종에게 알맞을 것이다. 세상은 점점 더 까마귀와 쥐에게 적합한 곳이 될 것이며, 같은 이유로 검정바다멧참새나 이들과 비슷한 수천 종에게는 훨씬 불리한 곳이 될 것이다.

인지적 완충법칙이 미칠 다른 영향은 생물 종이 아니라 우리 인간 사회와 관련이 있다. 마슬러프와 앵겔이 언급한 것처럼 "초기 스칸디나비아 문헌에서는 큰까마귀를 중요한 정보 제공자로 칭송했으며," 북아메리카 북서태평양 최초의 인류는 큰까마귀를 "동기를 부여하는 원동력"으로 보았다.[29] 극북 원주민에게도 비슷한 정서가 있다. 이 영리한 새의 통찰과 동기는 오늘날에도 여전히 우리에게 정보를 줄 것이다. 그러나 어떤 동기를 유발할까? 우리는 얼마나 까마귀처럼 살고 있을까?

한때 모든 인간이 수렵채집인으로 작은 무리를 이루어 살 때에는 까마귀에게 유리한 것과 같은 지능이 인간에게도 도움을 주었다. 가변적이고 조건을 예측할 수 없는 극북, 또는 북아메리카나 오스트레일리아 사막에서는 특히 그랬다. 이런 장소와 시대에 인간은 까마귀와 같은 독창성을 이용하여 새로운 조건에 맞섰다. 사실 까마귀에게 창의적 지능이 도움을 준 여러 지역에서는 인간 역시 창의적 지능의 상당한 도움을 받았다. 그래서 인간과 까마귀의 삶은 흔히 서로 공명하는 것으로 보였다. 오늘날에도 미국 남서부 원주민은 산갈가마귀처럼 잣을 채취하고 저장한다. 이들은 까마귀처럼 행동할 뿐만 아니라 어려운 시기를 대비하여 매우 비슷한 방식으로 같은 식량을 저장하기 위해서 경쟁한다.

그러나 우리 대부분은 더 이상 옛 방식으로 살지 않는다. 우리는 우리가 의존하는 생산 수단을 스스로 책임지지 않는다. 스스로 식량을 재배하거나 집을 짓지도 않는다. 우리는 필요한 운송 체계나 폐기물처리 체계, 교육 체계를 각자 구축하지 않는다. 우리 대부분은 능력이 부족해서가 아니라 오늘날 도시에 살고 있기 때문에, 우리가 생존을 위해서 의존하는 이런 일들을 스스로 하지 않는다. 도시에 사는 우리는 이런 작업을 시스템에 맡긴다. 시스템은 인간이 운영하지만, 시스템 안에는 각자의 뇌에서 오는 지능과는 별개로 일종의 지능을 발생시키는 규칙이 있다. 미래의 변동성에 대응할 인간의 집단적 능력을 고려하려면 개인의 뇌가 아니라 뇌처럼 작동하는 공공 및 민간 기관의 작동에 대해서 생각해야 한다.

동물의 지능과 마찬가지로 우리는 여러 기관이 다양한 종류의 지능을 가지고 있다고 생각할 수 있다. 많은 기관, 아마도 대부분 기관은 한 가지 일을 완벽하거나, 완벽하지는 않더라도 적어도 상당히 잘 수행하는 데에 초점을 맞출 것이다. 이런 기관은 전문화된 자동 기술을 가지고 있다. 대학이나 정부도 이런 모형을 지향하는 경향이 있다. 이런 기관이 효율적이라고 할 때 이들은 수십 년 또는 더 오랜 기간의 평균 조건에서 효율적이다. 나의 동료이자 위기에 대처하는 기관의 방식을 연구하는 전문가인 노스캐롤라이나 주립대학교의 브랜다 노웰은 이렇게 말했다. "우리는 구조적, 문화적으로 오랫동안 지배적인 운영 환경에 다양한 방식으로 적응하도록 진화해온 거대한 공공 관료 체계를 가지고 있다." 이런 체계는 검정바다멧참새가 염분과 풀로 이루어진 환경에 전문화된 것처럼 "지배적인 운영 환경"에 전문화되어 있다. 이런 기관은 안정성과 전문화를 두고 조금 다른 이야기를 한다. 과거를 특히 강조하는 것이다. 사람들은 이렇게 말한다. "우리는 항상 이런 방식으로 해왔습니다." 이 말은 "지금까지 계속 이런 식으로 작동해왔습니다"라는 뜻이다. 과거에 효과가 있던 방식은 특별한 해결책이 아니라 한 가지 문제를 해결한 방식이었다. 그러나 과거와 조건이 비슷할 경우 같은 접근법은 의미 있다고 가정되며 또 사용된다. 노웰이 지적했듯 변화하는 세상에서 흔히 우리는 "과거의 행동과 이에 따른 결과 사이의 관계를 보고 잠재적으로 그 행동과 현재 상황과의 연관성을 제한적으로 생각해왔다."[30] 원인과 결과 사이의 오래된 규칙은 새로운 규칙으로 대체되어야 한다. 그러나 안타깝게도 전문화된 자동 기술을 지닌 기관은 새로운 규칙을 적용하는 데에 몹시 느리다.

좀더 유연한 기관도 있다. 이런 기관은 창의적 지능과 재창조를 통해서 변화하는 조건에 대응할 수 있다. 그러나 솔직히 말해서 창의적 지능을 가진 기관의 좋은 사례를 찾기는 어렵다. 놀라운 일은 아닐지도 모른다. 우리 기관 대부분은 수십 년 동안 어쨌든 상대적으로 안정한 조건에서 성장했기 때문이다. 제2차 세계대전 이후 세계 경제는 안정했다. 그러나 더 중요한 사실은 우리가 안정된 기후에 익숙해졌다는 점이다. 호모 에렉투스에 이어 호모 사피엔스가 큰 뇌를 가지도록 진화한 이후, 지구의 기후는 지난 1억 년 사이 다른 시기보다 더 예측 가능했다. 농업과 도시 및 현대의 문화적 특징 대부분이 출현한 시기이자 대가속이 일어난 시기인 지난 1만 년 동안으로 한정해보면 더욱 그렇다(그림 6.1의 홀로세 기간을 보자). 우리는 이런 안정성에 감사할 줄도 모른 채 운 좋게도 안정성의 보호를 받았다. 간단히 말해 우리 인간 종은 변동성과 예측 불가능성의 시대에 뇌가 커지도록 진화한 반면, 우리 기관은 오랫동안 유지했지만 점점 사라진 조건에 꼭 맞는 전문화된 기술을 진화시켰다.

뇌가 큰 새가 때로 변하지 않는 기후에서도 진화하듯, 안정한 시기에도 다가올 변화에 대비해 진화할 수 있는 기관이 많으리라고 기대할 수도 있다. 그러나 이런 일은 드물다. 그 이유 중 하나는 영장류의 큰 뇌에 비용이 들듯 기관에서 창의적 지능을 배양하는 데에 필요한 유연성과 인지를 기르려면 비용이 소요되기 때문이다. 이런 비용 중 하나는 항상 하던 대로 하지 않고 매번 새롭게 결정해야 한다는 점이다. 한 리더는 이렇게 말한다. "우리는 이 문제의 해결법을 이미 알고 있습니다. 다시 이야기를 꺼낼 필요는 없어요." 그렇게 하려면 시간과

돈이 들고, 반성하고 재고하기 위해서 멈춰야 한다는 비용도 소요된다. 이론적으로 시스템 자체와 규칙이 변화에 대응하도록 설계되었다면 이 비용은 줄어든다. 그러나 그럴 때에도 브랜다 노웰이 강조한 것처럼 언제 조건이 바뀔지 감지하는 데 필요한 감시 체계를 구성하려면 비용이 든다. 게다가 노웰이 강조했듯 과거와 연관된 감시 체계는 미래에 필요한 감시 체계가 아닐 수도 있다.

까마귀는 항상 알고 있다. 까마귀는 언제 먹이가 부족해지고, 겨울이 와서 힘들어질 것을 안다. 이런 변화가 다가오면 까마귀는 발명한다. 덩치 큰 기관은 그 특성상 이런 변화를 깨닫지 못한다. 이들은 변화를 감시하고 경보를 울려야 한다. 흔치 않은 일이 일어나면 극도로 경계해야 한다. 그러나 대부분 그런 드문 사건이나 변화는 자주 일어나지 않으므로 이런 일에는 비용이 든다. 대부분의 시기에 이런 사건에 대비할 계획을 세우는 데 드는 비용은 분기별 보고서에 넘쳐나는 긴박한 일들에 비하면 더욱 도드라져 보인다. 석유 회사는 석유 유출 사고가 일어나기 전까지는 안전 조치에 막대한 비용만 내야 하고 여기에서 아무런 이득도 얻지 못한다. 원자력 발전소에서는 붕괴가 발생하기 전까지는 붕괴 발생 징후에 대응하는 능력을 함양하는 훈련이 돈 낭비처럼 보인다. 브랜다가 주목한 사례에서처럼 소방관들이 실제로 지금까지 일어난 것보다 훨씬 큰 화재를 맞닥뜨리기 전까지는 그런 화재에 대응하는 준비가 어리석은 일처럼 보인다. 그러나 미래를 내다볼 때 우리는 변동성이 커지리라는 사실을 잘 안다. 그럴수록 드물게 일어나는 사건이나 변화를 무시했다가는 위험이 더욱 커질 것이다. 이런 일은 더욱 흔해질 것이기 때문이다.

코로나바이러스 대유행의 위험에 어떤 기관이 더욱 잘 대비했는지 연구해보면 유용할 것이다. 코로나바이러스 대유행 같은 전염병의 대유행은 더욱 보편화될 것으로 예측되기 때문이다. 질병을 연구하는 생태학자들은 대규모 농업—및 좁은 우리에서 가축을 다닥다닥 사육하는 일—이 흔해지고, 전 세계적으로 사람들이 연결되며 자연 생태계가 파괴되면, 새로운 기생충이 진화하리라는 사실을 수십 년 동안 알고 있었다. 이들은 이런 주장을 거듭해왔고, 심지어 이런 기생충이 가장 흔하게 발생할 지역을 짚어내기도 했다. 마치 장외로 공의 날아간 위치를 정확히 짚어내는 야구선수 베이브 루스 같았다. 생태학자들은 자연이 우리 사회로 기생충을 날려 넣을 위치를 짚어냈다. 그러나 중요한 점은 전염병 위험이 커진다는 사실이 아니다. 다양한 문제—홍수나 가뭄, 폭염, 게다가 전염병까지—가 발생할 위험이 확대되는 반면, 그에 대처하느라 창의적 지능을 기르기 위해서 추가로 쏟아붓는 비용은 훨씬 줄어들 것이라는 점이 중요하다.

변동성이 큰 세상에서 살아남으려면 우리 사회는 창의적으로 바뀌어야 한다. 각자는 이런 창의력의 징후와 창의력을 얻는 데에 필요한 변화에 주목할 수 있다. 또는 "이것이 우리가 계속해왔던 방식입니다"라든가 "이런 상황에서는 보통 이렇게 하지요"라는 말처럼 창의력이 부족한 말을 들을 때 경각심을 가질 수도 있다.

그러나 다른 방법도 있다.

창의적 지능을 이용해서 새로운 상황에 대처할 때, 까마귀는 먹이를 찾는 새로운 방법을 발견하고 새로운 먹이를 먹으며 상황에 대처한다. 본질적으로 까마귀는 먹이를 다양화해서, 평소에 먹던 종이 귀해지면 다른 흔한 종을 먹을 수 있게 변화한다. 우리도 위험을 완충하기 위해서 농장이나 심지어 우리 몸에서 자연의 다양성을 활용하여 이익을 볼 수 있다. 매우 창의적인 지능을 발휘하지 않아도 그렇게 할 수 있다. 카를로스 보테로는 다른 새 종의 둥지에 알을 낳는 새가 창의적이지는 않지만 다양성의 이점을 이용한다는 사실을 보여주었다. 이런 생물의 하위 종은 자신의 알을 키워줄 숙주가 되는 여러 다른 새에 의존하여 가변적인 기후에서도 잘 살아남는다.[31] 한 종의 개체수가 줄어도 대체할 다른 종은 많다. 하나 이상의 다른 새 둥지에 알을 낳는 이런 새는 말하자면, 그리고 속담대로 "알을 여러 둥지에 나눠 담는다." 우리 역시 다른 종에 의존하는 방식에서 이런 분할 방식을 구축할 수 있고, 또 그래야만 한다. 이런 방식이 반드시 작동하는 것은 아니다. 그러나 제7장에서 살펴보겠지만 농업에서는 이런 방식이 작동한다. 헨리 워드 비처 목사는 이렇게 말했다. "인간에게 날개와 검은 깃털이 있다고 해도 까마귀만큼 똑똑한 인간은 거의 없을 것이다."[32] 그러나 그렇지 않을 수도 있다. 설령 그 말이 사실이라고 해도, 적어도 우리는 여전히 앞으로 닥칠 여러 가지 일을 완충할 수 있다.[33]

07

위험 상쇄를 위한 다양성 수용

지난 세기에 이룬 위대한 농업 성과는 지속 가능성이나 맛, 영양 문제가 아니라 양의 문제였다. 작물 과학자들은 사람을 먹이기 위해서 1에이커당 생산되는 열량을 늘리고자 했다. 그들은 성공했다. 이제 옥수수 밭 1에이커에서는 더 많은 옥수수 알갱이가 열리고, 밀 밭 1에이커에서는 밀이 더 많이 자라며, 콩 밭 1에이커에서는 100년 전은 말할 것도 없고 40년 전 상상했던 것보다 훨씬 많은 콩을 수확할 수 있다. 이런 수확량 증가로 세계에서 가장 중요한 주식 작물을 값싸고 손쉽게 이용할 수 있게 되었고, 지난 수십 년 동안 굶주림이 감소했다.

이런 성공은 통제를 바탕으로 이루어졌다. 우리는 육종과 공학을 이용해 작물의 유전자를 변형하여 특히 물과 비료를 줄 때 작물이 더 빨리 자라게 했다. 애니 딜러드가 썼듯 우리는 "세포의 축축한 핵"으로 침입하여 살충 성분을 만드는 새로운 유전자를 삽입했다.[1] 식물이 제초제에 저항성을 가지도록 하는 새로운 유전자를 삽입하기도 했다 (그런 다음에는 밭에 제초제를 뿌려 다른 방법으로는 제거할 수 없는 저항성 없는 잡초도 죽였다). 이런 조작의 본질적인 특징은 우리가 작물을 산업화 체계의 더 큰 일부로 만들어왔다는 것이다. 작물은 공장 조립 라인의 구성 요소처럼 제어되고, 통제를 받으며 번성한다. 100년 전에 비해서 오늘날 전 세계에서 굶주리는 인구가 훨씬 적다는 점을 고려해도, 이런 체계의 여러 특징은 비판받을 수 있다. 그러나 미래를 고려해보면, 이 체계가 큰 어려움에 직면해 있다는 사실을 알 수 있다. 우리는 변동성이 가장 적을 때에만 제대로 돌아가는 식품 체계를 구축했다. 그러나 제6장에서 언급했듯이 우리는 지구 기후를 훨씬 변동성 크고 예측할 수 없도록 바꾸어놓기도 했다. 여기에 문제가 있다.

산업적, 기술적으로 농업에 접근하는 방식은 미래의 몇몇 문제를 해결하는 데에 상당히 적절하다. 한 예로 농장에서 1에이커당 열량을 좀더 생산하거나 가뭄에 강한 작물을 더 많이 생산하는 방법 등은 유용하다. 그러나 이런 방법은 변동성, 특히 통제 범위를 벗어난 변동성에 대처하는 데에는 적합하지 않다. 무엇보다 미래의 조건은 기후 측면에서 훨씬 재빠르게 움직이는 목표물이 될 것이다. 올해의 기후 조건에 이상적인 작물이 내년에는 적합하지 않을 수도 있다. 이런 상황에서 우리는 생태학자들이 생태적 안정성이라고 부르는 것을 기대한다. 안정한 자연 생태계란 기후 조건이 달라지더라도 특정 기간 특정지역에서 자라는 녹색 생물의 양인 1차 생산량이 연간 크게 달라지지 않는 체계를 말한다. 또한 기후가 매우 가변적일 때에도 연간 수확량 변동이 크지 않은 체계이다. 이런 안정성을 얻는 한 가지 방법은 환경의 변동성을 완충해 본질적으로 조건이 요동치지 않게 유지해주는 기술을 이용하는 것이다. 예를 들면 건조할 때에는 물을 더 많이 주고 습할 때에는 물을 적게 줄 수 있다. 드론이나 기상 관측소, 인공지능의 도움을 받으면 이런 일을 훨씬 정밀하게 할 수 있다. 즉 돈만 있으면 그렇게 할 수 있다. 그러나 이것이 유일한 방법은 아니다.

변동성에 대처하는 다른 접근법은 자연에서 영감을 얻었다. 까마귀가 농사를 짓는다면 바로 이런 방식을 따를 것이다. 역설적이지만, 심는 작물을 다양화해서 농업 다양성을 증가시켜 기후 변동성에 대처하는 방식이다. 다시 말하면 한 가지 변동성을 받아들여 다른 변동성에 맞서는 것이다. 이런 접근법의 가치는 미네소타 일부 밭에서 처음으로 분명하게 나타났다. 이곳은 데이비드 틸먼이라는 생태학자가 세상을 전반적으로 더 잘 이해하기 위해 만든 세상의 축소판이다.

데이비드 틸먼은 대학원생일 때 자신이 수학 이론을 통해 예측하고 실험으로 그 예측을 검증하는 독특한 생태학자라는 사실을 깨달았다. 처음에는 비교적 작은 실험이었다.

틸먼이 수행한 최초의 실험 중 하나는 서로 다른 해조류 종이 어떻게 공존하는지 이해하고자 설계되었다. 어떤 연못에 기본적으로 동일한 영양소와 햇빛이 필요한 광합성 해조류 30종이 있다고 치자. 왜 이

해조류 중 1종이 영양분을 독차지해 다른 종을 멸종시키지 않을까? 생태학의 창시자 중 한 명인 G. 에벌린 허친슨은 이 미스터리를 "플랑크톤의 역설"이라고 불렀다.[2] 틸먼은 이 궁금증을 푸는 일을 목표로 삼고 순전히 자기만족을 위해서 실험을 진행했다. 틸먼은 여러 실험을 신중히 수행하여 해조류 종들이 서로 다른 지위를 가지면 공존할 수 있다는 사실을 밝혔다. 이 경우 해조류 각각의 지위는 이들에게 가장 제한된 자원(인과 규소)과 관련이 있었다. 세 가지 해조류 종에 모두 인과 규소, 햇빛이 필요하더라도 그중 1종에게는 인이, 다른 1종에는 규소가, 나머지 1종에는 햇빛이 조금 더 많이 필요하다면 이 3종은 공존할 수 있다.[3] 틸먼은 이 실험에서 얻은 통찰을 바탕으로 더 많은 해조류 실험을 수행하여 해조류가 공존하는 방법이 지닌 다른 특성들도 검증했다. 그리고 이 연구를 바탕으로 겨우 스물여섯 살에 미네소타 대학교의 조교수로 임명되었다.

틸먼은 미네소타에서도 해조류 연구를 이어갔지만, 육상 생물도 살폈다. 가령 그는 미니애폴리스에서 대략 48킬로미터 떨어진, 당시 시더크리크 자연사 구역(현재 시더크리크 생태계 과학 보전 구역)이라 불리던 곳에서 벚나무에 사는 개미와 땅다람쥐가 파놓은 구덩이 주변에 자라는 식물을 연구했다. 이처럼 시더크리크에서 연구하던 그는 그저 심심풀이가 아니라 그의 연구 경력 전반에 걸쳐 이어질 다른 실험을 수행하기로 했다.

틸먼은 해조류 실험에서 얻은 아이디어를 이번에는 육지 식물에서 재검토하고자 했다. 1982년 그는 (생태학자들이 묵밭old fields이라 부르는) 버려진 농경지 세 곳을 각각 54개로 구획하고 초원에도 비슷한 수의 구획을 만들었다. 그러고는 각 구획에서 자라는 식물을 하나하나 확인하고 유심히 살폈고, 이 과정에서 우연히 어떤 구획은 다양성이 풍부하고 다른 구획은 다양성이 적다는 사실을 발견했다. 틸먼은 구획을 무작위로 일곱 군데로 나누어 각각 다르게 영양분을 주었다. 각 구획에 주는 비료의 농도를 달리해서 영양분을 처리한 것이다. 극단적으로 어떤 구획에는 아예 비료를 주지 않았고, 다른 구획에는 산업 농업에서 사용하는 가장 높은 농도의 비료를 주었다. 프로젝트를 작동시키기 위해서 틸먼은 밭을 선택하고, 구획하고, 각 구획에 할당된 영양분을 공급하며 수년에 걸쳐 그 결과를 연구했다. 고된 작업이었다. 농사일만큼 몸이 힘든 작업이었지만 이 연구의 결실은 모두 지식이었다. 묵밭 연구의 제철 수확물은 자두가 아니라 통찰이었다.

이 고된 연구 초기에 틸먼은 몇 가지 사실을 발견했다. 그는 식물에 주는 영양분의 농도에 따라 식물들이 공존하는지 아닌지를 밝히는 논문을 수십 편 썼고, 식물 군집이 영양분 농도에 비례하여 시간에 따라 어떻게 달라지는지 알아보는 논문도 여러 편 발표했다. 일부 논문은 찬사를 받았지만 다른 논문은 잊혔다. 그러나 다른 성과도 있었다. 시간이 지나면서 틸먼은 실험이 장기간에 걸친 현상에 미치는 영향을 연구할 수 있었다. 특히 그는 다양성-안정성 가설이라 불리는 것을 검증할 수 있었다.

다양한 종이 사는 숲, 초원, 기타 생태계가 특히 화재, 홍수, 가뭄, 전염병 같은 큰 혼란에 직면했을 때에도 안정하다는 가설은 오래 전부터 있었다. 다양성-안정성 가설은 다양성이 큰 생태계라면 이런 재난의 영향을 덜 받으리라고 추측했다. 틸먼이 연구하던 구획들은 각각 그곳에 사는 생물 종의 수(다양성)가 달랐다. 영양분을 달리 주고있기도 했고, 틸먼이 실험을 진행하기 전에도 각각의 땅에 역사적으로 우연한 차이가 있었기 때문이기도 했다. 어떤 구획에는 더 많은 종이 살고(즉 더 다양하고), 다른 구획에는 적은 종이 살았다. 가장 다양성이 풍부한 구획은 자연 초원과 비슷했다. 이곳 어떤 식물은 키가 크고, 다른 식물은 키가 작았다. 어떤 식물은 뿌리가 뭉쳐 있고, 다른 식물은 뿌리가 뻗어 있었다. 색깔도 제각각이어서 갈색, 녹색 등이 모자이크처럼 섞여 있었다. 언젠가 이 구획에서 연구하던 나의 친구 닉 아다드는 내게 "눈에 띄게 화려한 꽃"이 있다고 이메일로 알려주기도 했다. 영양분을 많이 주어 비옥하지만 다양성이 가장 낮은 구획은 의도적으로 작물을 경작하는 밭과 비슷했다. 이런 지역에는 개밀이나 왕포아풀이 자랐다. 이곳의 식물은 높이가 더 균일하고 잎 모양이나 씨앗도 일정했으며, 색깔도 서로 비슷한 녹색이었다. 틸먼은 각 구획 간의 이런 차이를 통하여 비료 주기나 다른 요인이 각 구획에 어떤 종이 얼마나 다양하게 사는지에 어떻게 영향을 미치는지 연구했다. 무엇보다 틸먼은 몇 달, 몇 계절, 몇 해가 지나며 다양성-안정성 가설을 검증하고, 시간이 지나면서 가장 다양성 높은 구획이 다양성 적은 구획에 비하여 덜 달라졌는지도 확인할 수 있을 것이었다. 적어도 화재, 전염병, 홍수, 가뭄 등의 재난이 닥치면 이 가설을 검증할 수 있을지도 몰랐다. 틸먼은 기다려야 했다.

물론 틸먼은 실험적으로 어떤 재난을 만들 수도 있었다. 구획에 기생충을 살포하거나 불을 지를 수도 있었다. 그러나 종말을 가져오는 기사단을 실험적으로 구현할 필요는 없었다. 가뭄이라는 종말이 찾아왔기 때문이다. 실험이 시작된 지 5년이 지난 1987년 10월, 미네소타에는 50년 만에 최악의 가뭄이 발생했다. 가뭄은 2년이나 이어졌다. 끔찍한 가뭄이었다. 그러나 틸먼에게 필요한 것이기도 했다. 그래도 이 가뭄의 영향을 곧바로 연구할 수는 없었다. 가뭄이 각 구획에 어떤 영향을 미쳤는지 알아보려면 기다려야 했을 뿐만 아니라, 가뭄 후 몇 년 동안 구획이 어떻게 회복되는지도 살펴야 했다. 시간에 따른 생태계 안정성은 저항력에 비례한다. 저항력 있는 생태계는 재난이 닥쳐도 변하지 않는다. 이런 생태계는 저항한다. 시간에 따른 생태계 안정성은 회복력에도 비례한다. 회복력 있는 생태계는 재난에 맞서 되살아난다. 틸먼은 1989년 가뭄이 끝나자마자 곧바로 구획의 저항력을 연구할 수 있었지만, 저항력과 회복력, 궁극적으로 안정성을 연구하려면 좀더 기다려야 했다.

마침내 실험이 시작된 지 10년, 그리고 가뭄이 시작된 지 6년이 지난 1992년이 되자 충분한 시간이 흘렀다. 틸먼은 미네소타 대학교를 방문한 몬트리올 대학교의 존 다우닝 교수와 협력하여 각 구획의 저항력과 회복력, 안정성을 연구하기 시작했다. 틸먼과 다우닝은 매년 각 구획에서 생산되는 살아 있는 생물의 질량인 식물 총 생물량에 초점을 맞추기로 했다. 이들은 시간이 지남에 따라 각 구획의 식물 총 생물량 변화를 비교하여 각 구획의 가뭄 저항성, 가뭄 후 회복력, 그리고 이 저항성과 회복력의 전체적인 결과인 안정성을 측정할 수 있었다.

틸먼과 다우닝은 종수가 많은 구획에서는 가뭄 후에도 생물량이 덜 줄었다는 사실을 발견했다.[4] 반면 생물 종이 적은 구획에서는 가뭄을 겪는 동안 생물량이 크게 줄었다. 이런 곳의 생물량은 약 80퍼센트나 감소했다. 이런 구획은 가뭄에 저항성이 없었다. 다양성이 더 큰 구획에서도 생물량이 감소하기는 했지만, 그 감소량은 훨씬 적은 50퍼센트 정도였다. 따라서 다양성이 큰 구획은 비교적 저항성도 강했다. 게다가 시간이 지나면서 다양성이 적은 구획에 비해서 생물량을 완전히 회복하는 경향이 더 컸다. 즉 이런 구획은 회복력도 더 좋았다. 이런 저항성과 회복력 덕분에 다양성이 큰 구획은 가뭄이 일어난 해를 포함한 여러 해에 걸쳐서도 더 안정했다. 다양성이 안정성에 미치는 이런 영향은 오랫동안 가설로 남아 있었지만, 야생에서 실험적으로 문서화된 적은 없었다. 그렇게 본다면 이들의 실험은 설득력 있는 증거였다. 다양성이 큰 초원은 더 안정하다. 다양성-안정성 가설은 점점 더 일종의 법칙처럼 보이기 시작했다. 그러나 틸먼은 좀더 확실하게 해두고 싶었다. 그래서 그는 1995년 훨씬 대규모의 실험을 새롭게 시작했다.

"대규모 생물 다양성 실험Big Biodiversity Experiment" 또는 빅바이오 BigBio라고 불리는 이 새로운 실험은 다양성에 초점을 맞추었다. 이 실험은 가뭄, 기생충, 해충에 직면했을 때 다양성이 큰 묵밭이 다른 묵밭보다 더 안정한지 보다 직접적으로 확인하고자 했다. 이 새로운 실험에서는 기존의 비료 주기 프로젝트에서 설정한 구획보다 훨씬 큰 구획을 설정했다. 구획 수도 더 많았다. 각 구획에서 쟁기와 낫으로 기존 식물을 모두 제거한 다음 손으로 일일이 씨앗을 심었다. 이렇게 하자 거의 끊임없는 관리가 필요해졌다. 구획을 측정해야 했고, 특히 여름에는 잡초를 뽑아주어야 했다. 제초는 특히 고된 일이어서 닉 아다드가 기억하는 바로는 매년 학부생 90여 명을 고용해서 제초해야 했다. 100명 가까운 미래의 명석한 재원들이 염소처럼 허리를 굽히고 구획을 옮겨가며 연구진이 심지 않은, 그 밭에 속하지 않는 식물이란 식물은 일일이 제거했다.

이 실험을 시작하고 틸먼이 결과를 따져보자, 밭에 심은 식물의 종수에 비례해서 밭 조각에 대해서 더 많은 것을 예측할 수 있다는 사실이 분명해졌다. 평균적인 해에는 식물 종이 더 많은 밭에 생물이 더 많고 생물량이 더 많이 생산되었다. 이런 생물에는 초식 곤충과 이런 초식 곤충을 먹는 다른 종 등 여러 종류의 곤충이 포함되었다. 이런 밭은 해충이나 기생충의 습격에도 덜 취약했다. 틸슨은 학생과 동료 수십 명과 함께 1982년 실험과 이후 대규모 실험을 바탕으로 수십 년 동

그림 7.1 위 사진은 데이비드 틸먼의 빅바이오 실험의 일부인 대규모 생물 다양성 구획을 보여준다. 각 구획 간에 그늘, 맨땅의 면적, 초목의 높이 등이 다른 것에 주목하자. 아래 사진은 이 구획 일부에서 학생들이 일일이 제초하는 모습이다. (사진 : 제이컵 밀러)

안 잇달아 논문을 발표했다. 이 논문들의 소재는 각기 달랐지만, 대부분은 "식물 다양성이 ○○에 미치는 영향"이라는 제목을 달고 있었다. 한편 틸먼은 그가 배치했던 초기의 작은 구획에서처럼 이번 실험의 큰 구획에서도 다양성이 큰 밭이 더 안정한지 확인하기 위해서 기다려야 했다. 다시 말하지만, 조건이 좋은 해와 나쁜 해의 변동성을 고려하려면 여러 해의 자료가 필요했기 때문이다.

다양성이 큰 풀밭, 숲, 나무, 심지어 해조류로 된 구획이 더 안정한 이유는 두 가지이다. 첫째는 포트폴리오 효과(또는 보험 효과)이다. "포트폴리오 효과"는 원래 주식 투자자들이 사용하는 용어로, 서로 다른 지위를 지닌 산업이나 회사의 주식에 돈을 분산 투자해서 위험을 줄이는 방식을 일컫는다. 서로 다른 산업은 같은 경제적 충격을 받아도 다르게 반응한다. 어떤 주식은 상승하고 다른 주식은 하락한다. 결과적으로 다양한 주식 포트폴리오에 분산 투자하면 위험을 완화할 수 있고, 장기적으로 더 높은 평균 가치 이익을 얻을 수 있다. 포트폴리오 효과는 생태학에서도 비슷하게 작용한다. 어떤 생태 조각에 생물 종이 다양하면 미래에 어떤 새로운 조건이 나타나더라도 적어도 1종은 살아남을 가능성이 더 높다. 마찬가지로 특정 종이 특별히 좋은 성과를 낼 가능성도 더 높다(생태학자들은 이를 표본 추출 효과라고 부른다). 포트폴리오 효과는 다양한 종이 매우 다른 지위를 지닐 때 특히 두드러질 것으로 예상된다. 두 가지 시나리오를 생각해보자. 한 시나리오에서는 두 식물 종의 가뭄 저항성이나 홍수에 대한 민감성이 약간만 다르고, 다른 시나리오에서는 한 식물 종은 가뭄 저항성이 매우 크고 다른 종은 홍수 저항성이 매우 크다고 치자. 포트폴리오 효과가 극대화되는 것은 두 번째 시나리오이다.

다양성이 큰 구획이 더 안정한 두 번째 이유는 경쟁과 관련이 있다. 이 설명에서는 새로운 환경에서 살 수 있는 종은 그 환경이 어떻든 생존할 수 있을 뿐만 아니라 다른 종이 이용하던 자원을 뺏는다고 가정한다. 2년에 걸쳐 이런 일이 일어난다고 상상해보자. 새로운 조건이 발생한 첫해에는 해당 조건에 적합한 형질을 지닌 종이 살아남을 가능성이 높다. 다음 해에는 이 종이 살아남아 번식하며 예전에 다른 종이 자라던 일부 땅을 차지한다. 서로 다른 지위를 가지고 있지만 어느 정도 경쟁하는 종들을 보유하고 있다는 것은 주식으로 치면 태양광 패널 회사와 석탄 채굴 회사의 주식에 동시에 투자하는 일과 비슷하다. 두 산업은 경제적, 사회적 변화에 다르게 반응하지만, 하나가 실패해도 다른 하나에는 기회가 있다. 경쟁 효과가 분명히 드러나기 위해서는 시간이 더 걸리기 때문에 경쟁은 생태계 저항성보다 회복력에 더 많은 영향을 미칠 가능성이 높다.

실험을 시작한 지 10년이 지난 2005년, 틸먼은 마침내 큰 구획에서 다양성이 안정성에 미치는 영향을 비교할 수 있었다. 이전 실험과 마찬가지로 틸먼은 다양한 종이 사는 구획이 기후 또는 다른 요인의 변동에 대해서 해가 지나도 덜 변한다는 사실을 발견했다.[5] 이런 구획에는 특정 어려움에 취약한 종이 있는 반면 그렇지 않은 다른 종도 있었다. 종 하나가 줄어들어도 그 영향은 다양한 종 포트폴리오 덕분에 완충되었다. 가령 건조한 해에 가뭄에 취약한 종은 시들었지만, 가뭄에 저항성이 있는 종은 살아남았다. 기생충이 휩쓸 때 기생충에 취약한 종은 죽었지만 저항성 있는 종은 생존했다. 그러나 단일 종만 있거나 종수가 적은 구획에서는 이런 완충이 일어나지 않았다. 다양성이 낮은 일부 구획이 특정 어려움에 맞서 잘 살아남는 경우도 있었지만(한 예로 가뭄에 강한 종으로만 구성된 구획은 가뭄 기간에 잘 살아남았다), 평균적으로는 훨씬 사정이 좋지 않았다. 결국 어려운 조건이 오래 지속되면 경쟁이 관건이었다. 예를 들면 가뭄에 저항성 있는 종은 취약한 종으로부터 밭을 넘겨받았다.

생태학자들은 자연의 인과 관계를 풀기 위해서 실험한다. 묵밭이나 연못에서 몇 가지 요소를 조작하거나, 연못조차 너무 크다면 다른 조건은 모두 동일하고 해조류나 올챙이 같은 것으로 가득 찬 어린이 수영장만 한 웅덩이를 이용한다. 암묵적으로 각 생태 실험은 전체 세상인 대우주를 반영하는 소우주이다. 생태학자들은 세상의 축소판인 자신들의 소우주를 내려다본다. 이들은 조건을 조작하고 생물계의 조각을 재배열한다. 그다음 한발 물러서서 어떤 결과가 일어나는지 살펴본다. 실험이 순조롭게 진행된다면 그 결과에서 얻은 통찰을 이용해서 현실 세상인 전체 세상을 새롭게 볼 수 있다. 틸먼은 풀과 초목으로 이루어진 네모난 구획을 연구하고 이곳의 세부와 역학을 이해하는 일을 즐겼으므로, 자신이 생물계를 더욱 전반적으로 이해했다고도 생각했다. 그는 다양성이 큰 소규모 풀밭 구획도 더 안정한지 연구했고, 이 연구 결과를 활용해서 다양성이 더 큰 전체 서식지나 심지어 그런 국가 역시 더 안정한지 살펴보고자 했다. 연구 동기가 더 큰 세상을 다루는 것이었대도, 작은 구획에 대한 질문에는 어쨌든 답할 수 있다. 그러나 작은 구획에 대한 질문을 너무 확대해 그 범위가 세상 자체가 된다면 큰 구획에 대한 질문은 논의되지도 않고 하물며 이해될 수도 없다. 그럼에도 많은 종 또는 적은 종을 포함한 틸먼의 각 구획은 어떤 면에서 본다면 무엇인가 더 큰 것, 더 큰 초원이나 숲, 심지어 한 국가를 나타내는 소우주라는 점에서 주목할 만하다.

틸먼의 작업은 은연중에 다양성이 큰 숲은 치명적인 해충 발생에 덜 취약하리라는 추측으로 이어진다. 이런 숲은 더 안정하고 평균 생산성이 높을 것이다. 적어도 일본 온대림의 경우 이런 점은 사실로 보인다.[6] 다양성이 큰 숲이 있는 국가는 이런 숲에서 수질 정화, 수분受粉, 대기 중 탄소 격리 같은 도움을 더 안정적으로 받을 수도 있다. 다양성이 큰 초원이 있는 국가는 대기 중 탄소를 격리하고(이에 따라 기후 변화를 완화하는 데 도움을 받고), 그 결과 평균적으로 탄소를 더 많이 격리하는 초원의 능력이 급격히 변해도 그 변화에 덜 취약하다.[7] 놀랍게도 현재까지 이런 추측 중 검증된 것은 거의 없으며, 검증된 곳에서도 일반적으로 주나 영토, 국가가 아닌 특정 서식지 조각에서만 소규모로 실험이 진행되었을 뿐이다.

가까운 미래에 아마도 가장 중요해질 다른 추측도 있다. 틸먼의 연구에 따르면 다양한 작물을 재배하는 국가는 전국적인 작물 생산 실패나 이런 실패에 이어지는 사회적 결과에 덜 취약하다고, 즉 더 저항력 있다고 생각할 수 있다. 이런 저항력은 회복력과 결합하여 더욱 안정적인 식량 공급으로 이어질 것이다.

틸먼의 구획에서 얻은 영감을 바탕으로 전 세계 농업을 재구성할 수도 있겠지만, 이런 일은 가볍게 시작할 일이 아니다. 작물 다양성이 전체 국가의 농업 수확량에 미치는 영향을 연구한 사람이 있다면 도움이 될지도 모른다. 그러나 2019년까지 이런 연구는 없었다. 이런 연구를 수행했을 법한 사람들은 기후경제학자들이다. 기후경제학자들은 기후 변화가 사회에 미치는 결과를 방대한 데이터베이스로 모았다. 그러나 제5장에서 언급한 기후경제학자 솔로몬 시앙이 개발한 데이터베이스처럼, 이런 데이터베이스를 토대로 한 연구는 개별 도시나 마을, 건물 같은 현대 사회의 특정 요소나 고대 사회에만 좁게 초점을 맞추는 경향이 있다. 고대 사회를 연구하면 잠재적으로 작물 다양성과 안정성 또는 작물 안정성과 붕괴의 연관성을 검증할 수도 있다. 그러나 작물 다양성에 대한 자료는 거의 없으며, 있다고 해도 논쟁에 휘말리고는 한다(한번은 아침 토론 내내 "마야인이 **실제로** 옥수수에 얼마나 의존했을까요?"라고 논쟁하는 자리에 앉아 있었던 적도 있다). 게다가 시앙이나 다른 기후경제학자들이 주목한 사회에서는 기후 변화의 영향이 사회의 다른 세부 사항과는 그다지 관련이 없어 보인다. 다시 말하는데, 기후가 변하면 인간 사회는 그 변화의 결과로 어려움을 겪는다. 시앙은 나와 통화하면서 이 점을 두고 이렇게 말했다. "우리는 이런 일을 계속 보아왔습니다. 세상이 제 발아래에 있는 것 같던 사회도 기후가 변하면 농업이 붕괴하고 이어 사회가 붕괴합니다. 캄보디아의 앙코르와트, 중앙아메리카의 마야처럼요."

기후경제학자들이 고대 사회를 연구한 결과는 암울하다. 높은 인구 밀도 지위의 가장자리에 있고 농업에 의존하는 현대 사회를 연구한 결과도 암담하기는 마찬가지이다. 표면적으로 이런 연구는 작물 다양성의 가치에 거의 희망을 걸지 않는다. 그러나 이처럼 오랜 시간이 흐른 뒤에 고대 식물의 다양성이 미친 영향을 연구하기는 어려울 것이다. 다양성은 몇몇 고대 사회에 분명 도움을 주었고, 다양성이 크지 않을 때보다 더 잘 살아갈 수 있도록 해주었다. 그러나 그런 상대적인 성공은 시간이 지나면서 완전히 지워져버렸다.

묵밭에서 얻은 틸먼의 결과가 매우 분명하다는 점에서 볼 때, 우리는 늘 그래왔듯이 과거를 건너뛰고 틸먼의 실험에서 얻은 통찰을 오늘날의 현실에서 구현하고자 할 수 있다. 우리는 지역과 주, 국가에 더욱 다양한 작물을 심어 작물 회복력을 확보할 체계를 개발하도록 장려하고, 그렇게 해서 농업 붕괴에 따른 기아나 폭력, 불안 위험을 줄일 수 있다. 그러나 미네소타의 작은 실험 구획에서 전 세계로 건너뛰는 일은 너무 큰 비약이다. 묵밭에서 작동했던 일이 어떤 지역, 하물며 더 큰 규모에서는 작동하지 않을 수 있다.

다행스럽게도 틸먼은 약간의 도움을 받아 자신의 생각을 더 큰 규모에서 검증할 방법을 찾았다. 당시 캘리포니아 대학교 샌타바버라 캠퍼스의 박사후연구원이었던 델핀 르나르는 틸먼과 팀을 이루어 전 세계 규모에서 다양성-안정성 가설을 검증했다. 르나르는 작물에 집중했다. 대상은 모든 곳의 모든 작물이었다.

르나르는 이 연구를 시작하기 위해서 각 국가에 심은 작물 종, 그 종의 상대적인 풍부함, 그리고 가장 중요하게는 수확량에 대한 자료를 찾았다. 특정 작물의 수확량은 틸먼이 묵밭 식물과 그 생물량을 고려할 때 사용한 계량적 분석법과 관련이 있었지만, 여기에서 르나르는 사람이 이용하는 작물의 일부—씨앗의 머리 부분, 열매, 드물게는 줄기—에만 초점을 맞추었다는 점에서 약간 달랐다. 르나르는 해당 국가에서 나는 모든 작물의 총 수확량(킬로그램)을 해당 국가의 경작지 면적(헥타르)으로 나눠 특정 국가의 수확량을 계산했다. 그다음 이 값을 변환해서 좀더 직관적인 계량값인 열량으로 산출했고, 국가별, 연도별로 농부들이 재배한 총열량 지도를 만들었다. 마치 전 세계에 영양 성분표를 붙인 듯했다.

르나르는 매년 각 국가의 수확량과 열량 생산 추정치 외에, 틸먼이 묵밭에서 아주 오랫동안 측정한 이런 변수 일부에서도 데이터를 찾아냈다. 그러나 르나르는 현장에서 자료를 수집하는 대신 전 세계 데이터베이스를 이용했다. 잡초를 뽑는 것이 아니라 필요 없거나 그다지 적당하지 않은 데이터를 뽑아냈다. 그 결과 50년(1961~2010년) 동안 91개 국가에서 176개 작물 종에 대한 자료를 수집했다. 쉽지 않은 일이었지만 틸먼과 동료들이 수십 년 동안 시더크리크에서 했던 일보다는 수월했고, 오래 전에 누구라도 할 수 있었을 만큼 쉬웠다. 전에는 아무도 이런 연구를 한 적이 없었지만 말이다.

르나르의 예측은 묵밭에서 틸먼이 수행한 실험 예측을 기반으로 했다. 그는 작물 종류가 더 많은 국가는 조건이 급변하는 해에도 작물 손실을 덜 겪으리라고, 즉 기후 등의 연간 변동에 더 저항성이 있으리라고 예측했다. 이렇듯 손실이 적으면 연간 수확량 변동도 덜 겪고 결과적으로 더 안정해질 것이었다. 르나르는 작물 다양성 외에도 연간 수확량 변동에 영향을 줄 수 있는 몇 가지 다른 요인의 영향도 살펴보았다. 하나는 비료 사용량, 다른 하나는 관개 시설 수준이었다. 르나르는 비료 사용과 관개가 연간 조건 변동을 완충한다고 생각했다.

어떤 면에서 틸먼이 묵밭에서 문제라고 여겼던 점은 실제를 단순하게 만든 모형에 있었다. 틸먼은 실험을 통제했고, 위험은 낮았다. 그의 연구는 주로 다른 생태학자들을 대상으로 했다. 그러나 르나르의 분석은 매우 달랐다. 가뭄은 전 세계에서 농업을 위협하고 있었다. 세계 식량 위기에 대해서 새로운 우려가 제기되었고, 제5장에서 살펴보았듯이 특히 극한의 기후에서는 기후 변화가 유발한 작물 감소와 연관하여 폭력이 발생하기도 했다. 어떤 결과든 르나르의 연구 결과는 수십억 명의 미래 복지와 생존과 연관된 결과였다.

르나르가 살펴본 결과는 놀라울 정도로 명확했다. 그러나 내가 이 결과를 설명하려면 "균일성"이라는 한 가지 개념이 더 필요하다. 파이를 떠올려보자. 진짜 파이 말이다. 겉면은 아주 바삭하고 달콤하며 약간 새콤한 잼이 채워진 라임 파이를 상상해보자. 이제 이 파이를 10조각으로 잘라보자. 이 비유에서 파이 조각은 작물 종이다. 각 파이 조각의 크기가 모두 같다면 이들은 균일하다고 볼 수 있다. 반대로 크기가 제각각이라면 불균일하다. 가장 불균일하게 파이를 자른다면 조각 하나를 아주 크게 자르고(거의 전체 파이 크기만큼) 나머지를 작은 조각으로 나누면 된다. 르나르는 어떤 국가의 작물 다양성을 고려하면서 이 균일성 개념을 도입했다. 르나르는 얼마나 다양한 작물이 심겨 있는지와 얼마나 균일하게 심겨 있는지를 모두 고려해 작물 다양성 수치를 계산했다. 이를 다양성·균일성 지수라고 부르자. 르나르의 예측에 따르면 작물 종이 다양하고 이런 종이 차지하는 땅의 비율이 비교적 균일한 국가, 즉 다양성-균일성 지수가 높은 국가는 가뭄이나 다른 문제를 가장 잘 완충할 수 있다.

먼저 당연하게도 르나르의 연구 결과는 국가가 기후 변동성을 완충할 수 있는 한 가지 방법이 관개라는 사실을 보여준다. 관개 시설이 일반적인 국가는 건조한 시기를 더 쉽게 완충할 수 있다. 관개는 특히 작물의 조건과 날씨에 대한 실시간 데이터를 바탕으로 더 똑똑하게 관개할 수 있을 때까지 그 중요성이 계속해서 커질 것이다. 데이터에 기반한 급수는 세상 모든 문제에 대한 해결책 중 가장 재미없어 보이지만, 우리 조상들이 처음 석기를 사용할 때에도 아마 그렇게 보였을

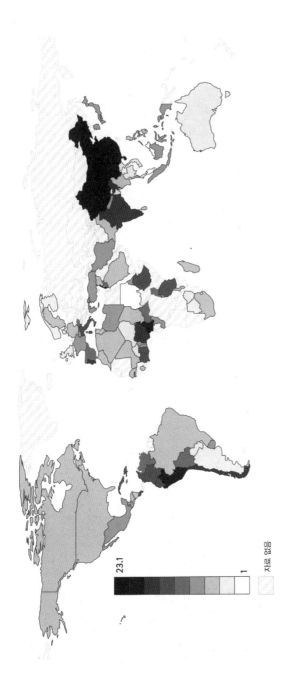

그림 7.2 2009년에서 2019년까지 10년간 여러 국가의 평균 작물의 평균 작물 종수. 어두운 색으로 표시된, 수치가 높은 곳은 재배하는 작물 종수가 많은 국가이다. 이 지도와 르나르의 연구에서 확인한 기간 동안 페루, 포르투갈, 카메룬, 중국 같은 국가는 작물 다양성이 높았다. 그러나 미국과 브라질의 작물 다양성(각각 옥수수와 콩이 주가 되는 주식)은 매우 낮았다. (그림 : 델핀 르나르의 자료를 바탕으로 로런 니컬스가 제작)

것이다.

그러나 관개만이 중요한 요소는 아니다. 작물의 다양성과 균일성도 중요하다. 작물의 다양성·균일성 지수가 가장 높은 국가는 연간 수확량이 일관적일 가능성이 높았다. 즉 수확량이 높은 국가의 경작지는 더 저항력이 있었다. 한 예로 가장 다양하고 균일하게 작물을 심은 국가는 수확량의 25퍼센트 이상이 감소하는 일을 대략 123년에 한 번꼴로 매우 드물게 겪었다. 반면 작물 다양성과 균일성이 낮은 지역은 연간 수확량이 일관적이지 않았다. 수확량의 저항성이 적고 그 결과 안정성도 낮았다. 작물 다양성이 낮은 국가는 국가 수확량의 25퍼센트 이상이 감소하는 일을 8년마다 겪었다. 중요한 사실은 작물 다양성과 균일성이 높아 국가 수확량이 더욱 안정한 국가들은 평균 수확량 감소를 겪지 않았다는 점이다. 다양성과 균일성이 높은 국가는 높은 평균 수확량과 **동시에** 높은 연간 안정성을 확보할 수 있었다.

작물의 다양성, 저항성, 안정성에 대해서는 여전히 우리가 모르는 것이 많다. 그러나 우리가 알지 못하고 여전히 알 수 없을 듯한 것들도 추측을 할 수는 있다. 우리는 어떤 방식의 작물 다양성이 다른 작물 다양성보다 좋은지 모른다. 그러나 틸먼의 구획과 다른 곳에서 수행한 연구에 따르면, 가장 흔한 장애물—예를 들면 가뭄 같은—에 대한 저항성과 관련해 작물이 더 다양할수록 한 작물이 잘 자라면 다른 작물이 겪는 어려움을 보상할 가능성이 더 높다고 주장할 수 있다.[8]

또한 우리는 작물 종의 다양성과 해당 종에서 나온 품종의 다양성

중 어떤 것이 상대적으로 중요한지도 알지 못한다. 이것을 알아보는 일은 중요하다. 많은 국가와 지역에서 다양한 작물 종을 재배하고 있지만,[9] 이런 종에서 나온 품종의 다양성은 대체로 감소하고 있기 때문이다.[10] 묵밭에서 얻은 통찰을 살펴보면 특히 개별 작물을 생계 수단으로 삼는 사회에서 작물 품종이 더욱 중요한 경향이 있다(가령 아프리카 사하라 이남과 열대 아시아에서 재배하는 카사바가 이런 경우이다). 반면에 작물 종의 한 품종이 주식으로 사용되거나 작물을 주로 수출용으로 재배하는 곳에서는 작물 종의 다양성이 더 중요하다.

다양성이 생존 조건의 여러 연간 변동을 완충하는지 아니면 일부 변동만 완충하는지 역시 불분명하다. 작물 다양성이 높은 국가나 지역은 강수량 및 기온의 연간 변동을 둘 다 완충하면서 동시에 새로운 해충이나 기생충(탈출의 종착)의 충격도 줄일까? 틸먼의 구획에서 수행한 연구를 보면 대답은 "그렇다"이다.[11] 그러나 다른 요소도 있다.

일부 지역에서 작물 종의 다양성은 최근 수십 년 동안 안정하거나 심지어 늘어난 경우도 있지만, 서로 다른 국가에서 재배하는 작물 종과 품종은 그 어느 때보다 서로 비슷하다. 어떤 국가에서는 다양한 작물을 재배하지만 사실 다른 국가에서 재배하는 것과 같은 작물이다.[12] 묵밭이나 어린이 수영장 같은 구덩이, 거대한 세상을 축소한 다른 소우주 연구 결과를 보면, 이런 시나리오에서 한 국가에 심각한 흉년은 다른 많은 국가에도 심각한 흉년이 될 가능성이 있다. 전 세계적 규모로 이런 일이 실제로 일어날지 연구하기는 몹시 어려울 것이다.

심지어 여러 종을 재배하는 국가들까지 농업에서 어려움을 겪을 정도로 아주 심각한 흉년을 기다려야 할지도 모른다. 아무도 원하지 않는 일이다. 그러나 만약 이런 일이 일어난다면 르나르와 틸먼은 우리가 생물계를 더 잘 관리할 수 있는 바탕이 될 진실을 찾으며 분명 수확량 감소와 고난이 가져온 패턴을 분석해낼 것이다.

우리가 실제로 아는 것은 국가 규모에서 다양한 작물을 보유하는 일의 효과이다. 미래에 풍년과 흉년이 오고, 드물지만 피할 수 없는 끔찍한 가뭄, 해충, 전염병의 해가 도래하리라 상상한다면, 우리는 국가라는 거대한 실험 구획 안에 훨씬 다양한 작물을 심는 편이 좋을 것이다. 다른 연구와 예로부터 이어져온 농부들의 지식을 통해서 우리는 소규모에서도 이것이 사실이라는 점을 안다. 농부들은 다양한 작물 품종을 재배해서 이익을 얻을 수 있다. 한 예로 다양한 벼 품종을 심은 논은 한 가지 품종만 심은 논보다 해충에 더 강하고 수확량이 더 안정하다.[13] 이와 비슷하게 오랫동안 더욱 다양한 작물을 (교대로) 심은 밭은 적은 종류의 작물을 교대로 심은 밭보다 오랫동안 가뭄에 더 강하고 안정하다.[14] 이처럼 다양성이 크면 보통 농부들이 관리하기는 어려워진다. 작물을 심을 때에도 추가 비용이 들고 수확할 때에도 더 어렵다. 그러나 기후가 더욱 변화무쌍하고 더 놀라운 작물 해충이나 기생충이 더욱 빈번하게 출현하면, 다양성이 주는 이점은 더욱 중요해지고 이에 따른 비용은 그다지 커 보이지 않을 것이다.

까마귀는 다양한 환경과 조건에서 다양한 먹이를 찾는 방법을 배

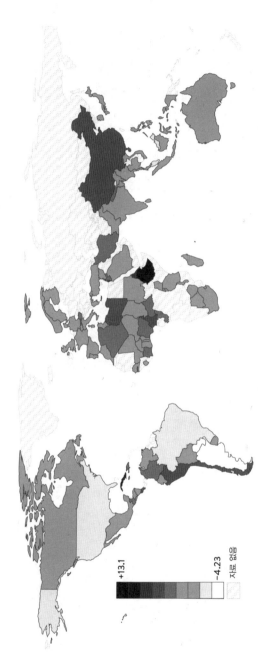

그림 7.3 지난 50년간 여러 국가에서 재배하는 작물 종수의 변화를 나타낸 지도. 어두운색으로 표시된 국가들은 오늘날 전보다 많은 작물 종을 재배하는 지역이다. 밝은색으로 표시된 지역은 전보다 적은 작물 종을 재배하는 곳이다. 종수로 측정했을 때 지난 50년 동안 대략 절반 정도의 국가에서 작물 다양성이 감소했다. 이런 국가에서 작물 다양성이 기후 변화를 완충할 가능성도 낮아졌다. 반대로 작물 다양성이 증가한 국가도 있다. 에티오피아, 캐나다, 중국 등이 여기에 해당된다. (그림 : 엘펜 르니드의 자료를 바탕으로 로린 니컬스가 제작)

워서 위험을 완충한다. 우리는 이와 반대로 과거에 잘 자랐던 비교적 적은 종류의 작물을 키우고 먹어온 경향이 있다. 그러나 미래는 과거와 같을 수 없다. 앞으로는 더 더워지고 많은 지역이 더 건조해질 것이다(또는 다른 지역은 훨씬 습해질 것이다). 변동성도 점점 커질 것이다. 미래에 우리가 다양한 종류의 식량을 재배해 특정 해의 조건과 관계없이 식량을 얻을 수 있다면, 우리는 잘 지낼 수 있을 것이다. 이런 목표를 달성하려면 우선 재배할 수 있는 다양한 작물 종과 품종을 손에 넣어야 한다. 미래의 조건이 변동이 심해지고 극단적으로 바뀔수록 우리에게는 더 큰 다양성이 필요하다. 이런 다양한 종은 농장에서 재배되어야 하지만, 종자 은행이나 다른 저장고에도 저장되어야 한다. 그리고 우리는 작물의 야생 친척이 지닌 다양성도 보전해야 한다. 오늘이나 내일뿐만이 아니라 수백, 수천 년, 또는 심지어 훨씬 먼 미래에도 인간이 더 다양한 작물을 개발하도록 돕는 작물 친척들이다. 다양성을 통해서 위험을 완충하기 위해 우리가 구원해야 하는 것은 식물이나 씨앗만이 아니다.[15] 절대 그렇지 않다.

08

의존의 법칙

우리가 다음 세기에 전 세계적인 사회 붕괴를 어떻게든 피할 수 있다면, 그것은 우리가 인간 이외의 생물을 가치 있게 여기는 방법을 알아내고 생물에 대한 이해에서 나오는 통찰을 얻었기 때문일 것이다. 또한 우리가 인간 이외의 생물에 의존하고 있다는 사실을 깨달았기 때문일 것이다. 우리와 자연 사이에는 경계가 없다. 우리는 지금까지 언제나 그랬듯이 야생이다. 우리의 몸 자체—피부나 근육, 장기, 마음—가 자연과 뗄 수 없는 관계를 맺고 있다. 우리는 자연에서 태어났다. 제왕절개라는 방법에서 볼 때 이런 사실은 매우 분명해진다.

제왕절개의 역사는 인류사에서 비교적 오래되었다. 제왕절개는 약 2,300년을 거슬러 올라간 기원전 300년부터 보고되었다. 그러나 인간이 발명한 다른 모든 것과 마찬가지로, 생물이라는 더 넓은 이야기 속에서 보면 제왕절개는 비교적 최근의 일이다. 약 2억5,000만 년 전 포유류의 기원부터 처음으로 제왕절개가 이루어지기 전까지 우리 조상은 모두 산도를 통해서 세상에 나왔다.

최초의 제왕절개는 거의 언제나 사망하거나 죽어가는 엄마에게서 아기를 떼어내는 일과 관련이 있었다. 예를 들어보자. 오늘날 인도의 마우리아 왕조에서 두 번째 황제가 될 아기의 엄마는 독을 먹고 죽어가고 있었다. 그러자 아기를 구하기 위해서 제왕절개가 실시되었다. 아기는 살았고 황제가 되었지만, 엄마는 살아남지 못했다. 이후 수 세기 동안 실시된 대부분의 제왕절개는 항상 합법은 아니었지만 비슷한 상황에서 실시되었다. 산모와 아이가 둘 다 살아남을 수 있는 일반적인 제왕절개 절차가 생긴 것은 1900년대 초반이 되어서였다.

오늘날 제왕절개는 여전히 엄마나 아기, 또는 엄마와 아기 모두의 생명을 구하기 위해서 일상적으로 실시되며, 선택적인 절차로 이루어지기도 한다. 제왕절개가 매우 흔해진 것은 후자의 현실 때문이다. 1970년대 미국에서는 아기의 5퍼센트만이 제왕절개로 태어났다. 그러나 오늘날 미국에서는 아기의 3분의 1이 제왕절개로 태어난다.[1] 나머지 3분의 2의 아기들은 전통적인 방식으로 태어난다. 두 집단의 아이들은 각자의 삶을 살아간다. 그러나 일찍이 1987년 제왕절개로 태어난 아이들과 산도를 통해서 태어난 아이들이 다르고 때로는 매우 다르다는 사실이 분명해지기 시작했다.[2] 이런 차이는 신체 미생물과 일부 관련이 있다. 꿀벌이 농장의 일부이듯 신체 미생물은 우리 몸의 일부이자, 우리 신체적 본성의 일부이다. 그리고 농장의 꿀벌이 사라질 수 있듯 우리 몸의 미생물도 사라질 수 있고, 그 결과는 매우 큰 파급력을 가질 잠재력을 지니고 있다.

우리가 신체 미생물의 중요성을 알게 된 지도 한 세기 이상이 흘렀다. 그러나 우리가 배운 신체 미생물에 대한 지식 대부분은 애초에 흰개미 연구에서 유래했다. 흰개미는 사회적이라는 점에서 인간과 비슷하다. 또한 왕과 왕비가 있다는 점에서 군주제 국가에 사는 인간과 비슷하다. 그러나 여왕이 말 그대로 전체 제국의 벌을 일일이 알로 낳을 책임이 있다는 점에서는 인간과 다르다.

　일부 흰개미 종이 목재(그리고 특히 목재의 셀룰로스나 헤미셀룰로스 같은 섬유소)를 소화할 수 있도록 내장에 특정 생물을 기르며 그 생물에 의존한다는 사실은 1800년대 후반에 이미 알려져 있었다. 미국 고생물학과 미생물학의 창시자인 조지프 라이디는 북아메리카 대부분 지역에 흔한 흰개미 종인 레티쿨리테르메스 플라비페스*Reticulitermes flavipes* 종을 해부했다. 라이디는 이 흰개미 종이 "돌 아래 통로를 따라 기어가는 모습을 지켜보다가 이런 환경에 사는 개미 먹이의 특성이 정확히 무엇인지 궁금해졌다." 그래서 라이디는 개미 내장을 열어 현미경으로 관찰했다. 그리고 다음과 같이 묘사했다.

　작은 내장 안에는……갈색 물질이 들어 있었다……. 그것은 반액체 상태가 된 먹이였다. 그러나 놀랍게도 실제 먹이보다 양적으로 훨씬 많은 기생충이 떼 지어 있었다. 나는 이런 사실에 더욱 놀랐다. 여러 번 조사한 결과, 모든 개미 개체는 숫자와 다양성, 형태 면에서 놀랍게도 동일한 기생충 세상을 품고 있음이 밝혀졌다.

라이디는 이런 생물체를 "기생충"이라 불렀지만, 이들이 유익할 수 있다는 점을 이해했다. 그는 기생충이 아름답다고 생각했고, 그와 아내는 사랑이라고밖에 부를 수 없는 애착을 품고 기생충을 그렸다. 라이디는 흰개미 내장과 마찬가지로 다른 동물 안에도 다른 종이 서식하리라고 생각했다. 그는 이렇게 말하기도 했다. "어떤 동물에는 아주 당연한 듯 수없이 다양한 기생충이 계속 들끓어서 이런 상황이 지극히 정상으로 보일 정도이다."[3]

오늘날에는 흰개미가 고대 바퀴벌레에서 진화했다는 사실이 분명해졌다. 한 가설에 따르면 흰개미는 고대 바퀴벌레 종이 통나무 안에 살기 시작했을 때부터 진화했다고 한다. 최초의 흰개미는 통나무 안에서 통나무를 먹으며 살았다. 그러기 위해서 흰개미는 부분적으로 원생생물이라고 부르는 내장 속 단세포 생물에 의존했다. 원생생물은 흰개미 안에서 흰개미 스스로는 해낼 수 없는 소화 과정을 수행했다. 그다음 계속 흰개미 안에 살면서 흰개미가 더 쉽게 소화할 수 있는 화합물을 배설했다.

흰개미 속 미생물(원생생물을 비롯하여 박테리아 같은 다른 생물을 포함해서)의 관점에서 흰개미는 주거와 운송 수단을 제공하고 원생생물이 토해낼 약간의 먹이를 준비한다. 곤충학적으로 타코 트럭과 민박을 섞은 것처럼 보면 된다. 흰개미는 미생물을 이곳저곳으로 옮기고 미리 씹은 식량을 끊임없이 공급한다. 흰개미에게 미생물은 꼭 필요하다. 미생물이 없으면 흰개미는 목재를 먹을 수 없다. 미생물이 없으면 흰개미는 대가족을 거느린 바퀴벌레에 불과하다. 적절한 미생물이 없으면 흰개미는 굶어 죽는다. 결과적으로 흰개미에게는 필요한 미생물을 얻을 수 있는 믿을 만한 방법이 있어야 한다.

흰개미에게 특정 미생물이 필요하다는 사실이 분명해지자 연구자들은 곧 새끼 흰개미가 이런 미생물을 어떻게 획득하는지 궁금해하기 시작했다. 이 질문에 대답하는 일은 생각보다 상당히 어려웠다. 흰개미는 여러 번 다시 태어나기 때문이다. 흰개미는 여왕개미가 낳은 알에서 부화한다. 그다음 탈피하며 자란다. 탈피한 새끼 흰개미의 낡은 외골격이 구름처럼 뿌예지다 투명해지면, 새끼 흰개미는 낡은 껍질의 이음새를 깨고 이 껍질에서 빠져나온다. 이렇게 계속해서 탈피하지만 애벌레가 나비로 변하는 것과 달리 흰개미는 작은 흰개미에서 조금 큰 흰개미로 조금씩 커질 뿐이다. 한번 탈피할 때마다 새로 태어나는 것과 같다. 이렇게 새로 태어나는 탈피와 관련된 문제는 한 번 탈피하면서 기존에 가졌던 흰개미의 미생물이 떨어져 나간다는 것이다. 탈피한 다음에는 미생물을 새로 획득해야 한다.

흰개미가 일상의 기능을 수행하는 데에 필요한, 일종의 생태계 축소판을 함께 대표하는 생물체를 반복적으로 잃는 문제에 대처하는 방법은 이 미생물을 공유하는 것이다. 미생물을 지닌 흰개미는 후장액(미생물이 풍부한 일종의 독특한 배설 액체)을 미생물이 없는 흰개미에게 공급하여 삼키도록 해서 전달한다. 흰개미의 서식지가 매우 작을 때에는 거의 전적으로 왕개미와 여왕개미가 이 특별한 형태의 공급을 수행한다. 이런 항문을 통한(proctodeal : 라틴어로 "항문"을 의미하는 프록토[procto]와 "입"을 의미하는 오데알[odeal]에서 유래했다) 먹이기는 다소 거칠어 보인다. 그러나 이런 의식은 흰개미 사회를 유지하고 다른 방법으로는 분해할 수 없는 먹이를 소화할 능력을 보충해준다. 이런 먹이기 방식은 진화생물학자들이 수직적 대물림이라 부르는 것의 다소 복잡한 버전이다. 흰개미는 유전자를 수직적으로 물려준다(부모가 후손에게 유전자를 전해주고 이 후손은 그다음 후손에게 전해준다). 수직적 대물림의 반대는 수평적 대물림으로, 동물이 미생물(또는 유전자, 여기에서 유전자가 핵심은 아니지만)을 주변 환경이나 가족 이외의 다른 개체에게서 얻는 방법이다. 바퀴벌레와 달리 흰개미를 애초에 사회적으로 만든 것은 부분적으로 미생물을 전달하는 능력과 그런 필요 때문일 것으로 보인다. 흰개미는 다른 흰개미 주변에 있어야 했고, 심지어 나이가 들어도 미생물을 다시 얻으려면 서로 가까이 있어야 했다. 이런 이유로 흰개미는 더 큰 집단, 대가족, 집락, 왕국을 이루어 살아야 했다. 그러나 흰개미와 흰개미의 사회성이 특정 미생물에 의존한다는 사실이 오랫동안 분명했음에도, 이런 점이 인간에게도 비슷하리라는 가능성은 무시되는 경향이 있었다.

인간이 미생물에 의존한다는 사실을 대다수가 무시하는 것은 실수였다. 인간은 흰개미만큼 생존을 위해서 미생물에 의존한다. 우리는 면역 체계 발달, 음식 소화, 특정 비타민, 그리고 무엇보다 기생충에 대한 방어막을 위해서 미생물에 의존한다. 우리 몸에는 인간 세포보다 미생물 세포가 더 많다. 그러나 이 문제에서 우리 인간이나 다른 영장류가 어떻게 미생물을 획득하는지는 미스터리이다.

우리 몸의 미생물이 어디에서 왔는지에 대한 한 가지 단서는 침팬지나 개코원숭이 같은 야생 영장류의 미생물 군집 연구에서 얻을 수 있다. 가령 나는 동료들과 함께 아프리카 전역의 32개 야생 침팬지 개체군에서 미생물 군집을 연구했다. 우리는 독일 라이프치히에 있는 막스플랑크 진화인류학 연구소가 이끄는 파나프PanAf라는 프로젝트 덕분에 이런 연구를 수행할 수 있었다. 파나프 프로젝트는 카메라 달린 덫을 사용하여 침팬지와 그들의 행동을 촬영했다. 연구자들은 침팬지가 떠난 후 침팬지가 카메라에 찍힌 현장에서 분변을 수집했다. 그리고 여러 중간 단계를 거쳐 결국 침팬지 분변 시료에서 추출한 DNA를 얻었고(그다음 우리는 다른 연구실에 이 시료를 전달했다), 침팬지 분변에서 발견되는 미생물의 동일성이 침팬지가 속한 집단 및 계통과 관련 있다는 사실을 발견했다. 게다가 두 집단의 거리가 멀수록 미생물은 더 많이 차이가 났다. 침팬지 자체의 미생물이 침팬지가 속한 집단이나 지리적 위치에만 영향을 받는 것은 아니었지만, 침팬지가 속한 집단은 침팬지의 미생물에 지배적인 영향을 미치는 것으로 보였다. 우리의 연구 결과는 노트르담 대학교 교수인 동료 베스 아치의 연구 결과와 상당히 비슷했다. 아치와 동료들은 케냐 암보셀리 국립공원과 그 인근에서 개코원숭이 48마리를 연구했다. 연구진은 각 개코원숭이 집단이 특징적으로 서로 다른 미생물을 가지고 있다는 사실을 발견했을 뿐만 아니라(우리의 침팬지 연구 결과와 비슷했다) 같은 집단 내에서도 서로 더 많이 소통하는 개체들이 미생물을 더 많이 공유한다는 사실을 발견했다.[4]

집단 내에서 침팬지나 개코원숭이 미생물의 유사성은 매우 흥미로운 두 가지 측면을 보여준다. 하나는 이런 유사성이 집단 내 개체에 잠재적인 이점을 준다는 점이다. 어떤 개체가 사회 집단의 미생물을 획득할 때 이 개체는 그 사회 집단의 식이, 환경, 심지어 유전자에서 가장 잘 작동하는 미생물을 획득할 가능성이 높다. 아치의 주장대로라면, 이런 방식으로 개체가 얻은 미생물은 지역 조건에 정확히 맞춤하지는 않더라도 적어도 거리가 먼 사회 집단의 개체가 지닌 미생물보다는 해당 지역 조건에 더 적합할 수 있다.[5]

그러나 집단 내에서 영장류 미생물이 얼마나 비슷한지가 나타내는 다른 측면은 애초에 그런 미생물을 획득하는 방법과 관련이 있다. 이런 미생물은 식량 공유, 몸단장 같은 사회적 상호 작용, 심지어 흰개미처럼 서로의 분비물을 먹는 행위에서 올 수도 있다. 또한 아직 어릴 때 출생이라는 복잡한 과정을 거치며 일어날 수도 있다. 이 경우 아기는 아빠나 지역 사회의 다른 구성원보다는 엄마의 미생물과 더 비슷한 미생물을 가지게 된다고 추측할 수 있다.

우리 조상의 삶이 오랫동안 현대 개코원숭이나 침팬지의 삶과 비슷했다는 점을 고려하면, 우리 조상은 현대 개코원숭이나 침팬지와 더욱 비슷한 방식으로 미생물을 얻었을 가능성이 높다. 만약 그렇다면 인간 미생물 군집에 대한 연구는 인간뿐만 아니라 더 일반적으로 영장류의 미생물 획득에 대한 이야기를 밝혀줄 수 있을 것이다(영장류 종 사이에 이런 과정은 각각 다를 수 있지만 말이다). 인간의 경우 우리는 몇 가지 구체적인 추측을 하고 이를 검증할 수 있다. 미생물을 사회 환경의 다양한 원천에서 얻는다면 모든 아기(또는 성인)의 미생물은 출생이나 어린 시절의 식단, 사회관계 등 세부 사항에 복잡하게 연관된다. 그렇게 된다면 예측하기가 어렵다. 그러나 반대로 출생 중 미생물을 획득한다면 산도를 통해서 태어난 아기의 미생물은 일반적인 사회 집단의 미생물뿐만 아니라 특히 엄마의 미생물과 일치한다. 제왕절개로 태어난 아기는 다른 원천에서 얻은, 그래서 더욱 다양한 미생물을 가지고 있을 것으로 예상된다.

산도를 통해서 태어난 아기와 제왕절개로 태어난 아기의 미생물 차이를 보여주는 잘 알려진 최근 연구 중 하나는 마리아 글로리아 도밍게스벨로가 주도한 연구이다. 도밍게스벨로는 베네수엘라에서 자랐고

스코틀랜드로 건너가서 박사 과정을 이수했고, 이후 베네수엘라로 돌아와 베네수엘라 과학연구소에서 일했다. 이곳에서 도밍게스벨로는 10년이 넘도록 동물의 내장에 서식하는 작은 종의 세상을 연구했다. 그가 연구를 시작할 당시 척추동물의 내장에 사는 미생물 연구는 주로 가축에 집중되었다. 도밍게스벨로의 몇몇 연구도 이런 전통을 따랐다. 그는 양과 소, 더 정확히 말하면 양이나 소 안에 사는 생물을 연구했다. 그러나 그는 다른 종의 내장, 특히 자신의 고향인 베네수엘라 숲에 사는 종의 내장도 탐구하기 시작했고, 세발가락나무늘보, 거북개미, 캐피바라를 연구했다. 작은 설치류도 여럿 연구했다. 이어서 그는 조류인 호아친을 특히 유심히 연구했다. 그의 연구 세계는 경이로운 연구 프로그램이 되었다. 작고 숨겨진 형태들이 이룬 세상과 그들의 능력을 이해하려는 연구였다. 어떤 동물의 내장도 그의 눈을 벗어나지는 못했지만, 이후 10여 년 동안 특히 그의 관심을 끈 존재는 호아친이었다.

호아친은 뾰족한 "머리카락", 푸른 눈두덩이, 붉은 눈, 끝이 노란 꼬리, 진홍색 톱니 모양 날개를 지닌 남아메리카 열대 지방의 새이다. 그들의 외양은 꼭 클래식 취향과 로큰롤 취향을 하나로 합친 것 같다. 그러나 놀랍게도 호아친의 가장 특이한 점은 눈에 띄는 외양이 아니다. 호아친의 가장 특이한 점은 다른 새들과 달리 생나뭇잎을 엄청나게 먹어치운다는 점이다. 호아친은 그들이 진화시킨, 즉 그들만이 고유하게 진화시킨 특별한 내장에서 자신이 먹어치운 나뭇잎을 발효한

그림 8.1 가지에 앉아 있는 호아친. 호아친의 내장은 아마도 소화하기 어려운 식물로 가득 차 있을 것이고, 당연히 이런 식물을 대사할 수 있는 다양한 종의 박테리아도 넘쳐난다. (사진 : 파비안 미켈란젤리)

다. 이 내장에는 호아친이 나뭇잎에 있는 물질을 분해하고(흰개미 속 미생물이 하는 일과 비슷하다) 동시에 이런 물질을 해독하는 데 사용하는 미생물이 가득 차 있다. 도밍게스벨로는 아직 박사 과정생이었던 1980년대 후반에 호아친을 연구하기 시작했다. 도밍게스벨로와 그의 학생들, 동료들은 계속해서 호아친과 호아친 내장의 독특한 생태에 대한 논문을 수십 편씩 발표하고 있다. 다른 이들이 가축의 내장 생태를 이해하는 만큼 도밍게스벨로는 호아친 내장의 생태를 잘 알게 되었다.

도밍게스벨로의 경력이 이렇게 계속 이어졌다면 자연에 드리운 장막을 천천히 들어 올려 농장과 우림에 사는 동물 내장의 경이를 밝혔을지도 모른다. 그러나 우고 차베스가 베네수엘라에서 권력을 잡자 그의 정권 아래 베네수엘라의 일상과 과학 연구는 모두 어려움에 부딪히기 시작했다. 도밍게스벨로는 베네수엘라를 떠나서 푸에르토리코 대학교에 새로 자리를 잡았다. 고향에서 멀리 떨어진 섬에서 새로운 직장을 얻은 그는 무엇을 연구할지 새로 선택해야 하는 기로에 섰고, 인간의 장을 좀더 자세히 연구하기로 했다. 전에 인간의 장을 연구한 적이 있었기 때문이다. 그와 동료들은 최초의 아메리카 원주민이 아시아에서 아메리카로 들어오면서 위장에 사는 헬리코박터 파일로리*Helicobacter pylori*라는 박테리아도 아메리카에 도착했다는 사실을 처음 밝혔다(아메리카 원주민은 아메리카로 오면서 몇몇 기생충과 몸에 사는 친척들을 탈출했지만 이 기생충은 피하지 못했다). 이제 도밍게스벨로는 호아친을 다루는 몇몇 연구를 부가적으로 계속 진행하면서 인간을 더욱 중점적으로 연구했다. 아기가 자신에게 필요한 미생물을 어떻게 획득하게 되는지 궁금증을 품게 된 시기는 이런 전환기였다.

결국 도밍게스벨로는 푸에르토리코를 기반으로 연구하는 동안 척추동물의 새끼가 자신에게 필요한 미생물을 얻는 과정을 상세히 이해하기 위한 연구를 계획하기 시작했다. 그는 두 가지 방향으로 연구를 구상했다. 하나는 그가 마음에 품은 부가 프로젝트인 소중한 호아친에 초점을 맞춘 연구였다. 그는 필리파 고도이비토리누와 함께 다양한 연령대의 새끼 호아친에서 발견되는 미생물과 어미 호아친이 먹는 작물에서 발견되는 미생물을 비교했고, 호아친에게 소중한 미생물 일부가 한 세대에서 다음 세대로 마치 흰개미에서처럼 공유된다는 사실을 밝힐 수 있었다. 어미 호아친이 새끼 새에게 자신이 먹은 작물을 게워내 먹일 때 그 먹이에는 어미의 미생물이 들어 있다. 그러나 새끼 새가 자라면 스스로 먹는 먹이에서도 추가로 미생물을 얻는 것으로 보인다. 이런 미생물은 새끼 새가 먹고 소화하는 나뭇잎 표면에서 얻은 것으로, 새끼 새가 살아가는 동안 새끼 새의 장을 더욱 풍요롭게 만든다.[6] 그러나 두 번째 연구는 호아친이 아니라 인간에게 초점을 맞추었다.

도밍게스벨로는 산도를 통해 태어난 아기와 제왕절개로 태어난 아기의 미생물을 비교해서 엄마와 신생아를 연구하기로 했고, 특히 이 아기들의 미생물이 엄마의 미생물과 얼마나 비슷한지 살펴보았다. 여기에서 그는 출산 행위 자체가 미생물 전달의 핵심이 된다고 보았다. 산도를 통해 태어난 아기는 엄마의 질과 피부, 출산하면서 배설한 분변에서 필요한 미생물을 얻으리라고 생각한 것이다.

신생아가 산도를 통해 태어나면서 적어도 일부 미생물을 먹고 호흡한다는 사실은 일찍이 1885년에 알려져 있었다. 과학자들은 이 미생물들이 항문을 통해서, 과학자들이 사용하는 용어에 따르면 아기에게 "탑승하기도" 한다는 사실도 알고 있었다.[7] 이렇게 아기에게 탑승한 미생물은 엄마에게서 얻었을 가능성이 있다. 과학자들은 또한 신생아의 출산을 돕는 다른 사람들을 비롯하여 주변 환경에서 (비록 대체로 양은 더 적지만) 추가로 미생물이 탑승할 가능성이 있다고도 밝혔다. 과학자들은 이런 과정이 일어난다는 사실을 알았지만, 그것이 얼마나 중요한지 몰랐을 뿐이다. 또한 이들은 이런 과정이 아기가 건강해지는 데에 필요한 미생물을 얻는 과정의 핵심이라는 점도 알지 못했다. 도밍게스벨로는 인간의 미생물과 출산을 연구하고자 했다. 어쨌든 장기적인 계획이 될 터였다. 인간을 연구할 때에는 호아친을 연구할 때보다 더 많은 계획이 필요하고, 이 프로젝트는 아직 계획 단계에 있었다. 그러다 교통수단 문제 덕분에 기회가 열렸다.

베네수엘라 아마조나스 주에서 현장 연구를 마친 도밍게스벨로는 헬리콥터가 뜨기를 기다렸다. 그러나 며칠, 몇 주일이 지났는데도 헬리콥터는 오지 않았다. 그는 갇혀 있는 이 "기회"를 틈타서 제왕절개 및 산도를 통해 태어나는 아기들을 연구하기로 했다. 그가 주도하고 있던 다른 연구 덕분에 필요한 허가도 이미 확보한 상태였다. 더 필요한 다른 허가는 푸에르토 아야쿠초 지역 병원의 허가뿐이었고, 그는 재빨리 허가를 받았다. 한 손에는 서류가 있고 헬리콥터는 오지 않는 상황에서 도밍게스벨로는 자신과 동료들에게 산모와 신생아의 몸에서 미생물을 채취하도록 허락해줄 지원자를 모집했다. 연구 당시에는 연구에 참여할 지원자 가족을 모집하기 어려웠고, 개별 시료에 포함된 미생물을 식별하는 데에도 비용이 많이 소요되었다. 그래서 도밍게스벨로와 동료들은 비교적 적은 수의 아기를 연구하기로 했다. 산도를 통해 태어난 아기 4명과 제왕절개로 태어난 아기 6명이었다. 연구자들은 산모의 피부와 구강, 질 미생물을 면봉으로 채취했다. 신

생아의 피부, 구강, 코, 분변에서도 미생물을 채취했다.[8]

　도밍게스벨로와 동료들은 면봉으로 채취한 미생물을 확인하여 산도로 태어난 아기가 일반적으로 질 미생물 군집과 관련된 미생물을 더 많이 가지고 있다는 사실을 밝혔다. 게다가 각 신생아의 미생물은 엄마의 미생물과 일치하는 경향이 있었다. 산모 2명의 질 미생물 군집은 주로 락토바실러스*Lactobacillus* 박테리아였다. 이들의 아기들도 마찬가지였다. 세 번째 산모의 질 미생물 군집에는 프레보텔라*Prevotella* 박테리아(보통 장에서도 발견되는 박테리아)가 더 많았다. 그의 아기도 마찬가지였다. 네 번째 산모는 상당히 다양한 계통의 장 미생물을 가지고 있었다. 그의 아기도 마찬가지였다. 흰개미, 호아친, 또는 자연의 다른 곳에서 발견한 것과 비슷한 결과였다.

　그러나 도밍게스벨로가 제왕절개로 태어난 아기를 살펴보았을 때에는 무엇인가 다른 결과가 드러났다. 제왕절개로 태어난 아기는 산도를 통해서 태어난 아기와 확연히 구별되는 미생물을 가지고 있었다. 이 아기들의 미생물에는 신체 내부가 아니라 일반적으로 피부에서 발견되는 종이 포함되어 있었다. 게다가 미생물이 엄마에게서 아이로 전달되었다는 특징도 보이지 않았다. 아기의 미생물은 엄마나 가족 구성원의 미생물이 아님은 물론, 인간 피부나 신체 내부에서 흔히 발견되는 미생물조차 아닌 경우도 있었다. 후속 연구에서 밝혀진 바에 따르면, 이 미생물은 제왕절개로 태어난 다른 아기에게서 예외적으로 발견되었다.

도밍게스벨로의 초기 출산 연구에서는 적은 수의 산모와 아기만 다루었다. 이 연구는 흰개미를 연구한 라이디의 초기 연구와 비슷하게 호기심과 경이로움이 이끈 일종의 자연사였다. 아기가 미생물 군집을 얻는 과정을 살피는 주류 연구를 이끄는 데에 도움이 된 것도 이 자연사였다. 몽테뉴가 "다른 모든 생물"이라고 부른 것과 우리 자신을 따로 떼어 생각할 수 없다는 사실을 의학이 새삼 상기하는 데에는 호아친을 연구하던 이 생물학자가 필요했다.[9] 우리는 두 가지 방식으로 다른 생물과 연결되어 있다. 첫째, 우리는 생각보다 훨씬 더 흰개미나 호아친 같은 다른 생물과 비슷하다. 둘째, 우리는 무엇보다 미생물을 포함한 다른 종에 의존한다는 점을 고려하지 않고서는 완전히 건강할 수 없다.

　후속 연구가 이어지면서 산모와 신생아에 대한 도밍게스벨로의 첫 번째 논문 결과가 다듬어졌다. 우리는 이제 그의 가장 대담한 연구 결과도 일반적이라는 사실을 안다. 보통 산도를 통해서 태어난 아기는 건강한 장내 미생물 군집을 구성하는 데에 도움이 되는 미생물을 엄마로부터 얻는다. 제왕절개로 태어난 아기는 다른 곳에서 장내 미생물 군집을 얻으므로, 장내 생태계가 붕괴하여 여러 가지 부정적인 결과를 일으키는 상태를 일컫는, 좋게 말하자면 장내 미생물 불균형을 겪을 수 있다. 후속 연구를 통해서 엄마가 아기에게 전달하는 미생물 중 얼마나 많은 미생물이 질을 통해서, 그리고 출산 중 배설되는 분변을 통해서 전달되는지에 대한 우리의 이해가 점차 바뀌었다. 매사추

세츠 종합병원의 캐럴라인 미첼이 주도한 최근 연구는 산도로 태어난 아기에게서는 질 미생물이 정착했다는 증거를 거의 발견할 수 없음을 밝혔다. 대신 그는 아기가 출산 중 엄마의 분변 미생물을 얻는다는 강력한 증거를 보여주었다. 미첼은 아기가 출생 중 미생물을 획득하는 과정의 핵심 요소는 아기가 미생물을 획득한다는 사실뿐만 아니라 다른 종을 이길 수 있을 만큼 충분한 미생물을 얻는다는 사실이라는 점을 설득력 있게 주장했다.[10] 게다가 다른 연구들은 미생물 획득 혹은 아기가 좀더 자랐을 때의 미생물 조성에 영향을 미칠 수 있는 다른 요인들도 아기의 미생물 군집에 영향을 미친다는 사실을 밝혔다. 이런 요인으로는 엄마에게서 얻은 미생물, 좀더 일반적으로 말하면 건강한 인간 미생물 군집을 유지하는 데에 도움이 되는 것으로 보이는 모유 수유가 있다. 엄마가 출산 전에 투여받거나 아기가 태어난 후에 투여받는 항생제도 한 요인이다. 항생제는 미생물 군집을 불안정하게 만들고 적당하지 못한 미생물이 정착하게 한다. 이런 영향은 유아기는 물론 심지어 성인기까지 이어질 수 있다.

우리는 제왕절개로 태어난 아기가 초기 미생물 대부분을 어디에서 얻는지도 알아냈다. 이 미생물은 산모, 간호사, 의사의 피부뿐만 아니라 아기가 태어나는 병원 분만실 표면과 공기에서도 온다. 이 미생물로는 질병을 일으킬 수 있는 박테리아나 항생제 내성과 관련된 유전자를 포함한 박테리아 같은 특이한 미생물도 있다. 게다가 과학자들은 제왕절개로 태어난 어떤 아기들은 정상적인 장내 미생물을 가지게 되는 반면 다른 아기들은 그렇지 못하는 이유도 알아냈다. 제왕절개로 태어난 일부 아기들은 환경 다른 곳에서 우연히 분변 미생물을 얻는다. 그 대상은 강아지이기도 하다.[11] 토양에서 얻을 수도 있다. 미생물이 발견되는 곳이라면 어디든 가능하다. 아기들은 이렇게 필요한 미생물을 얻는다. 그러나 적어도 인간에게는 필요한 미생물을 얻을 기회에 기한이 있다. 아기가 자라면 새로운 장내 미생물을 얻기가 점점 어려워진다. 이런 미생물은 이미 장에 정착한 미생물과 경쟁해야 하고, 인간의 위는 태어날 때는 중성이지만 태어난 첫해에 이미 칠면조독수리의 위만큼 산성으로 바뀌기 때문이다.[12] 게다가 건강한 미생물 군집을 늦게 얻을수록 발달에 중요한 초기 특정 주, 달, 해에 필요한 미생물 종을 얻을 가능성이 낮아진다.

지금까지 도밍게스벨로의 연구에 대한 수십 종의 후속 연구가 밝힌 세부 결과는 조금씩 다르다. 그러나 적어도 다음과 같은 다섯 가지 점에서는 연구들이 합의를 이루었다.

1. 산도를 통해서 태어난 아기는 엄마로부터 여러 종류의 피부, 질, 분변 미생물을 얻는다. 때로 이들을 점령하는 미생물은 엄마의 미생물과 거의 완벽하게 일치한다. 덜 일치하는 경우도 있기는 하다. 캐럴라인 미첼과 동료들은 장내 미생물 군집에서 열심히 일하는 박테로이드 *Bacteroides* 균주가 분석 가능한 아홉 가족 중 여덟 가족에서 엄마의 균주와 정확히 일치한다는 사실을 발견했다.

2. 제왕절개로 태어난 아기는 최초의 장, 피부, 기타 미생물 군집을 분만 실이나 이곳의 다른 사물로부터 얻는 경향이 있다.

3. 제왕절개로 태어난 아기와 산도를 통해서 태어난 아기 모두에게서 생후 1년에서 2년 동안 다른 미생물이 장에 정착하기 시작한다. 이 과정은 미생물 종의 천이遷移 및 다양성 증가와 관련되며, 정확한 미생물 구성은 유아의 식이 변화에 따라서 달라진다.

4. 아기가 분만실에서 획득한 미생물은 엄마에게서 얻은, 번성하도록 해야 하는 미생물과는 상당히 거리가 멀다.

5. 마지막으로, 제왕절개로 태어났어도 엄마의 질 또는 분변 미생물에 노출된 아기는 건강한 장내 미생물 군집을 획득할 수 있고, 또는 적어도 산도를 통해서 태어나면서 얻는 것에 상응하는 미생물 군집을 얻을 수 있다.

제왕절개로 태어난 아기가 엄마의 미생물에 노출되지 않으면 잠재적으로 어떤 문제가 생길까? 기본적으로 적당한 미생물을 얻지 못해서 일어나는 모든 문제를 겪을 수 있다. 알레르기, 천식, 셀리악병, 비만, 제1형 당뇨병, 고혈압 등 다양한 비전염성 질병에 걸릴 위험이 커지는 것이다.[13] (아직 검증되지는 않았지만) 제왕절개로 태어난 아기는 다양한 감염 위험도 높아질 가능성이 있다. 자신의 미생물로는 기생충을 방어하기 힘들고 심지어 태어날 때 얻는 종 일부는 기생충이기 때문이다.

부분적으로 인간의 장과 피부에 있는 미생물의 본질이 신체가 작동하는 방식의 거의 모든 측면에 영향을 미치기 때문에, 이런 문제는 매우 다양하다. 미생물은 신체의 자물쇠를 푸는 열쇠가 아니다. 이것은 잘못된 비유이다. 몸에는 하나의 자물쇠만 있는 것이 아니라 수백 개의 자물쇠가 있고, 미생물이 신체와 상호 작용하는 방법과 맥락은 수백 수천 가지이다. 각 미생물 종은 하나 이상의 작용을 하므로, 하나 이상의 자물쇠에 맞는다. 여러 미생물이 한 가지 작용을 하기도 한다. 그리고 어떤 미생물 열쇠가 어떤 자물쇠에 맞을지는 몸속과 피부에 어떤 미생물이 존재하는지에 따라서 다르다. 우리가 말할 수 있는 것은 복잡하다는 사실뿐이다. 그러나 이와 마찬가지로 중요한 사실은, 우리가 무지한 상태라는 점이다. 우리는 우리 몸속과 피부에 사는 미생물을 끌어안고 수백만 년 동안 더불어 살아왔음에도 이런 미생물 대부분을 상세히 연구하지 않았다. 우리의 미생물 이해는 아직 초기 단계이기 때문에, 특정 질병이 발생했을 때 무엇이 잘못되었는지 파악하기 힘들다.

우리가 번성하고 생존하려면 우리 몸속과 피부에 사는 수백, 아마도 수천 종의 다른 종과 함께 살아야 한다. 이런 점에서 우리는 일반적이다. 모든 동물 종은 다른 종에 의존한다. 이것이 의존의 법칙이다. 그러나 동물은 그 동물이 의존하는 종, 특히 의존하는 미생물을 얻을 수단도 필요하다. 일부 동물 종은 일상 환경에서 만나는 종으로도 충분히 수요를 맞출 수 있다. 한 예로 생태학자 토빈 해머는 최근 애벌레의 내장에 사는 미생물이 애벌레가 먹는 식물로부터 오는 경향이 있음을 보여주었다. 이와 비슷하게 개코원숭이는 인간이 출생 후 주변에서 얻는 미생물보다 더 많은 장내 미생물을 출생 후 원숭이 친구들로부터 얻는 것으로 보인다. 그러나 많은 동물 종에게는 그런 환경 미생물만으로는 부족하므로, 일종의 대물림이 필요하다.

흰개미는 미생물을 지속적으로 보충해야 하므로 미생물의 수직적 대물림과 비슷한 방식을 수행한다. 모체가 멀리 떨어져 있어도 가까운 친척이 가족 미생물을 전달한다. 흰개미만 그런 것이 아니다. 특별한 미생물에 의존하는 여러 동물 종은 이런 미생물을 후대로 전달하는 특별한 방법을 진화시켰다. 일부 딱정벌레 종은 몸 바깥에 특별한 미생물 "주머니"가 있다. 가위개미는 턱이라 부를 수 있다면 일종의 턱 아래에 있는 작은 주머니로 곰팡이를 운반한다. 일부(실제로는 많은) 곤충 종이 필요한 미생물을 후손에게 확실히 전달하는 데에서 한발 앞서 있다. 가령 목수개미는 필요한 비타민을 생산하기 위해서 그들이 의존하는 박테리아를 엄마에서 딸로, 한 세대에서 다음 세대로 전달한다. 목수개미는 내장에 늘어선 특별한 세포에 이런 박테리아 종 중 적어도 하나를 품고 있다. 이 박테리아는 개미의 세포 안에, 즉 개미의 몸 안에 통합되어 있으며, 알 안에 숨어 새끼 개미로 대물림된다.[14] 박테리아는 개미 몸의 일부이자 알의 일부이지만 여전히 분리되어 있다. 개미에게는 적당하지만 박테리아가 살기에는 너무 따뜻한 조건이 되면 박테리아가 죽는다.[15] 그다음 오래 지나지 않아서 개미도 천천히 죽는다.

미래를 생각할 때 우리가 지닌 어려움 중 하나는 우리에게 필요한 종을 다음 세대에 계속 전달하는 방법을 찾아야 한다는 것이다. 그러나 우리가 유산으로 물려주어야 할 것은 체내 미생물에 그치지 않는다. 엄마로부터 아기에게로 전달되는 미생물은 대물림되는 것의 일부일 뿐이다. 우리는 많은 종의 대물림에 의존한다. 배리 로페즈는 늑대에 대해서 이야기하며 늑대가 "지나가는 숲에 미세한 실로 얽혀 있다"라고 썼다.[16] 우리는 우리 종이 집단으로 지나가는 생물계 대부분에 실로 얽혀 있다. 좀더 일반적인 시나리오의 현실을 집중적으로 살펴보기 위해서 극단적인 시나리오를 상상해보자. 사람이 화성에 거주할 수 있다고 쳤을 때, 지금껏 논의되어온 이런 점령 시나리오에는 두 가지 주요한 가능성이 있다. 첫 번째는 우리가 거대한 우주정거장 같은 것으로 화성을 점령한다는 가능성이고, 두 번째는 우리가 화성을 점령하고 다양한 종류의 미생물을 이용해 화성의 대기를 지구의 대기와 비슷하게 재설계한다는 가능성이다. 두 시나리오 모두 인류에게는 환생, 최소한 탈피와 비슷하다. 내 말은 이런 시나리오를 달성하려면 우리가 생존하는 데 필요한 종을 우리와 함께 가져가야 한다는 의미이다. 지구상 생물 종들이 참여해야 하는 어떤 임무보다 훨씬 어려운 작업이다. 가위개미의 여왕개미는 새로운 집락으로 날아갈 때 곰팡이를 가져간다. 자손들이 나뭇잎을 모으면 그 위에 키울 곰팡이이다. 여왕개미는 나뭇잎을 틔울 식물까지 가져갈 필요가 없다. 그러나 우리는 식물은 물론 훨씬 많은 것을 가져가야 할 것이다.

우리에게는 인간의 폐기물은 물론 인간이 화성에서 수행할 모든 산업에서 발생할 폐기물도 분해할 미생물이 필요하다. 지금 국제우주정거장에서는 이런 일을 수행하고 있지 않다. 우주비행사는 자신의 쓰레기, 배설물 등을 깔끔한 야영자처럼 지구로 다시 가져온다. 우리는 우리가 먹을 식량을 생산할 종을 가져가야 한다. 한 사람은 1년에 수백 수천 종을 먹는다. 종합해보면 인류는 수십만은 아니더라도 수백 수천의 종과 훨씬 많은 품종을 먹는다(한 예로 스발바르 국제 종자 저장고에는 약 100만 종의 작물 품종 씨앗이 저장되어 있다). 게다가 이런 작물은 그들의 잎과 뿌리에 서식하며 작물에 도움을 주는 미생물에 의존한다. 많은 작물, 아마 대부분의 작물은 미생물 없이는 번성하지 못할 것이다. 우리는 작물 기생충과 해충이 화성에 도착하지 못하기를 바랄 수 있지만, 그것은 희망에 불과할지도 모른다. 이런 미생물이 정말로 도착하면 우리는 이들을 통제할 수 있어야 하고, 적어도 지구에서 그런 통제를 위한 가장 좋은 방법은 보통 이런 해충과 기생충의 천적을 놓는 것이다. 이렇게 목록은 계속 이어진다. 그러나 다른 것도 있다.

우리는 지금 우리에게 필요한 것을 예측할 수 있다. 그러나 미래에 필요한 것을 예측할 수는 없다. 결과적으로 우리가 취할 수 있는 가장 좋은 접근법은 우리에게 필요한 모든 종을 유지하는 것(그리고 이들을 우리와 함께 미래로 데려가는 것)이다. 곤도 마리에는 집을 간소하게 유지하고 물건을 많이 두지 말라고 조언한다. 그러나 그의 조언은 우리가 사는 동안 우리 집에만 해당하는 조언이다. 우리는 세상을 고려해야 하고, 더 긴 미래를 생각해야 한다. 그렇게 할 때 우리는 오늘날 우리에게 도움이 되는 일을 하는 생물 종뿐만 아니라 미래에 우리에게 도움이 되는 일을 할 종도 유지해야 한다. 이것이 우리의 궁극적인 어려움이다. 흰개미는 소중한 원생생물과 박테리아 몇 종을 한 세대에서 다음 세대로 이어간다. 우리는 모든 것을 가져가야 한다. 오늘 우리에게 필요한 종(아직 일부밖에 알지 못하지만), 내일 우리에게 필요할 종, 그리고 먼 미래에 앞으로 우리가 만날 여러 세상에서 우리에게 필요할 수도 있는 종을 데려가야 한다.[17]

09

험프티 덤프티*와 로봇 벌

코네티컷에서 대학원에 다닐 때 나와 아내는 꽤 절약하며 살았다. 돈이 남으면 각자 연구 과제를 수행하던 니카라과와 볼리비아로 날아갈 비행기 표를 사야 했다. 그래서 진공청소기가 고장 나자 나는 직접 수리하기로 마음먹었다. 겉보기에는 더 싸게 먹힐 것 같았다. 진공청소기를 분해하는 일은 식은 죽 먹기였다. 부러진 부분도 금방 찾아냈다. 그러나 부러진 부분을 떼어내려다 다른 부분이 부러지고 말았다. 운 좋게도 당시 우리가 살던 코네티컷 주 윌리맨틱에는 청소기 부품과 수리한 중고 청소기를 판매하는 가게가 있었다. 필요한 부품을 사서 집으로 돌아갔지만 부품이 다 있는데도 청소기를 다시 조립할 수 없었다. 수리는 실패했고, 청소기는 공기를 빨아들이면서 쓰레기 처

---

* 『거울 나라의 앨리스』에 등장하는 달걀 캐릭터로, 담장에서 떨어져 한번 부서지면 되돌릴 수 없음을 은유/옮긴이

리기 같은 엄청난 소리를 냈다. 나는 실패를 인정하고 분해된 진공청소기를 양동이에 담아 수리점으로 가져갔다. 주인은 양동이 안을 들여다보더니 별로 놀라지도 않으며 "이걸 다시 조립하려는 사람이 있다니 멍청이로군"이라고 말했다. 나는 체면을 차리려고 이웃을 팔았다. 수리점 주인은 이렇게 말했다. "그 이웃에게 무엇인가를 조립하기보다 망가뜨리는 게 쉽다고 말해주었어야죠." 그러고는 이렇게 덧붙였다. "특히 당신이 전문가가 아니라면요." 나는 새 청소기를 샀다.

무엇인가를 다시 조립하거나 처음부터 새로 만들기보다 망가뜨리기가 더 쉽다는 사실은 청소기에서뿐만 아니라 생태계에서도 통한다. 이것은 매우 단순한 생각이다. 규칙까지는 아니고, 하물며 법칙은 더더욱 아니다. 종-면적 법칙보다는 유연하고 어원의 법칙만큼 우리의 느낌과 직접 연관되지도 않는다. 의존의 법칙 같은 보편성도 없다. 그러나 이런 생각은 엄청난 결과를 초래한다. 수돗물을 생각해보자.

척추동물은 거대한 몸을 처음 뭍으로 끌어올린 후 첫 3억 년 동안 강, 연못, 호수, 샘에서 흘러나오는 물을 마셨다. 대부분의 시기에 물은 안전했다. 그러나 특이한 예외도 있었다. 가령 비버가 만드는 댐 하류에 흐르는 물에는 기생충인 편모충이 흔히 들어 있었다. 보통 비버 안에 사는 이 기생충은 비버가 자신이 사는 물에 무심코 "퍼트린" 것이었다. 말하자면 비버는 자신이 관리하는 수계를 오염시켰다.[1] 그러나 비버 정착지 하류의 물을 마시지 않는 한, 대체로 물에 기생충이 있는 경우는 드물었고 건강에 일으키는 다른 문제도 적었다. 그러다

시기적으로 큰 변화가 일어나기 얼마 전, 인간은 메소포타미아와 다른 지역에 대규모 공동체를 이루어 정착하면서 자신들과 소나 염소, 양 같은 가축의 배설물로 인간의 수계를 오염시키기 시작했다.

인간은 초기 정착지에서 그토록 오랫동안 의존해온 수계를 "파괴했다." 메소포타미아 같은 대규모 도시 중심부를 이룬 문화적 변화가 일어나기 전에는 기생충이 물속의 다른 생물과 경쟁하거나 더 큰 생물에 잡아먹혀 물에서 제거되었다. 대부분의 기생충은 하류로 씻겨나가 희석되고 햇볕에 말라 죽거나, 경쟁에서 죽고 포식자에게 잡아먹혔다. 이런 과정은 강이나 호수는 물론 물이 토양과 그보다 깊은 대수층으로 스며든 지하에서도 발생했다(인간이 오랫동안 우물로 파서 이용했던 곳은 이런 대수층이다). 그러나 결국 인구가 늘며 인간이 사용하는 물에 자연이 처리할 수 있는 것보다 더 많은 기생충이 서식하게 되었다. 기생충은 물을 오염시켰고, 인간이 물을 한 모금 마실 때마다 몸속으로 들어왔다. 자연 수계는 망가졌다.

처음에 인간 사회는 두 가지 방법 중 하나로 이런 고장에 대응했다. 어떤 사회에서는 미생물의 존재를 파악하기 훨씬 전부터 분변 오염과 질병이 서로 관계가 있음을 파악하고 오염을 막을 방법을 모색했다. 많은 곳에서는 더 먼 곳에서 도시로 물을 끌어오는 방법을 택했다. 그러나 분변을 처리하는 더욱 정교한 방식도 있었다. 가령 고대 메소포타미아에는 적어도 몇 군데에 화장실이 있었다. 화장실에는 악마가 산다고 여겨졌는데, 이는 분변-구강 기생충일 수 있는 미생물 악마가 있다는 사실을 알았음을 예증하는 것으로 보인다(그러나 일부 사람들은 야외에서 배변하는 것을 선호했다는 사실을 나타내기도 한다).[2] 그러나 더 넓게 보면 분변-구강 기생충을 성공적으로 통제한 접근법은 그것이 무엇이든 예외적인 방식이었던 것으로 밝혀졌다. 사람들은 고통을 겪었지만 왜 그런지 몰랐다. 이는 기원전 4000년 무렵부터, 오늘날 콜레라 발병으로 알려진 질병의 한가운데에 있던 런던에서 오염된 물과 질병 사이에 관계가 있다는 사실이 밝혀진 1800년대 말까지, 수천 년 동안 여러 지역과 문화에서 다양한 정도로 계속 이어진 현실이었다. 처음 그런 발견이 알려졌을 당시 이는 의심을 샀고(분변-구강 기생충은 지금도 여전히 전 세계 많은 사람에게 문제이다), 그 오염에 실제로 책임이 있는 생물인 콜레라균 비브리오 콜레라에*Vibrio cholerae*가 확인되고, 명명되고, 연구되기까지는 수십 년이 걸렸다.

분변 오염이 질병을 일으킨다는 사실이 분명해지자, 도시의 분변 흐름을 식수에서 분리하는 해결책이 구현되기 시작했다. 한 예로 런던에서는 런던 사람들의 식수에서 쓰레기를 멀리 떨어뜨려놓았다. 그러나 인류의 영리함에 대해서 우쭐해졌다면 이 이야기와 교훈을 기억하자. 식수 속 분변이 질병을 유발할 수 있다는 사실을 알게 된 것은 초기 도시가 형성된 후에도 9,000여 년이나 지나서였다.

몇몇 지역에서 도시 주변의 자연 생태계는 숲이나 호수에서 일어나는 생태학적 과정으로 보전되었고, 사람들은 물속 기생충을 억제하기 위해서 지하 대수층에 계속 의존할 수 있었다. 지역 사회는 물이 최종 목적지로 가는 도중에 통과하는, 생태학자들이 유역이라고 부르는 자연 생태계를 보전했다. 자연 유역에서 물은 나무줄기 아래로, 나뭇잎 사이로, 흙 속으로, 바위 사이로, 강을 따라 흐르고 결국 호수와 대수층으로 향한다. 일부 지역에서는 도시가 성장하는 특이한 방식의 결과로 유역이 무작위적으로 또는 심지어 우연히 보전되기도 했다. 다른 곳에서는 물을 끌어오는 수원지와 도시 사이의 거리 때문에 유역이 보전되기도 했다. 본질적으로 물은 아주 먼 곳에서 끌어오면 안전했다. 또다른 곳에서는 도시 주변 숲을 보전하는 보전 프로그램에 막대한 투자를 해서 유역을 성공적으로 보전했다. 예를 들면 뉴욕시가 그런 경우이다.[3] 이런 모든 시나리오에서 인간은 보통 자연이 그런 일을 한다는 사실도 모른 채 야생의 자연이 주는 기생충 조절 체계의 혜택을 받았다.

몇몇 운 좋은 지역은 식수를 기생충으로부터 보호할 만큼 자연의 혜택이 충분히 또는 거의 충분히 손상되지 않고 남아 있기도 했다. 그러나 보통은 도시가 의존하는 수계가 충분히 보전되지 않거나, 오염의 규모와 자연 수계의 붕괴가 숲과 강, 호수의 보전 규모에 비하여 너무 큰 것으로 밝혀졌다. 인구 성장이 가속화되는 대가속과 도시화로, 많은 강과 연못, 대수층의 기생충 억제 능력이 "파괴되었다." 이와 별개로 다양한 도시 수계를 관리하는 사람들은 도시 시민들에게 기생충이 없는 식수를 제공하기 위해서 대규모로 물을 처리해야 한다고 결정했다.

1900년대 초반 개발되기 시작한 수처리 시설은 자연 수역에서 일어나는 과정을 모방한 다양한 기술을 이용했다. 그러나 이는 비교적 조잡한 방법이었다. 이런 기술은 모래와 암석을 통과하는 느린 과정을 필터로 대체하고, 강이나 호수, 대수층에서 일어나는 경쟁과 포식을 염소 같은 살생물제로 대체했다. 물이 가정에 도달할 때쯤이면 기생충이 사라지고 염소는 대부분 증발할 것이었다. 이 접근법은 수백만 명의 생명을 구했으며 지금도 전 세계 대부분에서 현실적인 유일한 선택지이다. 우리의 수계 대부분, 특히 도시 수계는 이제 너무 오염되어 처리하지 않은 물을 식수로 먹을 수가 없다. 이런 상황에서 물을 다시 안전하게 만들려면 물을 처리하는 것밖에는 선택의 여지가 거의 없다.

최근 나의 동료인 노아 피어러는 나를 포함한 다른 여러 연구자팀을 이끌어 처리되지 않은 천연 대수층에서 나오는 수돗물(가정용 우물 같은)에 있는 미생물과 수처리 시설에서 나오는 수돗물에 있는 미생물을 비교하는 프로젝트를 실시했다. 우리는 비결핵성 마이코박테리아라는 생물에 주목했다. 이 박테리아는 이름에서 알 수 있듯이 결핵을 일으키는 박테리아와 비슷하다. 나병을 유발하는 박테리아와도 비슷하다. 비결핵성 마이코박테리아는 이런 기생충만큼 위험하지는 않지만, 무해하지도 않다. 미국이나 다른 일부 지역에서는 비결핵성 마이코박테리아와 관련된 폐 질환 발병 및 사망 사례가 계속 늘고 있다.

우리 연구팀은 이 박테리아가 정수장에서 나온 물이나 우물처럼 처리되지 않은 수원지에서 나오는 물과 관련이 있는지 알아보고자 했다.

먼저 우리는 이런 미생물이 흔히 축적되는 서식지인 샤워기 헤드에 집중해 수돗물에 있는 미생물을 연구했다. 그리고 이 과정에서 자연 개울이나 호수, 심지어 인간이 버린 쓰레기로 오염된 개울이나 호수에도 흔하지 않은 비결핵성 마이코박테리아가 정수장에서 나오는 물, 특히 정수장에서 가정의 수도꼭지로 물이 이동하는 동안 기생충이 살아남는 일을 방지하기 위해 뿌린 잔류 염소(또는 클로라민)가 포함된 물에 훨씬 흔하다는 사실을 발견했다. 일반적으로 물에 염소가 많을수록 마이코박테리아도 많았다. 명확히 하기 위해서 다시 말해보자. 기생충을 제거하기 위해서 처리한 물에는 이런 기생충이 오히려 더 흔했다.[4]

물을 염소 처리하거나 다른 비슷한 살생물제를 사용하면 (여러 분변-구강 기생충을 포함한) 많은 미생물에 유독한 환경이 조성된다. 살생물제를 사용하는 방법은 수백만 명의 생명을 구했다. 그러나 이렇게 개입하자 다른 기생충인 비결핵성 마이코박테리아가 유지되는 데 적합한 환경이 조성되었다. 비결핵성 마이코박테리아는 염소에 비교적 내성이 있는 것으로 밝혀졌다.[5] 결과적으로 염소 처리는 비결핵성 마이코박테리아가 번성하는 조건을 만든다.[6] 생물 종인 우리는 자연 생태계를 해체하고 다시 조립해놓았다. 내가 진공청소기를 다시 조립한 것보다는 영리하지만, 여전히 불완전한 방식이다. 연구자들은 오늘날 수계에서 비결핵성 마이코박테리아를 제거하는 방법을 포함해 물을 처리하는 데 이용할 훨씬 영리한 장치를 연구하고 있다. 한편 숲과 수계, 그리고 이들이 주는 혜택을 보전하는 데 투자하고 결과적으로 정수 여과 및 염소 처리에 덜 의존하게(또는 아예 의존하지 않게) 된 도시들은 수돗물과 샤워기 헤드에 비결핵성 마이코박테리아라고는 거의 없는 부러운 상황이 되었다. 말하자면 이들은 바로잡아야 할 문제를 하나 덜어낸 셈이다.

수억 년 동안 동물은 공급되는 물에 넘쳐나는 기생충을 줄이기 위해서 자연의 혜택에 의존해왔다. 인간은 신체에서 대량의 오염 물질을 만들고 널리 퍼트리면서 이런 혜택을 주는 수생 생태계의 능력을 압도했다. 그다음 우리는 수생 생태계가 제공하는 자연적인 혜택을 대신할 수처리 시설을 발명했다. 그러나 이 과정에서 엄청난 투자를 했음에도 작동은 하지만 자연 수생 생태계가 했던 일을 모두 수행하지는 못하는 체계를 만들었다. 재창조하면서 무엇인가가 사라진 것이다. 부분적으로 규모의 문제이기는 하다(대가속으로 전 세계에서 사람이 배출하는 분변 양의 증가도 대가속되었기 때문이다). 그러나 이 문제는 이해의 문제이기도 하다. 우리는 숲 생태계가 기생충 개체군을 억제하는 역할을 어떻게 수행하는지 아직 잘 모른다. 숲 생태계가 이런 역할을 하는 상황과 그렇지 않은 상황을 제대로 이해하지도 못한다. 결과적으로 우리는 이런 생태계와 비슷한 더 단순한 버전을 구상하고 재창조하려고 하면서 항상 실수를 범한다.

여기에서 내가 자연을 재건하는 일보다 자연을 보호하는 일이 반드시 비용이 적게 든다고 주장하려는 것이 아님을 지적해두어야겠다. 많은 문헌은 이런 경제적 질문을 고려할 때 다음과 같은 요소를 측정한다. 첫째, 유역을 보전하는 데 비용이 얼마나 필요한지, 둘째, 해당 유역이 제공하는 혜택의 순 가치가 얼마나 되는지, 셋째, 유역을 보전하기보다 수처리 시설에 의존할 때 발생하는 부정적인 장기적 "외부효과"에는 어떤 것이 있는지이다. 오염 물질이나 탄소 배출 같은 외부효과는 자본주의 경제가 계산에서 자주 빼놓는 비용이다. 어떤 경우, 실제로 많은 경우에 자연 생태계가 제공하는 혜택이 대체 시설보다 더 경제적이다. 그렇지 않은 경우도 물론 있다. 그러나 이것이 나의 요점은 아니다.

나의 요점은 자연 생태계의 기능을 기술로 대체하는 일이 (어떤 식으로든) 가장 경제적인 해결책인 경우에도, 이렇게 하면 일부가 빠진, 일반적으로 말하면 자연 체계와 "비슷하게" 작동하지만 자연 체계는 아닌 복제물을 낳게 된다는 점이다.

수계의 경우 많은 도시들이 물을 여과하고 염소를 처리하는 노력을 시작하는 것 이외에는 선택의 여지가 거의 없다. 그러나 주변을 살펴보면 다른 선택의 여지를 주는, 생태계를 재건하는 새로운 실험이 많다. 북아메리카(또는 다른 지역)의 작물 수분 이야기가 이런 사례 중 하나이다. 북아메리카에는 4,000여 종의 토종벌이 산다. 수백만 년 동안

이 벌들은 수만 종의 식물을 수분했다. 그러다 안타까운 사건이 연이어 발생했다. 토종벌과 토종식물, 그리고 농업의 미래라는 관점에서 어쨌든 안타까운 사건이었다. 이런 불행한 사건은 에이커당 더 많은 식량을 생산하기 위해서 농장과 과수원을 재건하려고 시도하면서 발생했다.

밭이나 과수원은 어느 정도 초원과 숲을 복제한 것이다. 초원과 숲에 사는 야생종은 오랫동안 인간에게 식량을 제공했다. 농장과 과수원은 에이커당 매년 더 많은 양의 식량을 제공한다. 이런 식량 공급은 농장과 과수원에 서식하거나 적어도 일시적으로 그곳에 있는 다른 종에 의존한다. 밭이나 과수원에 서식하는 해충은 천적으로 통제된다. 야생 수분 매개체는 밭의 작물과 과수원 나무의 꽃을 수분시키는 데에 도움을 준다. 그러나 밭과 과수원 경작이 본격화되면서 생태계 일부가 대체되기 시작했다.

인간은 살충제를 이용하여 해충의 천적을 다양한 정도로 제거하고, 동시에 살충제로 이들을 대체했다. 게다가 여러 작물을 다양하게 재배하고 다양한 토종식물이 줄지어 자라던 이종異種 농장은 단일종 식물이 엄청난 규모로 성장하는 단작 농장으로 대체되었다. 단일 작물 재배는 살충제 사용과 더불어 수분의 역할에 엄청난 변화를 가져왔다. 야생벌에게는 벌집을 만들 곳이 필요하다. 단일 경작지에는 벌집을 만들 곳이 적다. 각각의 벌 종이 벌집을 지으려면 독특한 토양 유형, 토양 구조, 식물 재료가 필요하다. 그러나 단일 경작지의 토양과 식물 재료는 모두 똑같다. 야생벌이 활동하는 계절 내내 꿀과 꽃가루를 공급해줄 식물도 필요하다. 작물에 꽃이 피지 않는 기간에 단일 경작지는 벌의 먹이가 없는 불모지가 된다. 게다가 야생벌은 해충을 방제하기 위해서 사용하는 살충제로 고통받는다. 살충제는 대체로 바구미와 벌을 구분하지 않기 때문이다. 결과적으로 수분 매개체가 부족해지는 일이 흔하게 일어난다. 작물은 꽃을 피우지만 열매와 씨앗이 거의 맺히지 않는다. 생태계가 핵심 부품이 없는 상태로 재조립된 셈이다.

이 문제에 대한 해결책은 생태계에 다른 종을 추가하는 것이다. 1600년대에 유럽인들은 양봉꿀벌이라고 불리는 꿀벌 종을 북아메리카에 들여왔다. 오늘날 우리가 일반적으로 꿀벌이라고 부르는 이 양봉꿀벌은 찌르레기, 집참새, 쥐과 마찬가지로 북아메리카 토종이 아니다. 그러나 북아메리카의 농업이 강화되면서 꿀벌은 망가진 농업 체계를 하나로 잇는 핵심 접착제가 되었다. 양봉가들은 꿀벌을 밀집해서 키운 다음 꽃을 수분해야 하는 들판으로 옮겼고, 이로써 곤충으로 수분하는 작물에 일종의 매개자가 되었다. 양봉가들은 망가진 수분 체계를 적어도 일부는 고쳐놓았다. 문제는 규모였다.

망가진 농업 체계에 수분 서비스를 제공하기에 충분한 꿀벌을 확보하는 오늘날의 해결책은 1년 동안(꿀벌이 야생화를 먹는 기간 동안) 전국에서 꿀벌을 양봉한 다음 다른 작물의 개화기가 되면 그 작물이 있는 곳으로 꿀벌을 들여오는 것이다. 가령 미국에서는 해마다 야생화가 피는 특정 기간에 250만 개의 꿀벌 군락이 미국 전역에서 아몬드나 다른 작물(하지만 주로 아몬드)을 수분하기 위해서 캘리포니아로 옮겨진다. 이런 체계는 그다지 좋지 않다. 벌들이 서로 가까이 있어야 하므로 서로 기생충을 공유하기가 쉬워진다. 벌들은 자기들끼리는 물론 토종벌에게도 수많은 다양한 꿀벌 바이러스를 전달한다.[7] 여러 상황에서 이런 일이 발생하지만, 꽃에서도 비슷한 일이 발생한다. 벌에게 꽃은 변기나 마찬가지이다. 벌은 손(벌에게는 발이겠지만)을 씻기는 하지만 기생충 확산을 막기에는 역부족이다. 바이러스는 벌집에서 벌집으로 퍼진다. 기생충도 함께 퍼진다. 심지어 진드기도 퍼진다. 그러나 꿀벌 체계의 일부로 퍼지는 것은 이런 생물이 다가 아니다. 일종의 유전적 단순함인 단순성과 감수성도 함께 퍼진다.

야생벌은 유전적으로 다양하다. 야생벌에 많은 종이 있다는 점에서 이들은 전반적으로 다양하다. 그러나 각각의 종에 서로 다른 형태의 주요 유전자를 지닌 개체가 있다는 점에서도 이들은 다양하다고 볼 수 있다. 게다가 사회적인 야생벌은 심지어 군락 내에서도 유전적 다양성을 지니는 경향이 있다. 이런 다양성 덕분에 벌집 내에서나 종 내에서, 심지어 생태계 내에서 어떤 기생충이 주변에 나타나든 저항성 있는 벌이 적어도 몇몇은 있을 가능성이 높아진다.

생물 종의 기생충 저항성에 다양성이 미치는 영향은 작물의 맥락에서 처음 연구되었다. 농부들이 다양한 작물 품종을 심으면 작물 모두가 기생충에 절멸할 확률은 줄어든다. 한편 기생충에 대한 저항성을 연구한 것은 제7장에서 소개했던 데이비드 틸먼의 식물 다양성 실험의 다음 실험이었다. 생물 다양성 실험 분야에서 현재 채플힐의 노스캐롤라이나 대학교 교수인 찰스 미첼은 다양성이 작은 구획에서보다 다양성이 큰 구획에서 식물 기생충이 더 천천히 퍼진다는 사실을 보여주었다.[8] 이후 비슷한 다양성 효과가 종 내에서도 나타났다. 유전적 다양성이 큰 개별 식물 종이 자라는 생태 조각은 질병에 덜 취약하다. 그리고 나의 동료인 노스캐롤라이나 주립대학교의 데이비드 타피의 연구 덕분에 오늘날 우리는 유전적으로 다양한 꿀벌 벌집이 질병에 걸릴 위험이 적다는 사실도 알게 되었다. 그러나 안타깝게도 우리는 개별 벌집 내의 꿀벌은 유전적으로 다양하지 않은 경향이 있다는 사실도 안다.[9]

자연에서 꿀벌 여왕벌은 여러 수컷과 짝짓기하기 때문에 결과적으로 개별 벌집 안의 자손은 유전적으로 다양하다. 여왕 한 마리는 수컷 여덟 마리 이상과 짝짓기할 수 있고 여왕벌은 살아 있는 동안 수컷의 정자를 보관했다가 난관으로 방출해 알을 수정한다. 이렇게 되면 여왕벌의 자손은 기생충 저항성과 관련하여 다양한 종류의 여러 유전자를 가지게 된다. 그러나 꿀벌 표준 관리법에는 여러 수컷과의 짝짓기가 포함되어 있지 않다. 그 결과 꿀벌은 유전적으로 비교적 균질해져서 벌집 내에 있는 한 마리 벌을 감염시키고 영향을 미칠 수 있는 기생충이 한 마리만 있어도 대부분, 심지어 전체 벌을 감염시키고 영향을 미칠 수 있다. 그런 다음 이런 균일한 벌집이 엄청나게 밀집된 채로 한곳에 모이게 되면 이곳에는 기생충이 창궐한다. 꿀벌은 1년 중 특정 기간 아몬드 꿀이라는 한 가지 먹이만 먹는다. 인간과 마찬가지로 한 가지 먹이만 먹는 식이 요법은 종종 건강에 문제를 일으킨다. 마지막으로 꿀벌은 이들이 수분시켜야 할 밭에서 살충제와 살균제에 자주 노출된다. 이런 모든 일의 결과로 꿀벌 군락은 무너지고 있다.

토종벌은 꿀벌의 자리를 대체하는 중요한 역할을 할 수 있지만, 오늘날 많은 농업 지역이 너무 심하게 훼손되어 꿀벌이 제공하는 역할을 토종벌이 대체할 가능성은 희박하다. 토종벌 개체군은 단일 경작, 살충제 살포, 토종 초원 개간, 삼림 벌채, 꿀벌과의 경쟁, 그리고 다시 회복될 기회를 호시탐탐 노리며 애쓰는 여러 공격으로 크게 억제되고 있다. 토종벌이 멸종할 시기는 아니지만, 그렇다고 좋은 시기도 아닌 것이다.[10]

그렇다면 자연의 필요한 부분을 모두는 아니지만 대부분 가진 농장을 운영하는 농부는 무엇을 해야 할까? 몇몇 작물을 위해서 만들어진 한 가지 해결책은 실내(또는 적어도 온실)에서 작물을 재배하고, 정확히 이런 작물을 수분시킬 목적으로 벌, 구체적으로는 뒤영벌 같은 벌 상자를 들여와서 이용하는 것이다. 이런 방법은 뒤영벌이 몸을 떨어서 발생시키는 특정 주파수로 더 잘 수분되는 토마토 같은 작물에서 특히 일반적이며, 고추나 오이 같은 다른 작물에도 적용된다. 이는 작물이 실내에 있고 벌이 이 목적으로만 이용된다는 점에서 꿀벌을 이용하는 방법보다 훨씬 산업적이다. 이런 벌은 꿀을 얻기 위해서 키우지 않는다(뒤영벌은 꿀을 생산하기는 하지만 작은 주머니에 아주 조금 생산할 뿐이다. 상업적으로 수확하기에는 너무 적은 양이다. 하지만 손가락으로 찍어 먹어볼 기회가 있다면 한번 맛을 보라. 상당히 맛이 좋다). 하지만 뒤영벌은 꿀벌과 동일한 몇몇 문제에 직면하고 있으며 꿀벌보다 덜 연구되었다. 뒤영벌은 꿀벌보다 키우기가 어렵다. 키운다고 해도 꿀벌보다 관리가 까다롭다. 뒤영벌 군락은 비교적 수명이 짧다. 뒤영벌은 겨울을 견디지 못하며, 보통 한 계절을 넘기지 못한다. 결과적으로 농부들은 매년 적어도 한 번 이상 자주 새로운 뒤영벌을 사들여야 한다. 겨울을 넘기고 관리만 잘하면 몇 년 동안 살아남는 꿀벌과 비교해보라(또는 우리가 서식지를 파괴하지 않는 한 자생적으로 살아남는 야생벌과 비교해보라). 게다가 오늘날 꿀벌이 직면한 모든 문제는 결국 뒤영벌에도 해당할 것이다. 시간문제일 뿐이다.

최근 많은 회사가 새로운 로봇 벌 특허를 내기 시작했다. 이 로봇 벌은 꽃에서 꽃으로 날아가 작은 로봇 뇌에서 기계 학습한 알고리즘을 통하여 꽃을 인식하고 수분한다. 적어도 미래에는 이 로봇 벌도 날수 있을지 모른다. 가장 진보한 형태의 모형 로봇 벌은 길을 이용한다. 이들은 길을 따라 꽃을 향해서 운전하고 작은 로봇 팔을 뻗는다. 운전하는 모형은 기숙사 미니 냉장고 크기로 현재 시간당 몇 송이의 꽃을 수분하면서 동시에 대략 비슷한 수의 꽃을 부수적으로 망가트린다. 나는 이 로봇 벌을 작물을 위한 섹스 로봇에 비유하려고 하지만 이들은 섹스 로봇의 **비유**가 아니다. 이들은 **진짜** 섹스 로봇이다. 이 로봇은 자연이 이미 하는 일을 대신하기 위해서 발명되었고, 이 로봇이 수억 에이커의 들판을 배회하면서 역할을 제대로 해내는 것이 우리의 희망이다. 이 접근법은 분명 매력적이어서 월마트는 한 로보 벌 형태에 대해서 특허를 내기도 했다. 기능적 모형이 아니라 언젠가 작동할 무엇인가에 대한 아이디어를 주는 특허이기는 하지만 말이다.

꽃과 작은 로봇 벌로 가득 찬 들판은 나의 상상대로라면 청소기 부품으로 가득 찬 양동이에 가까운 미래로 나아가는 접근법처럼 보인다. 벌 생물학자들은 조심스럽게 "이건 정말 미친 짓이라고!"라며 재빨리 지적했다. 벌 생물학자와 수분 생물학자로 이루어진 한 연구진은 이 방법이 얼마나 다양한 방법으로 잘못될 수 있는지 밝히는 논문을 쓰고 있다며 몹시 좌절하기도 했다.[11]

야생종이 수백만 년 동안 계속 수행해왔고 지금도 맡고 있는 많은 역할은 사람의 공학이 만든 몇몇 위협으로 대체될 가능성에 직면해 있다. 많은 사람은 미래를 내다보며 야생 자연의 역할을 대신할 기술적 대안을 계획한다. 탄소 격리도 그런 사례이다. 수억 년 전 식물은 태양 에너지로 이산화탄소 속 탄소 원자를 결합해 당으로 만들고 에너지를 저장할 능력을 진화시켰다. 모든 동물의 생명은 이 단계에 의존하게 되었다. 그러나 그다음 인간은 석탄과 석유라는 형태로 된 오래된 탄소를 태우는 방법을 알아내고 진화시켰다. 이렇게 해서 인간은 이산화탄소를 대기 중으로 방출해 엄청난 온난화를 야기했다. 대기에서 이 탄소를 포집하는 기술적 방법, 즉 식물이 수행하는 느린 작업을 대체할 재빠른 임시방편에 대한 논의가 전 세계 회의에서 넘쳐나고 있다. 이런 방법들은 훌륭하게 작동할 수도 있지만, 그렇지 않을 수도 있다. 이보다 먼저 식물이 탄소를 어떻게 고정하는지, 어떤 식물 군집이 가장 많은 탄소를 고정하는지, 이런 식물 군집을 어떻게 보호할지를 최대한 많이 알아내는 편이 현명할 것이다. 자연이 수행한 것보다 "더 빨리", "더 잘" 탄소를 고정하는 방법을 연구하려고 시도하기 전에, 혹은 적어도 그와 동시에 이런 일을 하는 편이 현명할 것이다.

우리가 망가뜨린 것을 기술을 이용해 고치려고 시도한 사례는 끝없이 이어진다. 우리가 사슴의 포식자를 죽인다면 우리는 총을 들고 사슴을 죽여 사슴 개체군을 조절하는 사람들에게 의존해야 한다. 우리가 해충의 천적을 죽인다면 해충을 통제하기 위해서 훨씬 많은 살충제에 의존해야 한다. 우리가 강변 숲을 개간하거나 강을 곧게 편다면 강물의 접근을 막기 위해서 부담금과 장벽에 의존해야 한다.

인간이 실내로 들어갈수록 자연의 혜택은 점점 멀어지는 듯 보이고, 실제로도 그렇게 될 것이다. 자연이 주는 혜택은 점점 덜 명백해질 것이다. "식물 섹스 로봇 군대"가 오히려 일반적으로 보일 것이다. 이와 비슷하게 제8장에서 살펴보았던 사례로 돌아간다면, 우리는 불가피하게 우리 몸의 미생물을 단순화하고 대체할 방법을 찾아야 한다. 우리는 다른 종—우리 장이나 피부, 심지어 폐 등에 사는 종—에서 온 유전자 중 우리에게 무엇이 필요한지 알아내고 그 유전자를 그저 인간 유전체에 추가하기만 하면 된다. 기술적으로 이런 일은 (복잡하기는 하지만) 이미 가능하다. 그러나 앞으로 이런 일은 훨씬 쉬워질 것이다. 지금은 유전자 조작 인간이 윤리적으로 문제가 있다고 여겨진다. 그러나 우리는 먼 미래를 상상하고 있고, 우리 후손의 문화와 윤리를 통제할 수 없다. 그렇다면 우리 후손들이 고려하는 여러 범위에 유전자 조작 인간이 포함된다고 상상해보자. 우리 후손들은 인체가 (일부 박테리아처럼) 공기 중에서 스스로 질소를 포집하거나 심지어 광합성을 하게 만드는 유전자를 끼워 넣을 수도 있다.

그러나 소화는 질소 고정이나 광합성보다 까다롭다. 장내 미생물은 면역 체계 및 뇌와 소통한다. 이들은 수백만 년 동안 교환해온 신호를 서로 교환한다. 우리는 이런 신호의 구체적인 세부가 면역 체계의 작동 방식(그리고 언제 작동이 실패하는지)뿐만 아니라 개인의 성격에도 영향을 줄 수 있음을 안다. 그 신호가 무엇인지 모를 뿐이다. 애초에 신호가 존재한다는 사실을 알게 된 것도 최근 몇 년 사이의 일이다. 아마 우리는 이 장내 언어를 알아내고, 각 메시지를 해독하고, 우리가 보내고 싶은 메시지만 보내는 화학 물질로 (이런 메시지를) 대체하는 방법을 알아낼 것이다. 또는 세포에 새로운 유전자를 삽입해서 신호를 받았다고 믿도록 속이는 방법을 알아낼 수도 있다. 장은 계속해서 "만족해, 배가 불러. 이제 충분해"라는 신호를 보낼 수도 있다. 그러나 가장 어려운 도전은 우리 각자의 고유성이다. 어떤 두 사람의 유전체도 똑같지 않다. 두 사람의 뇌나 면역 체계도 마찬가지이다. 결과적으로 당신의 몸이 미생물에서 필요로 하는 것은 나의 몸이 필요로 하는 것과 다르다. 인간에게 편집해 삽입하는 유전자를 각각의 인간에게 맞춤하게 만들 수 있을까? 언젠가는 그럴지도 모른다.

그러나 우리 신체 미생물의 역할을 새로운 세포 유전자로 대체하는 일은 아직은 미래의 가능성을 예측하는 가상 시나리오일 뿐이다. 이 시나리오에서 과학자들은 훨씬 똑똑하고 기꺼이 자연, 심지어 인간 본성도 조작한다. 그러나 두 번째 기술 시나리오도 있다. 우리는 미생물을 위한 종자 은행을 만들고 신생아에게 필요한 미생물을 줄 수 있다. 우리는 성인이 가지고 있던 미생물이 사라졌을 때 이들에게 필요한 미생물을 줄 수도 있다. 본질적으로 직장을 통한 흰개미의 먹이 주기를 인간 형태로 변환한 이런 방식은 분변 이식이라는 형태로 이미 일어나고 있다. 신생아에게 미생물 종자 은행에서 얻은 미생물을 정착시키는 미래를 상상하려면, 여전히 우리는 신생아 고유의 유전자를 고려하여 어떤 미생물이 그 아기에게 필요한지 알아야 한다. 이론적으로 이런 일은 언젠가 가능할 수도 있다. 하지만 나의 예상에는 우리가 이런 길을 가고 있다면(그리고 이미 그런 노력이 있다는 점을 본다면) 이런 일이 믿을 만해지기 전까지 수년에서 수 세기 동안은 문제가 발생할 듯하다.

궁극적으로 당면한 미래와 먼 미래를 볼 때 앞으로 가장 간단한 방법은 최대한 자연 생태계와 그 혜택을 보전하는 것이다. 차선이자 보통 우리가 사용해야 할 방법은, 가능한 한 인간의 추가적인 개입을 최소화하는 방식으로 자연 체계를 모방하는 방법을 찾는 것이다. 장내 미생물 군집 사례로 돌아가보면, 엄마가 자녀에게 장내 미생물을 전달하도록 돕는 방법을 찾는 것이 각각의 아이에게 "완벽한" 장내 미생물 조합을 아예 처음부터 다시 설계하는 일보다는 쉽다. 최악의 시나리오는 나의 경우처럼 청소기 부품이 든 양동이 같은 사례일 것이다. 이 시나리오에 따르면 전 세계 사람들은 앞으로 올 수십 수백 년의 문제를 각자 해결해야 한다. 이들은 공학자, 생태학자, 인류학자, 다른 분야의 사람들을 포함한 전문가들은 물론 자연 자체로부터 오는 통찰도 얻지 않는다. 내가 이 책에서 다룬 아이디어 가운데 할 수 있다면 자연의 혜택을 재발명하려 애쓰는 대신 보전해야 한다는 생각은 아마 가장 명확하면서도 동시에 가장 논쟁의 여지가 있는 생각일 것이다. 어떻게 보면 이미 작동하고 있는 것을 망가뜨려서는 안 된다는 생각은 직관적으로 이해할 수 있다는 점에서 분명해 보인다. 그러나 과학자와 공학자가 상상하는 미래는 점점 더 많은 자연의 혜택이 기술로 대체되는 미래라는 점에서, 이런 아이디어는 논쟁의 여지가 있다. 최근 많은 연구자는 그들에게 자연이 필요 없다고 주장하는 데까지 나아가기도 했다. 그들은 실험실에 있는 유전자로 필요한 것을 무엇이든 만들 수 있다고 주장한다. 그들이 옳을 수도 있다. 그러나 나는 의심한다. 나의 청소기 수리공도 그런 주장을 의심할 것이다. 그리고 핵심은 만약 그런 연구자들이 틀렸고, 인간이 우리에게 필요한 생태계를 보호하는 데에 실패하고 생태계 파괴를 막지 못한다면,

그 결과는 심각하리라는 것이다. 따라서 나는 가장 사려 깊은 행동 방향이란 그들이 틀렸고 내가 옳다고 생각하며 나아가는 것이라고 주장하려고 한다. 우리가 의존하는 야생 생태계가 대체 불가능하다고 생각하고 한 걸음씩 나아가보자.[12]

10

진화와 더불어 살기

우리가 자연을 통제하려고 하는 이유는 때로 그렇게 하는 것이 특히 단기적으로 매우 유용하다고 입증되었기 때문이다. 미시시피 강을 따라 제방을 쌓자 미시시피 강 주변에 마을을 건설할 수 있었다. 이런 마을을 세우자 그중 일부는 그린빌처럼 결국 도시가 되었다. 강에 가까운 도시들은 상품 운송에 도움이 되었다. 단기적으로는 이득이었다. 그러나 숨겨진 비용이 있었다. 곧 다가올 홍수와 관련된 비용이었다. 주변 생물을 억제하면서 통제할 때에도 우리는 비슷한 현실에 직면한다. 다른 생물이 가까이 오지 못하게 막는 편이 이로울 때도 있다. 우리는 인간의 삶을 편하게 만들기 위해서 다른 많은 종을 죽인다. 다른 종을 죽이고 우리 자신을 살린다. 그러나 이런 살생은 우리의 노력이 선택적일 때, 즉 우리의 공격이 인간에게 매우 해를 끼치는 종에만 집중될 때 가장 잘 작동한다. 대신 우리가 모든 것을 죽이려

한다면 결과는 뻔하고 불가피하다. 그 결과는 진흙투성이 강물처럼 우리 삶에 넘쳐 들어온다.

책머리에 소개한 1927년 미시시피 강 대홍수 때 나의 할아버지는 그린빌에 홍수가 쏟아지기 직전 제방이 녹기 시작하는 지점을 발견했다고 말씀하셨다. 당시 소년이던 할아버지는 제방에 부글부글 거품이 이는 것을 보았다고 했다. 이 이야기는 사실일 수도 있지만, 거의 분명하게도 사실이 아닐 수도 있다. 할아버지가 제방이 부글거리며 무너지기 시작하는 것을 보았을 수도 있다는 점은 사실이다. 그러나 일단 강 수위가 높아지면 할아버지가 제방에서 물이 새는 것을 발견했다는 말처럼 한 지점만이 아니라 여기저기가 무너진다. 그런 점에서 보면 이 이야기는 사실이 아니다. 그 정도 수위에서 강의 힘은 제방의 힘보다 훨씬 세다. 일단 제방 한 곳이 무너지면 여러 곳이 무너진다. 이 이야기에서 강은 생물과 같다. 제방은 생물을 억제하려는 우리의 시도이다. 제방 꼭대기까지 수위가 올라가 넘쳐흐르는 강은 그 강함과 약함 모두를 우리에게 떠올리게 하는 생물이다.

할아버지를 떠올리면 그 홍수가 생각난다. "들어가는 말"에서 간략하게 언급한, 하버드 대학교 키쇼니의 연구실에서 몇 년 전 마이클 베임, 타미 리베르만, 로이 키쇼니가 수행한 실험을 떠올려도 그 홍수가 생각난다. 세 사람은 함께 "메가플레이트megaplate"라고 부르는 거대한 페트리 접시를 고안했다(여기에서 "메가MEGA"는 "미생물 진화와 성장의 무대Microbial Evolution and Growth Arena"의 약자이지만, 단순히 "크다"

라는 의미도 있다). 메가플레이트는 세로 60센티미터, 가로 120센티미터, 높이 1.1센티미터 크기이다. 메가플레이트 실험으로 우리는 생물학의 가장 거친 법칙 중 하나인 자연선택에 따른 진화법칙의 미묘한 의미를 실시간으로 살필 수 있다. 가장 단순하게 볼 때 이 법칙이 명시하는 바는 더 많은 자손을 성공적으로 낳는 개체의 유전자와 형질은 자손을 적게 낳는 개체의 유전자와 형질에 비해 선호되는 경향이 있다는 점이다. 자연선택에 의한 진화법칙은 다윈의 법칙이다. 다윈은 이 법칙이 비교적 느리게 작동한다고 상상했지만, 오늘날에는 이 법칙이 빠르게 작동할 수도 있다는 사실이 알려져 있다. 그 결과는 도시, 인체, 또는 메가플레이트에서 실시간으로 볼 수 있다.

메가플레이트라는 아이디어는 영화의 홍보에서 약간의 영감을 받았다. 2011년 영화 「컨테이전Contagion」을 홍보하던 영화사 워너브러더스 캐나다는 가게 유리창에 광고 패널을 설치했다. 박테리아와 곰팡이가 "CONTAGION(전염)"이라는 글자를 이루며 자라는 광고였다.[1] 광고 패널은 본질적으로 거대한 페트리 접시였다. 키쇼니는 이 광고를 보고 영감을 얻었다. 여기에 대화와 약간의 브레인스토밍을 거쳐 당시 키쇼니가 가르치는 대학원생이었던 리베르만과 베임이 조교로 일하던 수업에서 사용한 거대한 페트리 접시가 나왔다. 광고 패널처럼 이 페트리 접시 메가플레이트는 어떤 메시지를 드러냈다. 읽으려면 시간이 걸리겠지만, 결국 매우 분명하게 드러날 메시지였다.

이 프로젝트에는 여러 층위의 팀워크가 필요했다. 먼저 전체 팀이 실험을 설계했다. 그후 리베르만은 키쇼니의 수업에서 처음 실험을 수행했다. 이후 베임이 설계를 다듬었고, 마지막으로 반복할 때에는 한천을 붓고 미생물을 주입한 다음 전개되는 모양을 관찰했다. 메가플레이트의 기본 디자인은 워너브러더스 사의 광고 패널 디자인과 크게 다르지 않았지만, 몇 가지 주요 차이점이 있다. 그중 하나는 메가플레이트가 두 층을 이루도록 한천으로 채워, 박테리아가 먹이로 삼을 수 있고 실제로 먹이로 삼는 고체 아래층과 박테리아가 헤엄칠 수 있는 액체 위층으로 구성했다는 점이었다. 그다음 *E. coli*로도 알려진 무해한 장내 박테리아 균주인 대장균*Escherichia coli*을 페트리 접시 양쪽에서 주입했다. 대장균은 한천을 영양분으로 삼아 먹는 동시에 헤엄칠 수 있었으므로 영양분이 아직 고갈되지 않은 쪽으로 이동했고, 양분을 먹어치우고 재빨리 자리를 떴다. 페트리 접시에 다른 종의 박테리아가 있었다면 대장균은 그렇게 잘 자라지 못하고 경쟁에서 배제되었을 것이다. 대장균은 유용한 실험실 생물이지만 인간 장에서 다른 거주자를 만날 때 항상 가장 강력한 경쟁자는 아니다. 그러나 이 실험은 다른 종에 대한 경쟁 실험이 아니었다. 항생제 내성 발현에 대한 실험이었다.

메가플레이트에 주입된 박테리아는 어떤 항생제에도 내성이 없었다. 박테리아는 취약하고 아주 무력했다. 그러나 이런 상태는 오래 가지 않을 것이었다. 연구팀은 이 무해하고 무력한 대장균이 일반적인 항생제에 대한 내성을 얼마나 빨리 발현하는지 알고 싶었다. 내성 돌

대장균 접종   헤엄칠 수 있는 액체 한천 층   대장균 접종

잉크를 섞은
고체 한천 층

11 mm

0   3   30   300   3,000   300   30   3   0

120 cm

60 cm

항생제 트리메소프림의 농도 (단위 μg/μℓ)

그림 10.1 마이클 베임, 타미 리베르만, 로이 키쇼니의 메가플레이트 디자인. (그림 : 마이클 베임과 동료들이 제작한 초기 버전을 바탕으로 닐 맥코이가 제작)

연변이는 얼마나 빨리 나타나고 얼마나 빨리 퍼질 수 있을까(심지어 비 돌연변이가 죽더라도)?

이런 질문에 답하기 위해서 연구팀은 메가플레이트에 항생제를 섞기로 했다. 키쇼니의 수업이 끝난 후 베임이 수행한 실험 버전에서 가장 먼저 선택된 항생제는 트리메소프림이었다. 그후 나중에는 보통 시프로로 더 널리 알려진 시프로플록사신이라는 항생제를 사용하여 실험을 반복했다. 항생제는 메가플레이트에 균일하게 첨가되지 않았고, 여러 칸으로 나뉘었다. 플레이트를 칸으로 구분하는 것은 리베르만의 아이디어였다. 그는 박테리아에 점점 높은 장벽을 주듯 칸마다 항생제 농도를 점차 높였다. 메가플레이트의 양쪽 가장자리 칸에는 항생제가 없었다. 그러나 가장자리에서 안쪽으로 가면서 중앙 칸(양쪽 가장자리에서 같은 거리인)에 이르기까지 항생제 농도가 점점 높아졌다. 이 중앙 칸에는 모든 것을 죽이기에 충분한 농도의 항생제가 포함되어 있었다. 보통 대장균을 죽이는 데 필요한 농도보다 3,000배(트리메소프림의 경우), 또는 2만 배(시프로플록사신의 경우) 농도가 높았다.

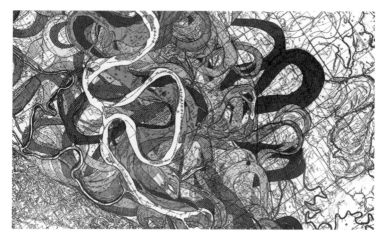

그림 10.2 강 흐름을 바꾸고 제방을 쌓기 전 미시시피 강과 이 강이 만든 곡류. 강은 항상 움직이고 시간이 지나며 진화했고 지금도 여전히 그렇다. (지도 : 1944년 "미시시피 강 하류 충적 계곡의 지질조사"의 일부로, 미 육군 공병 병과의 해럴드 N. 피스크가 제작)

내가 그린빌 근처 미시시피 강을 떠올린 것은 칸으로 나뉜 이 설정 때문이다. 일련의 항생제 구획으로 나뉜 칸은 제방이나 마찬가지이다. 이렇게 비유한다면 중앙 칸은 그린빌 마을이지만, 넓은 맥락에서 보면 인류이기도 하다. 박테리아 기생충이라는 강에서 항생제로 보호된 인류이다.

　돌연변이 박테리아가 중앙 칸에 도달하려면 가장 낮은 농도의 항생제에 내성을 발현해야 한다. 그다음 옆 칸에 있는 더 높은 농도의 항생제에 맞서려면 (첫 번째 돌연변이 외에) 추가 돌연변이를 진화시켜야 한다. 박테리아는 중앙 칸에 도달할 수 있는 유전자 집합을 가지게 될 때까지 이렇게 다음 칸에서 돌연변이를 하나씩 더해가야 한다.

　메가플레이트 실험은 부분적으로 진화의 역학을 설명하는 데 매우 적합했기 때문에 진화생물학의 새로운 고전이 되었다. 조너선 와이너는 갈라파고스 제도에서 일어난 진화를 연구하는 놀라운 책 『핀치의 부리』에서 다음과 같이 썼다.

여러 세대에 걸친 생물의 진화를 연구하기 위해서는, 도망가지 않고, 다른 개체군과 쉽게 섞이거나 짝짓기하지도 않으며, 뒤섞이면 한 곳에서 유발된 변화와 다른 곳에서 유발된 변화를 혼합하는 고립된 개체군이 필요하다.[2]

베임과 리베르만, 키쇼니는 바로 그런 상황을 상상하고 만들어냈다. 어떤 면에서는 와이너가 마지막으로 고려한, 뒤섞이고 혼합한다는 점에 특히 적합한 상황이었다.

병원 또는 돼지 농장이나 닭 농장처럼 항생제가 일반적으로 투여되는 환경에서 박테리아가 항생제 내성을 발현하는 방법의 하나는 생물학자들이 수평적 유전자 전달이라고 부르는 일종의 세포 교환 모임을 통해서 박테리아들이 서로 유전자를 공유하는 것이다. 박테리아는 수평적 유전자 전달을 통해서 짝짓기하고 짧은 유전 물질 조각인 플라스미드를 교환한다. 이런 짝짓기는 심지어 관련 없는 종, 염소와 수련처럼 서로 거리가 먼 종 사이에서도 발생할 수 있으며, 그 결과로 다른 방법으로는 스스로 할 수 없는 작업을 수행할 수 있게 하는 새로운 유전자를 지닌 잡종이 발생한다. 이런 짝짓기는 우리 주변에서 항상 일어나고 있다. 당신이 이 책을 읽는 지금도 당신 몸에서 일어나고 있다. 그러나 메가플레이트 실험이 시작될 때에는 이런 일이 일어날 수 없었다. 실험에 사용된 박테리아는 모두 트리메소프림이나 시프로플록사신에 대한 내성 유전자를 가지고 있지 않았다. 박테리아가 자신이 가지고 있지 않은 것을 공유할 수는 없다.

메가플레이트에 있는 박테리아가 내성을 발현할 유일한 방법은 유전자 암호 문자가 다음 세대로 이어지며 우연히 돌연변이를 일으키고, 이런 우연한 돌연변이 중 일부가 항생제 내성을 일으키는 유전자 형태를 생산하는 것뿐이다. 이런 유전자를 지닌 개체는 항생제가 있을 때 생존할 가능성이 훨씬 높다. 이런 일이 일어난다는 사실은 자연 선택에 따라서 어떤 진화가 작동하는지에 미루어볼 때 있을 법하지 않은 일종의 불가사의이다. 우리 자신의 유전체는 정확히 이런 방식으로 진화했다(그리고 지금도 그렇게 진화하고 있다). 그러나 우리 유전체는 매우 느리게 진화했다.

베임, 리베르만, 키쇼니는 박테리아를 통해 더 짧은 기간에 진화의 광범위한 역학이 전개되는 현상을 살펴볼 수 있으리라 상상했다. 이런 일이 일어나리라 상상할 만한 합당한 이유가 있었다. 그중 하나는 메가플레이트에 있는 박테리아 개체군의 크기가 엄청나게 크기 때문에, 대장균에서 돌연변이가 드물게 일어나더라도(대략 10억 번의 분열 중에 한 번꼴로 돌연변이가 일어나더라도), 이런 많은 돌연변이가 메가플레이트에 축적될 수 있다는 것이었다. 게다가 실험실에서 대장균의 세대 기간은 약 20분에 불과하므로 자연선택이 이런 돌연변이에 끊임없이 작용할 수 있다. 따라서 하루보다 좀더 긴 시간인 31시간이 지나자 베임은 플레이트에서 약 72세대가 지났음을 확인할 수 있었다. 이는 그리스도 탄생 정도부터 지금까지 2,000년 동안 인간 개체군을 연구한 것과 맞먹는다. 열흘이면 7,200세대가 지난다고 볼 수 있고, 이는 인간으로 치면 농업의 탄생 이전까지 거슬러 올라간 2만 년 이상에 맞먹는다. 그러나 2만 년이 길어 보여도 그동안 우리 종에 일어난 변화는 대단치 않은 정도여서, 슬쩍 보면 우리는 아무것도 눈치채지 못할지도 모른다. 그렇다면 내성이 발현하는 데에는 얼마나 걸릴까? 연구팀이 메가플레이트 실험을 시작했을 때 베임과 리베르만, 키쇼니는 모두 한 달, 또는 더 길게는 1년이 걸리리라 생각했다. 심지어 수년이 걸릴지도 모를 일이었다.

그러나 전혀 그렇게 오래 걸리지 않았다. 베임이 메가플레이트의 고체 한천 층을 검은색으로 염색했기 때문에 흰색 대장균이 분열하고 퍼지는 모습이 잘 드러나서 결과를 쉽게 알아볼 수 있었다.

트리메소프림을 처리한 경우 대장균은 메가플레이트에서 항생제가 없는 첫 번째 칸을 쉽게 채웠다. 대장균은 먹고, 배설하고, 분열하고, 더 많은 먹이를 찾아 헤엄치고, 먹고, 분열하고, 헤엄쳤다. 아래층 검은 잉크는 위층에 흰색 단세포 생물이 점점 축적되면서 사라졌다. 놀라운 일은 아니었다. 그러나 그동안 많은 돌연변이가 일어났을 텐데도 그중 어떤 돌연변이도 항생제가 있는 메가플레이트의 두 번째 칸에서 살아남지는 못했다. 자연선택이나 진화가 이런 일을 유발했다는 가시적인 증거는 없었다.

그러나 며칠 후 돌아온 베임은 무엇인가 다른 것을 발견했다. 대략 88시간이 지나자 가장 낮은 농도의 항생제에서 살아남을 수 있는 첫 번째 돌연변이가 나타났다. 한 박테리아 세포가 낮은 농도의 항생제가 있는 메가플레이트 칸에서 생존할 수 있는 돌연변이를 발현한 것이다. 이 세포의 후손은 재빨리 메가플레이트 옆 두 번째 칸으로 활기차게 넘쳐 나갔다. 이 박테리아들은 두 번째 칸의 검은 한천을 흰색으로 바꾸어놓았다. 그다음 베임은 메가플레이트의 두 번째 칸에서 이와 별개로 다른 돌연변이가 나타났음을 확인했다. 새로 나타난 돌연변이는 먹고 분열하고 퍼져나가기 시작했다. 박테리아는 속도를 높여 두 번째 칸을 채우고 검은 한천을 흐리게 했다. 마치 물이 움직이고 출렁이고 거품이 일고 홍수가 일어나는 듯했다. 돌연변이는 물의 필연성과 힘을 가지고 있었다.

다윈은 자신의 저서 『종의 기원*The Origin of Species*』에서 이렇게 썼다. "자연선택은 세계 곳곳에서 일어나는 가장 작은 변화라도 매일 매시간 면밀하게 관찰하고 있다. 나쁜 변화는 거부하고 좋은 변화는 모두 합쳐 보전한다. 자연선택은 눈에 띄지 않고 조용하게, 기회가 있는 곳이면 언제 어디서든 작동하며 생물의 유기적, 무기적 조건과 관련하여 각 생물을 개선하기 위해서 애쓴다."[3] 그러나 여기서 베임은 지질학적으로 오랜 시간이 아니라 단 며칠 만에 이런 작업을 보았다. 가장 작은 변화는 돌연변이, 아주 사소한 유전자 문자 돌연변이 몇 개 때문에 일어났다. 적어도 항생제를 낮은 농도로 주입해 발생한 조건에서 일어난 변이라면 나쁘지 않은 돌연변이였다. 그러나 베임이 곧 알게 되었듯이 자연선택은 눈에 띄지 않고 조용하게 작업하는 데에서 그치지 않았다.

그 후 며칠 동안은 더 적은 수의 몇몇 박테리아 세포가 더 높은 농도의 항생제에서도 생존할 수 있는 돌연변이를 발현했다. 자연선택은 이런 돌연변이를 선호했다. 이 돌연변이가 메가플레이트의 세 번째 칸을 채웠다. 그다음 칸에서도 같은 과정이 반복되었다. 새로운 돌연변이가 일어났다. 훨씬 내성이 강한 돌연변이였다. 이런 돌연변이가 네 번째 칸을 채웠다. 결국 10일 후 항생제 농도가 가장 높은 메가플레이트 중간 칸에서 살아남을 수 있는 몇몇 돌연변이가 나타났다. 이들은 마지막 제방을 넘었다. 10일 후 거대한 페트리 접시 중앙 칸에는 내성 있는 생물체가 홍수처럼 넘쳐났다.

베임은 실험 결과를 살펴본 다음 리베르만과 키쇼니와 토론했다. 과학자들이 으레 그렇듯 그는 이 과정을 전부 반복했다. 박테리아가 중앙 칸에 도착하는 데에는 여전히 10일이 걸렸다. 그는 다른 항생제인 시프로플록사신을 이용해서 실험을 반복했다. 이번에는 박테리아가 중앙 칸에 도착해 페트리 접시 중앙부를 채우는 데 12일이 걸렸다. 베임은 실험을 (지치지 않고) 반복했지만, 계속해서 12일이 걸렸다. 다른 항생제를 사용하면 결과가 달랐지만 아주 약간 다를 뿐이었다. 게다가 더 중요한 사실은 두 경우 모두 박테리아가 최고 농도의 항생제에 대한 내성을 아주 빨리 획득했다는 점이었다. 이후 다른 과학자들은 다른 박테리아와 다른 항생제를 이용해서 같은 실험을 되풀이했다. 박테리아가 플레이트의 중앙 칸에 도착하는 데 걸리는 시간은 조금씩 달랐지만 결과는 비슷했다. 키쇼니가 처음 영감을 얻은 워너브러더스 영화 홍보팀의 광고판에 나타난 메시지는 "CONTAGION(전염)"이었다. 메가플레이트에 나타난 메시지는 훨씬 불길했다. 베임과 리베르만, 키쇼니는 이것을 "RESISTANCE(내성)"라고 읽었다.

우리가 미생물 적과 벌인 진화 전쟁에서 미생물은 우리를 압도했다. 우리 몸속과 피부의 박테리아 기생충과 바이러스 기생충이 그랬다. 우리가 손대기 전에 우리 식량을 빼앗아 먹으려는 종도 마찬가지였다. 우리의 적들은 유리했다. 개체군이 큰 생물군에서는 적응적 진화가 더 빨리 일어나기 때문이다. 개체군이 클수록 한 개체가 항생제나 제초제, 살충제가 있는 새로운 조건에서 유리한 돌연변이를 가지게 될 가능성이 높다. 우리와 경쟁하는 종은 세대 기간이 짧은 경향이 있기 때문에 역시 유리하다. 모든 세대에서 자연선택이 일어날 기회가 있다. 세대를 많이 거칠수록 새로운 돌연변이를 포함해 다른 개체에 비해 일부 계통이 유리해지는 일이 더 쉬워진다. 우리와 경쟁하는 종은 우리가 만든 단순한 생태계에서 경쟁이나 포식자를 만날 일이 거의 없으므로 또한 유리하다. 이들은 천적에서 탈출해 손에 쥔 먹이를 자유롭게 먹는 데에 집중할 수 있다. 마지막으로 우리와 경쟁하는 종은 우리의 행동 때문에 유리하다. 우리가 그들을 더 많이 죽이려 할수록 내성 균주가 감수성 있는 균주를 능가하는 속도는 더욱 빨라진다. 우리가 가진 최고의 무기는 우리를 불리하게 만든다.

인류가 존재하는 한 새로운 종이 진화할 가장 큰 기회는 우리 농장, 도시, 가정, 우리 몸에 있을 것이다. 이런 곳은 지구상에서 가장 빠르게 성장하는 서식지이며 앞으로도 계속 그럴 것이다. 그리고 이런 곳은 성장하면서 새로운 종의 기원에 진화적 기회가 될 것이다. 우리는 진화와 더불어 살고 있다.

　우리의 일상 거주지에서 우리와 함께 진화하는 종은 우리에게 이익이 되거나 적어도 까마귀처럼 무해하게 우리의 일상을 공유하며 함께 살아갈 수 있다. 그러나 이들이 꼭 그렇게 무해하거나 매력적이지 않을 수도 있다. 십중팔구 그렇지 않을 것이다. 우리가 주변 생물을 통제하고 죽이려고 계속 애쓴다면 우리는 항바이러스제, 백신, 항생제, 제초제, 살충제, 쥐약, 살균제에 내성이 있는 매우 특별한 종의 기원에 적합한 환경을 만들게 될 것이다. 우리가 조심하지 않으면 우리와 함께 진화하는 종은 모두 위험한 종이 될 것이며, 통제하려는 우리의 시도는 사악한 생물 형태로 가득한 정원을 이룰 것이다. 메두사는 자신을 바라보는 모든 사람을 돌로 만들었다. 우리는 우리 무기로 종을 건드려 거의 불멸하는 적으로 만들어버린다.

미래가 꼭 이런 식으로 전개되리라는 법은 없다. 우리의 공격에 대응하여 발달하는 종의 세부적인 진화는 보통 예측이 가능하다. 진화를 예측할 수 있다면 우리는 그 예측 가능성을 우리에게 유리하게 이용할 수 있다. 저항성 기생충의 진화에 대처하여 우리 몸이 한 번에 한 세대씩 진화할 때까지 기다리거나, 유전학자들이 해충에 내성을 지닌 새로운 작물을 육종하거나 조작할 때까지 기다릴 필요는 없다. 우리는 진화생물학에 대한 지식을 적용하여 미래를 계획할 수 있다. 또는 최소한 그렇게 할 가능성은 있다.

그러나 내성이 생기지 않게 막는 방법, 본질적으로 생명의 강의 흐름과 역동성을 거스르기보다 이와 함께 작동하는 방법을 생각해보기 전에, 먼저 그렇게 하지 않으면 어떤 일이 발생하는지 좀더 자세히 살펴보자. 이를 위하여 메가플레이트 실험으로 돌아가보겠다. 전체를 대표하는 일부분을 살펴보는 일종의 제유법이다. 알렉산더 플레밍이 일부 균류에서 인간이 사용할 수 있는 항생제가 생산된다는 사실을 처음 발견한 이래, 우리가 이런 항생제로 죽이려는 박테리아도 결국에는 이에 대한 내성을 발현하리라는 사실은 분명했다. 플레밍은 1945년 노벨상 수상 연설에서 이렇게 말했다. 그해 플레밍은 이미 "미생물이 페니실린에 내성을 가지도록 하기는 어렵지 않다"라는 사실을 알고 있었다. 그가 두려워한 것은 항생제를 구하기가 너무 쉬워져서 내성 발현에 유리하도록 비효율적으로 이용될 수도 있다는 점이었다.[4] 그리고 이 우려는 현실이 되었다. 우리 신체, 가정, 병원에서 일어나는 메가플레이트 실험에서, 항생제 내성 박테리아는 흔하고 (전부는 아니지만) 많은 지역에서 매우 흔하다. 수백 가지 항생제 내성 박테리아 계통은 우리가 대규모로 사용하는 항생제, 그리고 우리 몸이 박테리아에게 주는 엄청난 양의 먹이에 대응해서 진화했다. 각 박테리아 계통은 국지적 조건, 유전적 배경, 노출된 항생제에 따라 약간씩 다른 방식으로 진화한다. 박테리아는 항생제가 발견하지 못하거나 결합하지 못하는 세포벽을 만들어 내성을 발현한다. 항생제가 투과되지 않는 세포벽을 만들어서 항생제가 침투하지 못하게 할 수도 있다. 박테리아는 (선박 밖으로 물을 퍼내듯) 항생제를 세포 밖으로 퍼내는 일종의 내부 펌프를 장착할 수도 있다. 항생제가 결합하는 세포벽 단백질에 변화를 일으킬 수도 있다. 이런 박테리아는 심지어 일종의 생화학적 칼을 휘두르며 항생제를 작게 조각낼 수도 있다. 이런 방어책을 이리저리 조합해서 사용할 수도 있다. 눈송이 하나하나가 모두 다르듯 박테리아 내성 균주들도 각각 다르다.

내성 이야기는 박테리아에만 해당하는 것이 아니다. 말라리아를 유발하는 종 같은 원생생물도 내성을 일으킨다. 세계 지도상 전 세계에서 말라리아 원충이 항말라리아제인 클로로퀸에 저항을 나타낸 이야기는 분명 메가플레이트 실험처럼 보인다. 항말라리아제 내성은 1957년 캄보디아 산맥에서 처음 발생했다. 이후 내성이 퍼지기 시작했다. 클로로퀸이 사용되는 곳이라면 어디서든, 말하자면 모든 곳에서 내성 기생충이 다른 기생충 균주를 압도했다. 변종 기생충은 인근인 타이로 퍼졌다. 그다음 아시아 저 멀리로, 동아프리카로, 그다음에는 아프리카 전역으로 확산되었다. 그러는 동안 일부는 남아메리카 북단으로도 퍼져나갔고 그곳에서 남아메리카 전역으로 뻗어나갔다. 이들은 메가플레이트 실험의 박테리아처럼 퍼졌다. 한편 내가 이 글을 쓰는 동안 코로나바이러스 감염을 유발하는 일부 바이러스 변종은 하나 이상의 백신에 대해서 내성을 발현하기 시작했다.

내성의 진화는 미세한 종에서 끝나지 않는다. 동물의 내성 이야기는 박테리아나 원생생물의 내성 이야기와 매우 비슷하다. 빈대는 여섯 가지 살충제에 내성을 진화시켰고, 최소 600종 이상의 곤충 종이 적어도 하나의 살충제에 내성이 있는 것으로 추산된다(일부 곤충은 여러 살충제에 내성을 지니기도 한다). 여기에는 집 안에 사는 해충뿐만 아니라 작물 해충도 포함된다. 작물 해충은 밭에 살포되는 살충제와 형질 전환 작물이 생산하는 살충 성분에 내성을 발현한다.

진화는 창조를 거듭하고, 창조 행위는 절대 완성되지 않는다. 자연선택은 변종, 종, 생물체를 만드느라 바쁘기 때문이다. 우리도 우리의 행동을 통해서 이런 생물체를 만든다. 우리는 이들 생물의 본질뿐만 아니라 이들의 생물학적 세부도 형성한다. 앞에서 설명했듯이 박물학자 뷔퐁은 1778년 이렇게 썼다. "지구 표면 전체에는 인간이 미친 힘의 흔적이 새겨져 있다."[5] 이 흔적은 일부 종의 진화에는 적절하지만 다른 종의 진화에는 불리하다. 아름다운 꽃, 맛있는 과일, 유익한 미생물로 가득 찬 새로운 세상의 진화에 알맞은 세상을 만들기 위해서 노력하는 편이 현명할 테지만, 우리는 대체로 이렇게 하지 않는다. 인간이 남긴 흔적은 내성 있는 생물체로 가득 찬 새로운 세상에 적합할 가능성이 훨씬 높다.

나는 2016년부터 내성으로 가득한 위험한 정원을 다루는 싱크탱크에 참여했다.[6] 싱크탱크는 국립 사회환경 종합센터의 지원을 받았으며 스톡홀름 복원센터의 학자 페테르 예르겐센과 캘리포니아 대학교 데이비스 캠퍼스의 연구원 스콧 캐럴이 주도했다. 우리의 초기 주요 과제 중 하나는 "내성과 더불어 살기"로, 내성을 유발하는 살생물제의 사용이 늘어나고 있는지 파악하는 것이었다. 어쩌면 누군가 이것을 감시하는 일을 임무로 삼고 있으리라 생각할 수도 있겠다. 그러나 적어도 전체적으로는 그렇지 않다. 그래서 우리는 얼마나 많은 종류의 살생물제가 사용되고 있는지, 얼마나 많이 사용되고 있는지, 얼마나 널리 사용되고 있는지 집계했다. 그러자 그림은 분명해졌다.

　다른 생물에 인간이 미치는 영향이 광범위하게 가속화됨에 따라서 살생물제 사용은 계속 늘고 있다. 살생물제 사용 증가는 여러 규모에서 나타난다. 한 예로 1인당 항생제 판매량이 늘어남에 따라 전체 항생제 판매량도 늘고 있다. 1에이커당 사용되는 제초제 양이 늘고, 제초제를 살포하는 곳에 심은 형질 전환 제초제 저항성 작물 수가 늘어남에 따라 사용되는 제초제 양도 증가하고 있다. 사용이 줄어든 살생물제는 살충제뿐이다. 그러나 이것은 속임수이다. 살충제 사용이 감소한 것은 자체적으로 살충 성분을 생산하는 형질 전환 작물에 대한 의존도가 높아졌기 때문이다. 사람의 암 치료를 위한 화학 요법에 사용되는 살생물제도 점점 보편화되고 있다. 암은 박테리아 기생충이나 해충과는 매우 다르게 보일지도 모르지만, 암 역시 화학 요법에 대한 내성을 발현할 수 있고 실제로 그렇게 해서 억제 시도에 저항하는 "비반응성 종양"이라는 결과를 낳는다.[7] 생물계 대부분에는 인간 살생물제의 흔적이 새겨져 있다. 우리는 도예가가 회전판 위 진흙에 손가락을 눌러 넣듯 자연의 진흙에 우리의 넓은 엄지손가락을 세게 찍어눌렀다.

이런 경우 대부분에서 내성은 점점 더 흔해지고 있다. 항생제를 복용하면 우리 몸은 살아 있는 메가플레이트가 된다. 우리가 항생제를 복용하면 박테리아는 내성을 발현하고 얼마 지나지 않아서 방해받지 않고 성장을 재개한다. 농장에서 키우는 동물에 항생제를 투여하면(건강 문제를 해결하려는 목적보다 흔히 성장을 촉진하기 위하여) 동물도 메가플레이트가 된다. 박테리아는 휘몰아치는 항생제 회오리 속에서도 방해받지 않고 진화하고 자란다. 심지어 병원도 메가플레이트이다. 병원에서는 많은 환자와 병실에서 항생제를 사용한다. 게다가 병원에 있는 환자들의 몸은 면역이 약해진 상태이기 때문에 메가플레이트의 한천 배지만큼이나 무방비하다. 우리 몸속 암의 진화 이야기는 우리 몸이 페트리 접시인 양 펼쳐진다. 내성 세포, 내성 균주, 내성 종이 우리 사회의 생태계 전반에서 방해받지 않고 자란다. 그러나 "방해받지 않는다"라는 말은 적절하지 않다. 이런 세포, 균주, 종은 사실 살생물제가 있어 경쟁이 사라진 곳에서 더 잘 자라기 때문이다. 이 생물들은 우리가 나머지 생물에 비해서 이들을 선택하고 선호한 것처럼 잘 자란다.

보통 이런 경우 우리가 재난을 예방하는 방법은 훨씬 새로운 항생제, 살충제, 제초제, 화학 요법, 기타 살생물제를 찾는 것이다. 진화의 강이 불어나면 우리는 제방을 더 높게 쌓는다. 우리는 처음에는 그저 금광을 캐는 광부처럼 자연을 탐사하며 새로운 살생물제를 찾았다. 우리는 생물계를 탐색했다. 이 탐사는 플레밍이나 심지어 박테리아 발견 훨씬 이전부터 시작되었다. 가령 중세학자인 크리스티나 리와 동료들은 최근 안구 감염에 대처하는 고대 바이킹의 치료법을 발견했다. 연구진은 이 치료법이 안구 감염 박테리아를 죽이는 데 효과가 있을 뿐만 아니라 일부 항생제에 이미 내성이 있는 박테리아도 죽인다는 사실을 밝힐 수 있었다(즉 이 고대 치료법은 여전히 유용하다).[8] 과학자들은 항생제 발견의 다음 단계로 유용할 수 있는 새로운 화합물을 전략적으로 개발하는 실험실 기반 접근법의 개발에 집중했다. 이제 과학자들은 항생제를 절실히 찾으며 자연과 전통 지식(바이킹의 지식 같은)을 검색하고 순수한 발명에 의존하는, 모든 것을 뒤섞는 의학적 개수대처럼 여러 접근법을 조합할 방법을 연구한다. 한 예로 키쇼니는 박테리아 진화에 대한 이해를 바탕으로 연구 개척자들이 한 번에 여러 항생제를 섞어 감염을 치료할 새로운 접근법을 개척하는 데

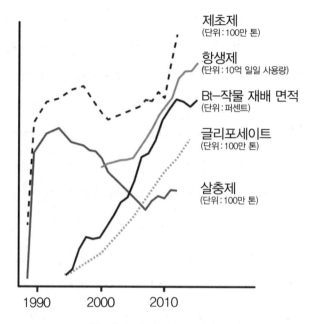

제초제
(단위 : 100만 톤)

항생제
(단위 : 10억 일일 사용량)

Bt-작물 재배 면적
(단위 : 퍼센트)

글리포세이트
(단위 : 100만 톤)

살충제
(단위 : 100만 톤)

1990   2000   2010

그림 10.3 1990년 이후 전 세계 제초제, 항생제, 유전자 조작 살충제 생산 작물 (Bt-작물), 제초제 한 종류(라운드업이라는 제품명으로 판매되는 글리포세이트) 및 살충제 사용량 변화. (그림 : 페테르 예르겐센 등의 논문을 바탕으로 로런 니컬스가 디자인. Jørgensen, Peter Søgaard, Carl Folke, Patrik J. G. Henriksson, Karin Malmros, Max Troell, and Anna Zorzet, "Coevolutionary Governance of Antibiotic and Pesticide Resistance," *Trends in Ecology and Evolution* 35, no. 6 [2020]: 484-494.)

도움을 준다. 이런 방법이 올바로 사용되면 박테리아가 약물 전체는 말할 것도 없고 약물 중 어느 한 가지에도 내성을 발현하기 어려워질 수 있다.

내성의 현실은 암울해 보인다. 그러나 나는 희망을 품을 이유를 제시하려 한다. 나는 지금까지 내성을 발현하는 대장균을 촬영한 베임의 영상을 수백 번 보았다. 강의에서 이 영상을 보여주기도 했다. 사람들은 말을 잃었다. 이 영상은 칸트가 말한 두려운 숭고에 비견될 만했다. 그러나 베임은 이렇게 영상을 보는 방식이 잘못되었다고 생각한다. 베임은 영상을 본 우리보다 훨씬 덜 두려워했다. 사실 그는 희망을 보았다. 우리가 네 단계를 밟는다면 미래에 내성을 관리할 수 있다는 희망이다. 각 단계를 수행할 때마다 우리는 기후 변화와 마찬가지로 우리의 행동과 실제로 세상이 우리의 행동에 대응하는 일에 시차가 있음을 기억해야 한다. 우리는 살생물제를 사용하지만, 그 결과는 미래의 어느 시점에야 나타난다. 그러나 기후 변화와 달리 이 시차는 비교적 짧다. 살생물제는 수십 년, 때로 몇 년 안에 결과를 보인다. 그 결과 우리는 적의 진화를 관리하는 방식에서 매우 빠르고 급진적인 변화를 일으킬 수 있다. 이런 맥락에서 이 네 단계는 지금 당장 시작할 수 있고 그 혜택을 곧바로 체감할 수 있다는 점에서 더욱 중요하다. 우리가 이 네 단계를 시작한다면 지구에서 내성을 없애는 것이 아니라(그렇게 할 수는 없다) 내성과 더불어 살아가고, 생물의 흐름 및 경향과 함께 살아가는 방법을 찾는 능력을 극적으로 향상할 수 있을 것이다.

내성과 더불어 살아가는 첫 번째 단계는 거의 연구되지 않았지만 중요하다. 이 단계는 생태적 간섭이라는 개념을 포함한다. 내성 박테리아는 다른 박테리아(그중 많은 박테리아는 자체 항생 물질을 생산한다)는 물론 기생충이나 박테리아 포식자와 경쟁하는 조건에서는 정착하기 힘들다고 여겨진다. 병원이나 피부가 정글과 비슷해질수록 새로 도착한 박테리아 균주가 살아남을 가능성은 낮아진다.

적이 다양할 때 기생충과 해충이 번성하기 어렵다는 생각은 또다른 다양성 법칙이다. 이것은 제7장에서 살펴본, 데이비드 틸먼이 미네소타 묵밭에서 검증한 법칙이다. 그러나 이 이야기는 내성이라는 특정 맥락에서 좀더 살펴볼 수 있다. 박테리아와 기타 내성 생물은 일반적으로 내성을 부여하는 특정 유전자에 의존한다. 이런 유전자는 보통 크다. 계속해서 이 유전자를 복제하려면 에너지가 많이 필요하다. 박테리아는 이런 유전자를 복제하는 데 시간이 많이 들기 때문에 충분히 먹지 못한다. 게다가 단백질 및 이런 유전자의 기타 산물을 만드는 데에는 보통 어떤 식으로든 비용이 많이 소요된다. 그 결과 내성 종은 경쟁자와 기생충에 특히 취약해진다. 내성이 거의 없는 환경을 확보하는 첫 번째 방법은 가능하다면 다양성을 지키는 방식으로 우리 주변 생태계를 관리하는 것이다. 이는 가정에서도 할 수 있는 일이다. 비누와 물을 이용하자. 항생제는 과다 사용하지 않는다. 손 소독제는 피하고, 살충제는 정말 필요한 경우 외에는 사용하지 않는다. 이런 조치는 모두 내성 종이나 균주와 경쟁하는 유익한 종을 보전하는 데 도움이 된다.

내성과 더불어 살아가는 데 중요한 두 번째 단계는 생태계를 관리하여 내성을 발현할 만한 감수성 있는 균주가 생태계에 더욱 퍼지도록 하는 것이다. 이 과정은 첫 번째 단계와 관련이 있다. 첫 번째 단계에서 감수성 있는 종은 보통 경쟁자이다. 우리는 감수성 있는 경쟁자에게 적합한 환경이 필요하다. 그러나 감수성은 단지 경쟁만이 아니라 더 많은 맥락에서 중요하다.

자체 살충 물질을 생산하는 형질 전환 작물에서도 감수성을 위한 특별한 관리가 일어난다. 이런 작물은 먹어도 안전하지만, 자신이 생성하는 살충 물질에 대한 내성 발현에는 매우 취약하다. 보통 우리는 이런 작물을 매우 넓은 면적에 심기 때문에 이런 작물의 감수성은 문제가 된다. 결과적으로 내성 해충이 등장하면 이들은 한 밭에서 다른 밭으로 옮겨가며 작물을 먹어치울 수 있다. 국가 전체를 집어삼킬 수도 있다. 실제로 이런 일이 일어났다. 그리고 이런 일은 계속 일어날 것이다. 그러나 문제를 잠시 멈출 수 있는 해결책이나 최소한 임시방편은 있다.

살충 성분을 생산하지 않는 식물을 살충 성분을 생산하는 작물 근처에 심으면 해충은 무방비 상태의 살충 성분 없는 작물을 우선 먹어치울 것이다. 이런 살충 성분 없는 작물을 피난 작물이라고 한다. 이런 작물은 감수성 있는 해충에게 피난처가 된다. 이런 상황에서 내성 있는 해충이 진화할 수도 있지만, 내성 있는 해충 개체도 살충 성분을 생산하지 않는 피난 작물을 먹고사는, 즉 살충제 감수성이 있고 더 성공적으로 생존하는 해충 개체와 짝짓기할 가능성이 더 높다. 해충에서 내성 유전자는 계속 드물게 유지되고, 이런 유전자는 감수성 있는 더 많은 유전자에 의해서 약화된다. 특히 내성 유전자가 흔히 그렇듯 어떤 비용을 치러야 한다면 더욱 그렇다. 이런 방식은 특이해 보이지만 잘 작동한다. 자체적으로 살충 성분을 생산하는 형질 전환 작물을 심는 많은 국가에서는 감수성 있는 피난 작물도 함께 심는 것이 의무이다. 이런 방법이 의무로 강제되는 곳에서는 내성 발현이 미리 방지되고 형질 전환 작물의 가치가 보존된다. 그러나 이런 방법이 의무이기는 하지만 강제는 아닌 곳에서는 내성이 발현하기 시작하고, 해충이 "기적"의 형질 전환 작물을 먹어치워 기적은 사라져버린다. 가령 브라질에서는 해충에서 가장 잘 보호된 형질 전환 작물에서도 내성이 발현하고 있다. 이런 일이 계속된다면 브라질은 옛 농업 체계(다른 종자와 장비, 그리고 훨씬 더 많은 것이 필요한)로 되돌아가야 할 것이다. 위험에 처한 형질 전환 작물을 대체할 새로운 형질 전환 작물이 곧 출시될 가능성은 낮기 때문이다. 내성을 잘 관리하지 못하면 혁신의 속도는 내성 발현 속도를 따라가지 못한다.

최근에는 인간의 암을 통제하기 위해서도 피난 작물 체계와 비슷한 접근법을 사용하자는 주장도 있다. 한 예로 우리 싱크탱크의 일원인 진화생물학자 아테나 악티피스는 자신의 책 『속임수 쓰는 세포 *The Cheating Cell*』에서 암 치료에 대한 대담하고 새로운 접근법을 제안했다. 악티피스는 암이 활발하게 자라고 있을 때에만 화학 요법으로 암을 치료해야 한다고 주장한다.[9] 종양이 활발하게 자라지 않는데도 화학 요법을 사용하면 감수성 있는 세포가 죽고 대부분 내성 세포만 남게 된다. 내성 박테리아처럼 내성 암세포는 좋은 경쟁자가 아니지만, 감수성 있는 세포가 모두 사라지면 내성 암세포가 번성한다. 화학 요법을 한번 사용하고 종양이 다시 활발하게 자라기 시작하기 전에 또다시 화학 요법을 사용하면, 감수성 있는 마지막 남은 세포가 죽고, 남은 세포는 모두 내성을 가지게 된다. 종양이 세 번째로 자라기 시작하면 전체 종양이 내성을 가지게 된다. 그러나 종양이 자랄 때에만 화학 요법 치료를 받으면 더 빨리 분열하고 자라는 감수성 있는 일부 세포가 생존한다. 결과적으로 다음에 화학 요법을 받을 때에는 대부분의 종양 세포가 감수성 있는 세포가 된다. 적응 요법이라 불리는 방법의 하나인 이 접근법은 플로리다 주 H. 리 모피트 암센터 연구소의 밥 개튼비가 수행하는 새로운 임상 시험의 하나이다. 지금까지의 임상 시험은 매우 성공적이었다. 적응 요법이 암을 치료하는 마법의 해결책은 아니다. 그러나 기존의 여러 접근법을 보완할 수 있는 체계이기는 하다. 암 내성을 어떻게 관리할지, 그리고 자연선택에 반하는 것이 아니라 자연선택과 더불어 어떻게 암을 다룰지 생각해볼 중요한 출발점이다.

형질 전환 작물 관리와 암 치료는 다르다. 그러나 둘 사이에는 근본적으로 같은 구성 요소가 있다. 두 경우 모두 내성을 지닌 생물의 확산을 방지하는 일은 감수성 있는 생물에 도움이 되는 방법을 찾아내는 일에 달려 있다. 최근 우리 싱크탱크 리더인 페테르 예르겐센은 살생물제에 대한 우리 적의 감수성은 일종의 공동선共同善이라고 주장했다. 그에 따르면 이 감수성은 인류에게 깨끗한 식수만큼 중요하다.

해충, 기생충, 암세포를 더 잘 관리해서 이런 감수성을 촉진할수록 우리는 이런 종에 대해서 더욱 통제력을 가지게 된다. 감수성을 관리하는 방법은 상황마다 다르지만, 감수성 있는 개체를 보유하는 것 자체는 우리 모두에게 유익한 일이다.[10]

내성과 더불어 사는 세 번째 단계는 지금은 다소 까다롭지만 앞으로는 조금 쉬워질 것이다. 내성이 발현하는 방식의 예측 가능한 특성을 이해하는 단계이다. 생물은 일부 살생물제에 여러 방식으로 내성을 발현할 수 있다. 진화가 일어난 과정을 계속 되감기 해보면 매번 다른 방식으로 재생될 것이다. 그러나 매 과정에서 내성 발현은 매우 예측 가능하다. 무엇이 예측 가능한지만 상황에 따라서 다를 뿐이다. 어떤 종에서 예측 가능한 것은 내성 발현 속도이다. 메가플레이트에서 한 항생제에 내성을 발현시킨 일은 몇 번을 반복해도 10일이었다. 다른 항생제에 대해서는 12일이 걸렸다. 다른 경우 좀더 상세한 것을 예측할 수 있다. 어떤 박테리아 종에서는 특정 항생제에 내성을 발현할 때 동일한 돌연변이가 동일한 순서로 진화적 춤의 단계를 반복적으로 밟았다. 이런 경우에는 앞으로 일어날 단계를 예측하고 앞서나갈 수 있다. 여기에서 일종의 정밀 예측을 할 수 있다. 내성이 발현된다는 사실뿐만 아니라 내성이 어떻게 발현되는지 예측하고, 상황을 바꾸기 위해서 실시하는 정밀 예측이다. 이런 일은 일부 종이나 일부 내성에 대해서는 가능하지만 다른 경우에는 불가능할 수도 있다. 어떤 종과 내성에 대해서 가능한지 밝혀내는 것이 우리의 임무이다.

내성과 더불어 살아가는 네 번째이자 마지막 단계는 자연의 해결책으로 돌아가는 것이다. 베임이 우리 대화에서 계속 되돌아가 언급한 내용이자 그의 말대로 그가 "희망적"이 되도록 만든 아이디어 말이다. 나의 경험상 내성을 연구하는 생물학자들은 "희망적"이라는 말을 그다지 자주 쓰지 않는다. 사용한다면 아이러니하게(심지어는 냉소적으로) 쓸 뿐이다. 그러나 베임은 나와 대화할 때 희망적이라는 말을 했고, 그의 말은 문자 그대로 희망을 의미하는 듯 보였다. 베임을 희망적으로 만든 것은 박테리오파지라고 불리는 바이러스이다.

일반적으로 우리의 살생물제는 망치이다. 항생제는 다소 특이성 없이 무차별적으로 박테리아를 죽인다. 살충제는 곤충을 죽인다. 제초제는 식물을 죽인다. 살균제는 곰팡이를 죽이지만 다른 동물을 위협하기도 한다. 살생물제가 특정 생물만 노릴 경우 대체로 그 특이성은 품질이 떨어진다. 한 예로 가장 특이적인 항생제라도 그람음성균이나 그람양성균을 죽이는 데에만 탁월하다. 즉 박테리아 1조 종이 있을 때 항생제는 전체가 아닌 박테리아 절반만 죽일 수 있을 정도로만 특이적인 셈이다. 이것은 우리를 위협하는 종에 맞서는 어리석은 방법이다. 우리 문명 주위에 다리가 아닌 해자를 두르는 것과 마찬가지이다. 그 결과 우리 성에 들어올 수 있는 유일한 종은 헤엄치고, 벽을 기어오르고, 끓는 기름에서도 살아남을 만큼 강력한 종이다. 그러나 양쪽을 잇는 다리가 없으므로 일단 이들이 도착하면 우리는 탈출할 방법이 없다.

이보다 현명한 접근법은 전략적으로 특정 적을 표적으로 삼는 방법이다. 그렇게 하려면 적을 알아야 한다. 일반적으로 많은 기생충은 배임이 지적했듯 "자연사의 단계"에 있다. 비교적 흔한 일부 기생충에는 아직 이름조차 없다. 우리의 적을 더 체계적으로 정리하기는 어렵지 않을 것이다. 아직 그렇게 하지 않았을 뿐이다. 특히 가장 부유한 국가 바깥에서는 더욱 그렇다. 우리는 전반적으로 우리의 적을 알아야 한다. 그러나 특정 피해자에게만 영향을 미치는 구체적인 적도 알아야 한다. 우리는 적을 면봉으로 채취한 다음 여기에 묻은 종, 그 종의 균주, 심지어 그 균주가 포함하는 유전자를 식별할 수 있어야 한다. 몇 년 전만 해도 이런 일은 불가능했다. 그러나 이제 그런 일이 가능할 뿐만 아니라 훨씬 쉽고 저렴해졌다. 머지않아 적어도 부유한 국가의 부유한 병원에서는 누군가를 감염시키는 기생충의 전체 유전체를 파악하는 일이 표준 관행이 될 것이다. 일단 기생충을 알게 되면 일반적인 항생제가 아니라 그 기생충의 유전자와 방어벽에 꼭 맞는 박테리오파지를 이용해 표적을 없앨 수 있다. 이런 접근 방식은 당장 준비되지는 않았지만 곧 준비될 것이며, 향후 몇 년 동안 점점 늘어날 것으로 보인다. 자연(박테리오파지)의 다양성을 우리의 이점을 위하여 이용하는 접근법이다.

이런 단계 및 이와 관련된 접근법은 모두 우리가 진화법칙 및 일반 규칙에 대해서 아는 지식뿐만 아니라, 특정 종의 구체적인 자연사와 진화 경향에 대한 지식을 바탕으로 구축되어야 한다. 현대 의학 및 오늘날의 의학 관행은 진화나 자연사에 그다지 관심을 기울이지 않는다. 그러나 우리는 이런 상황을 개선할 수 있다. 진화적 통찰과 자연사에 근거해 의료 및 공중 보건 체계를 구축하면 그 이점은 엄청날 것이다.

우리는 우리의 방식을 바꿀 수 있을 것이다. 마이클 베임은 희망을 품고 있다. 그리고 앞에서 설명한 네 가지 통찰을 기반으로 해결책을 개발하기 시작한 회사들도 희망을 품고 있다. 어쩌면 당신도 희망을 품어도 좋다. 아니면 적어도 베임의 메가플레이트 결과를 보았을 때만큼 비관하지는 않거나, 변화를 만드는 우리의 능력에 희망을 품을 수도 있다. 앞으로도 변하지 않을 것은 진화규칙이다. 10년이든 1,000만 년이든, 생명이 끝날 때까지 진화 규칙은 변하지 않을 것이다.[11]

11

자연의 종말은 아닌 미래

1989년 빌 맥키번은 미래를 예견하는 유명하고 중요한 책 『자연의 종말*The End of Nature*』을 출간했다. 이 책은 미래를 위해서 싸우라는 구호였고, 보전 활동, 기후 변화 완화 시도 등의 주요 활동을 촉진하는 데에 도움을 주었다. 이와 비슷한 책들이 뒤따랐다. 가장 최근 사례로는 데이비드 월러스웰즈의 『2050 거주불능 지구*The Uninhabitable Earth*』 같은 책이 있다. 이런 책들은 중요하고 유용하지만, 틀린 점도 있다.

지구상 생물이 거주할 조건이 변화하는 속도가 인간 때문에 가속화되고 있다는 생각은 틀리지 않았다. 그런 변화가 전례 없는 규모로 전 지구적 인간의 비극을 초래할 것이라는 생각, 또는 그런 변화가 서식지 손실을 늘려 생태계와 야생종, 심지어 생태계가 인간에게 제공하는 가장 기본적인 혜택을 위협할 것이라는 생각도 틀리지 않았다. 이런 생각은 모두 사실이었고 지금도 사실이다. 잘못된 생각은 이 모든 것이 자연의 종말과 관련이 있다는 생각이다. 인간의 종말은 자연의 종말보다 훨씬 가까이에 있다. 이런 현실은 내가 일본 오카자키에 갔을 때 분명해졌다.

당시 나는 멸종 관련 회의에 초대받았다. 나는 2003년 박사 학위논문을 마무리하면서 곤충의 멸종을 비공식적으로 연구하기 시작했다. 당시로서는 외로운 시도였다. 나는 지난 수백 년 사이에 멸종한 것으로 여겨지는 곤충 몇 종에 대해서 몇 번 강의했다. 수많은 시간을 들여 이미 멸종한 다른 곤충 종에 대한 글도 썼다.[1] 발견한 사실을 논문으로 썼고, 이 종들에 바치는 웹사이트도 만들었다. 직접 만난 적 없는 싱가포르 대학원생 리안 핀 코(현재 싱가포르 의회 의원)와 함께 공멸에 대한 연구를 시작하기도 했다. 공멸이란 어떤 종(예를 들면 매머드에 사는 이)이 자신이 의존하는 종(매머드)의 감소에 따라서 멸종한다는 개념이다.[2] 그 협동 작업 덕분에 나는 당시 내가 일하던 오스트레일리아 퍼스의 커틴 대학교가 주관하고 일본에서 열리는 회의에 초청받았다.

이 회의에는 멸종 연구의 거물들이 모여들었다. 이들은 각자 큰 그림을 보는 자신만의 관점을 열렬히 제시했다. 『핌이 보는 세계 The World According to Pimm』를 집필한 스튜어트 핌은 지구 멸종률을 예측하는 연구에 대해서 강의했다.[3] 로버트 콜웰은 종 다양성이 어디에서 가장 큰지 밝히는 새로운 방법을 제시했고, 이런 지식이 왜, 그리고 어떻게 멸종 이해에 정보를 주는지 논했다. 제러미 잭슨은 바다에 사는 거대종의 감소 그리고 새로운 세대의 사람들이 어떻게 약간 작은 여러 종의 집합을 "거대" 종으로 받아들이고, 실제보다 덜 자연적인 모습을 자연으로 받아들이게 되는지 논했다. 러셀 랜드는 작은 희귀종 개체군이 감소하는 현상을 이야기했다. 회의에서 전반적으로 느껴지는 분위기가 있다면 종 멸종률을 정확히 추정하기는 어렵지만 전 세계가 곤경에 처해 있다는 것이었다. 자연은 곤경에 처해 있다. 당시에는 놀라운 일이 아니었다. 그러나 야생종이 겪는 어려움에 대한 이야기가 이어지자 낙심은 곧 혼란으로 빠르게 바뀌었다. 그다음 숀 니가 발표를 이어갔다.

숀 니는 당시 옥스퍼드 대학교 교수였다. 젊지만 인습을 깨트리는 영리한 학자로 진화생물학자들 사이에서 이미 명성을 얻은 사람이었다. 그는 다른 사람들이 놓친 것을 간파하고 지적했다. 때로 그는 수학을 렌즈로 이용해서 이런 사실을 파악했다. 그저 세심하게 주의를 기울여 파악하기도 했다. 이번 이야기는 후자의 경우였다.

나의 기억에 숀 니는 기본적으로는 가계도이지만 지구상 모든 종을 다루지는 않는 생명의 진화 나무를 보여주며 발표를 시작했다. 이 나무는 대부분 관심 있는 특정 생물에만 초점을 맞추는 경향이 있는, 교과서에 등장하는 생명의 진화 나무와는 거의 닮지 않았다. 보통 생명의 진화 나무에서는 인간이나 유인원, 멸종한 인간 친척 또는 (나무 중의 하나인) 상수리나무가 있다. 사람들 대부분, 심지어 진화생물학자 대부분 역시 더 큰 진화 나무를 거의 보지 못한다. 영장류나 포유류,

심지어 척추동물뿐 아니라 균류, 요충 그리고 모든 고대 계통의 단세포 생물을 포함하는 더 큰 진화 나무 말이다. 여기에는 그럴 만한 이유가 있다.

그림 11.1은 생명의 진화 나무 중 하나를 보여준다. 가지에 모두 이름표가 붙어 있다면 아마 대부분의 이름이 낯설다는 사실을 금방 눈치챌 것이다. 가령 이 생명의 나무에 속한 큰 줄기에는 미크르고균Micrarchaeota, 위르트박테리아Wirthbacteria, 후벽균Firmicutes, 녹만균Chloroflexi 또는 "RBX1" 같은 훨씬 아리송한 이름이나, 로키고균Lokiarchaeota, 토르고균Thorarchaeota 등도 있다. 인간이 어느 가지에 포함되었는지 찾기는 어려울 것이다. 이것은 실수가 아니라, 생물의 더 큰 그림에서 인간의 위치를 반영했기 때문이다. 숀 니가 보여준 나무와 비슷하게 이런 진화 나무는 지구상 생명의 진화 나무에 달린 가지 대부분이 여러 미생물에 해당한다는 사실을 분명히 보여준다.

우리 포유류의 위치는 나무 오른쪽 아래 진핵생물 가지에서 찾을 수 있다. 진핵생물 가지에서 우리 포유류는 후편모생물이라는 작은 가지에서 나온 조그마한 새순에 불과하다. 포유류로 보면 우리의 고유함은 미미하다. 우리 가지는 가늘고 눈에 띄지 않는 작은 가지일 뿐이다.

생물학적으로 숀 니가 밝힌 이야기—생명의 나무에 있는 고대 가지 대부분은 단세포 미생물 유기체 계통이라는 이야기—는 새로운 이야기가 아니었고 지금도 그렇지 않다. 이런 사실은 과학자들이 오랫동

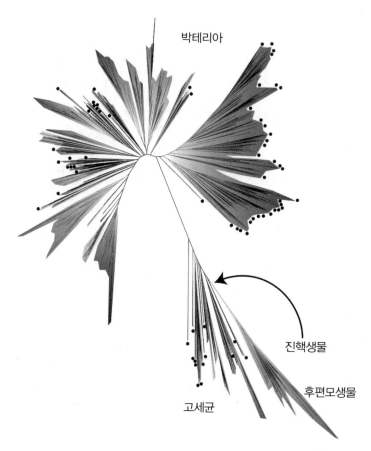

박테리아

진핵생물

후편모생물

고세균

그림 11.1 모든 주요 가지(모든 종은 아님!)를 포함하는 생명의 진화 나무. 덤불처럼 보이는 이 생명의 나무에서 각 선은 생물의 주요 계통을 나타낸다. 핵이 있는 세포를 지닌 모든 종은 빗자루처럼 보이는 가지인 진핵생물의 일부로, 나무 오른편 하단에 화살표로 표시되어 있다. 진핵생물에는 말라리아 원충, 해조류, 식물, 동물, 기타 생물체가 있다. 진핵생물 가지에서 난 작은 일부인 후편모생물에는 동물과 곰팡이가 포함되어 있다. 인간에 집중해본다면 동물은 후편모생물에서 나온 가느다란 가지일 뿐이다. 이런 넓은 관점에서 척추동물은 이 생명의 나무에서 특별한 가지가 아니다. 척추동물은 그저 작은 새순일 뿐이다. 동물은 이 새순 안의 세포 하나에 불과하다. 이렇게 비유를 이어가보면 인류는 그 세포보다도 작다.

안 알고 있던 현실이다. (제1장에서 살펴본) 어원의 혁명이 보여준 사실이기도 하다. 이런 현실은 칼 우즈라는 미생물학자가 우리 주변 생물을 연구하는 새로운 방법을 개발하면서 밝혀지기 시작했다. 바로 유전자 암호 문자를 바탕으로 서로 다른 생물체를 공통의 언어로 비교하는 방법이다. 그전까지 우리는 생물을 겉으로 보이는 모습(형태)이나 할 수 있는 일(예를 들면 "산성 조건에서 자람")에 바탕을 두고 비교했다. 우즈는 새로운 방법을 사용하기 시작했다. 놀라운 일이 그를 기다리고 있었다.

　우즈가 연구하던 시료 중 하나는 다른 박테리아와 비슷하게 생겼고 다른 많은 박테리아처럼 소에 서식하는 박테리아 종이었다. 그러나 우즈는 이 박테리아 종을 유전적으로 연구하면서 이것이 다른 종과 다르다는 사실을 발견했다. 이 박테리아는 지금까지 연구된, 다른 어떤 생물체에서 수집한 박테리아와도 유전적으로 뚜렷하게 달랐다. 우즈는 이 박테리아를 연구하면서 이것이 결코 박테리아 종이 아님을 분명히 밝혔다. 대신 이것은 완전히 새로운 유기체인 고세균이었다. 고세균은 그림 11.1에서 우리 인간을 포함하는 긴 가지에 있다. 우즈는 고세균이 표면적으로는 박테리아와 비슷하지만, 박테리아보다는 우리 인간과 더 비슷하다는 사실을 깨달았다. 게다가 우즈를 포함한 미생물학자들은 가장 오래되고 독특한 많은 생물체 계통이 우리 눈에 아주 특이한 조건에서 번성하므로, 이들을 실험실에서 키울 방법을 아직 밝히기는 어렵다는 사실을 깨달았다. 그림 11.1에서 검은색

점으로 나타낸 각 계통은 아직 인간이 이들 종을 길러본 적이 없음을 나타낸다. 이 생물의 DNA를 밝혔고 해독했으므로 우리는 이런 생물이 존재한다는 사실을 안다. 그러나 그들에게 무엇이 필요한지는 모른다. 이런 생물 계통은 어떤 식으로든 우리에게 의존할 가능성이 낮을 뿐만 아니라, 이들이 존재하기 위해서 무엇이 필요한지도 아직 밝혀지지 않았다. 이런 생물 일부는 번성하려면 극한의 더위가 필요하다. 다른 종은 극도의 산성 조건이 필요하다. 어떤 종은 화산 활동에서 방출되는 특정 화학 물질이 필요하다. 많은 종은 생장이 너무 더뎌서 이들에게 가장 필요한 것은 시간일 수도 있다. 이런 생물의 대사는 너무 느려서 평범한 연구자의 고작 몇 년의 연구 경력으로는 이들의 활동을 감지할 수 없을 정도이다.

숀 니는 자신의 주장을 펼치며 우즈의 통찰 및 그가 연구 기반으로 삼은 다른 미생물학자들의 통찰을 적용했다. 그의 주장은 회의에 참석한 미생물학자들에게 명확했지만, 보전생물학자들에게는 미심쩍어 보였다. 숀 니는 보전생물학 회의에 미생물학을 들여왔고, 그렇게 하면서 이 진화 나무가 보여주는 결과에 주목하게 했다. 즉, 지구의 다양성을 생물의 생활 방식, 특정 화합물을 소화하는 능력, 심지어 고유한 유전자라는 면에서 측정한다면 생물 대부분은 미생물이라는 주장이었다.[4] 반대로 포유류, 조류, 개구리, 뱀, 벌레, 조개, 식물, 균류, 기타 다세포 종은 모두 합해서 고려해도 비교적 사소했다.

숀 니가 이런 사실을 지적하자 청중은 그의 발표가 어디로 향할지

감을 잡기 시작했다. 청중은 초조해졌다. 강당은 기대감으로 조금 조용해졌다. 숀 니가 계속 말하고자 한 것은 상상할 수 있는 한 우리가 지구에 저지르는 최악의 일—핵전쟁, 기후 변화, 대규모의 오염, 서식지 손실 등—은 모두 우리 같은 다세포 종에는 영향을 미치겠지만, 진화 나무의 주요 계통 대부분의 멸종으로 이어질 가능성은 없다는 사실이었다. 게다가 우리가 저지르는 최악의 공격에 직면하면, 아주 특이한 계통 대부분은 사실 번성할 가능성이 더 높았다. 회의 첫날, 우리는 희귀해진 판다, 야자수의 멸종 위기, 종이 회복될 수 있는 최소 임계 개체군 크기에 대한 이야기를 들었다. 자연의 종말이 온 것처럼 느껴졌다. 그러나 여기에서 숀 니는 정반대의 주장을 했다.

어떤 사람들은 화를 냈지만 숀 니는 어떤 점에서 옳았다. 자연은 위협받지 않는다. 자연이 곧 끝나지는 않을 것이다(어쨌든 앞으로 수억 년 동안은 끝나지 않을 것이다). "자연"이 지구상 생물의 존재, 고대 계통의 다양성, 계속 진화할 수 있는 생물의 능력을 의미한다면, 자연은 분명 끝나지 않을 것이다. 반대로 위협받는 것, 즉 빌 맥키번이 종말이 온다고 선언한 것은 우리와 가장 관련 있고 우리의 생존에 가장 필수적인 생물체이다. 위협받는 것은 우리가 사랑하는 종과 우리가 필요로 하는 종이다. 의미론적으로 보일 수도 있지만 그렇지 않다.

숀 니의 주장에는 실제로 두 가지 요소가 있었다. 그는 그림 11.1이 드러내는 사실, 즉 우리(그리고 우리 같은 종)는 생명의 장엄함에 비해서 상대적으로 덜 중요하다는 사실을 지적했다. 다시 말하면 숀 니는 자신이 어원의 혁명을 지지한다는 점을 강조했다. 그러나 그는 또한 우리나 다른 다세포생물이 선호하는 조건이 더 일반적인 다른 종이 선호하는 조건에 속한, 비교적 좁은 조건의 하위 집합이라는 점에 주목했다. 생물계 대부분은 우리가 선호하거나 심지어 우리가 견딜 수 있는 조건보다 더 극단적인 조건을 선호한다.

생명의 나무에 있는 우리 과인 호미니드(현대인과 멸종된 인간 및 현대 유인원과 멸종된 유인원을 포함한다)는 대략 1,700만 년 전에 진화했다. 호미니드가 진화하기 시작할 무렵에는 본질적으로 생명의 나무에 있는 모든 주요 가지가 이미 수억 또는 수십억 년 동안 존재해온 상태였다. 그중 일부는 산소가 없는 기간을 거쳤고, 다른 일부는 산소 농도가 위험할 정도로 높은 기간을 거쳤다. 일부는 극한의 더위를, 다른 일부는 극한의 추위를 견디며 살았다. 이들 계통은 높은 저항력을 통해, 또는 어떤 조건이든 자신에게 유리한 조건이 유지되는 작은 서식지를 여기저기서 찾아내며 이런 변화 및 다른 여러 변화(유성, 화산 등이 촉발한 변화)에서 살아남았다. 1,700만 년 전의 평균 조건은 비교적 여러 계통에 적대적이었지만, 우리 조상인 최초의 호미니드에게는 그렇지 않았다.

원숭이 정도 몸집을 가진 최초의 호미니드가 진화했을 때, 지구 환경의 산소 수준은 본질적으로 지금 우리가 경험하는 정도와 비슷했다. 이산화탄소 수준은 기온과 마찬가지로 지금보다 좀더 높았다. 초기 호미니드에게 유리한 조건이었다. 약 190만 년 전 호모 에렉투스가 진화했을 때, 산소와 이산화탄소 농도는 기본적으로 우리가 오늘날 경험하는 정도와 비슷했고, 기온도 마찬가지이거나 좀더 시원했다. 오늘날 우리라면 비교적 쾌적하게 느낄 만한 조건이었다. 이것은 우연이 아니다. 열을 견디고 땀을 흘리는 능력, 심지어 세부적인 호흡 방식 등과 관련된 우리의 신체 기능 대부분이 이 시기에 진화했기 때문이다. 다시 말하면 우리 계통은 다른 많은 현대 계통과 마찬가지로 지난 190만 년 동안 이어져왔지만 지구의 오랜 역사 대부분에서는 거의 찾아볼 수 없는 조건에 세심하게 맞춰져 있다.

우리의 몸은 우리가 일반적이라고 받아들이지만 비교적 특이한 여러 조건에서 이점을 얻도록 진화했다. 이런 조건을 당연하게 받아들이기 쉽지만, 사실 우리가 지구를 더 온난화시킬수록 우리 몸은 주변 세상에 덜 적합해진다. 우리가 세상을 더 많이 바꿀수록 우리는 우리가 번성하는 데에 필요한 조건과 우리가 사는 세상 사이의 불일치를 더욱 크게 만든다. 반면에 아주 먼 과거의 기온, 가스, 기타 조건에 적응하며 진화했고, 더 적응하는 대신 이런 조건에서 작은 공간을 발견해 살아남은 종은 심지어 우리가 인간의 필요와 저항력에 비해서 지구를 더 덥게 만들고 오염시켜도 계속 유지되고 때로 번성할 가능성이 있다.

많은 고대 생물 계통이 선호하는 조건에는 우리 관점에서 보면 생물이 없는 것처럼 보이는 조건도 있다. 박테리아는 해저 화산 분출구에서 엄청나게 높은 압력을 받으며 살고, 지구 핵에서 나오는 뜨거운 증기에서 에너지를 얻는다. 이들은 수십억 년 동안 그곳에서 살았다. 이런 박테리아 종 가운데 하나인 피롤로부스 푸마리_Pyrolobus fumarri_는 지구상에서 가장 열에 강한 종이다. 이 박테리아는 최대 섭씨 112도의 온도를 견딜 수 있다. 이런 박테리아가 지구 표면으로 옮겨지면 기압과 햇빛을 견딜 수 없고 산소와 추위에 대응할 수도 없어 죽는다. 소금 결정 안에 사는 박테리아도 있다. 구름 속에도 박테리아가 산다. 1킬로미터도 넘는 깊은 지하에서 석유를 먹고 자라는 박테리아도 있다. 데이노코쿠스 라디오두란스_Deinococcus radiodurans_ 박테리아는 유리가 약해질 만큼 강한 방사선 아래에서도 산다. 제2차 세계대전 중 히로시마와 나가사키에 투하된 원자 폭탄에는 1,000래드의 방사선이 포함되어 있었다. 1,000래드면 인간은 죽는다. 데이노코쿠스 라디오두란스는 거의 200만 래드를 견딘다. 우리가 유발하는 거의 모든(아마도 모든) 극단적인 지구 조건은 적어도 과거에 있던 일부 조건에 해당하며, 그러므로 이런 조건에서도 어떤 종은 번성할 수 있을 것이다. 미래에 대한 공포는 다른 종에게는 이상적인 조건에 대한 묘사이다. 특히 이 미래에 대한 공포가 먼 과거의 어떤 기간과 일치할 때에는 더욱 그렇다.

그러나 우리는 이런 새롭고도 오래된 조건에서 번성할 종 대부분에 대해서 거의 모른다. 몇 가지 예외를 제외하면 생태학자들은 이런 종을 연구하지 않았다. 책의 첫머리에서 언급했듯, 생태학자들은 몸집과 눈이 큰 포유류나 조류처럼 우리와 비슷하고 우리가 유발하는 변화로 몹시 고통받는 여러 종에 지나치게 초점을 맞추었다. 또한 생태학자들은 확장될 생태계와 종보다는 감소하는 생태계와 종에 초점을 맞춘다. 이들은 열대 우림, 고대 초원, 섬에 가서 연구하기를 좋아한다. 가까이에 쓰레기 매립지와 핵 부지가 있고 비교적 연구하기가 쉬워도 유독한 쓰레기 매립지와 핵 부지를 연구하기는 싫어한다. 그러나 누가 그들을 비난할 수 있을까? 한편 지구상에서 가장 극한의 사막은 외지고 척박한 곳이어서, 수업이 끝나자마자 달려갈 즐거운 곳이 아니라 유배지나 마찬가지이다. 이런 곳도 거의 연구되지 않는다. 그 결과 우리는 가장 빠르게 성장하는 일부 생태계의 생태에도, 미래의 극단적인 상황에도 눈감게 된다. 나도 예외는 아니다.

몇 년 전 나는 기후 변화에 따라서 어떤 개미 종이 얼마나 번성할 가능성이 있는지 알아보면서 우리가 지닌 지식의 격차를 깨닫게 되었다. 우리가 사용한 도구 중 하나는 휘태커 생물군계 분포도라는 간단한 도표였다. 생태학자 로버트 휘태커는 기온과 강수량을 기록하는 습관이 있었다(독일에서 태어나 나중에 독일계 미국인이 된 생태학자 헬무트 리스에게서 배운 습관으로 보인다). 휘태커는 이 두 변수만으로도 지구의 생물군계 대부분을 설명하기에 충분하다는 사실을 알아챘다. 덥고 습한 지역은 우림, 덥고 건조한 지역은 사막 등이다. 기후와 지구 주요 생물군의 관계는 매우 견고해서 생태학자 존 로턴은 이를 "생태학의 가장 유용한 일반론"이라고 불렀을 정도이다.

몇 년 전 네이트 샌더스(현재 미시간 대학교 교수)와 나는 전 세계 수십 명의 개미 생물학자들과 협력했다. 우리는 세계 곳곳에서 체계적으로 연구된 개미 군집에 대해 가능한 한 모든 연구 자료를 모았다. 그다음 나는 동료 클린턴 젱킨스와 함께 이런 연구가 수행된 장소의 기온과 강수량을 그래프로 그렸다. 각 지점은 몇몇 개미 생물학자들이 수행한 수백 시간의 연구를 나타냈다. 어렵게 얻은 데이터였다. 그러나 지구에서 나타나는 여러 기후와 관련해 데이터 지점을 살펴보던 우리는 무엇인가가 빠졌음을 깨달았다.[5]

　생물학자들이 개미 연구를 위하여 갔던 장소는 기후 조건으로 볼 때 무작위적이지 않았다. 가장 추운 조건 중 일부는 연구되지 않았다. 이는 이런 조건 중 많은 부분에 개미가 없기 때문이기도 했다. 개미를 찾지 못할 곳에서 개미를 연구할 사람은 없다. 그러나 가장 더운 숲, 특히 가장 더운 사막도 제대로 연구되지 않았다. 그렇다고 우리가 이런 지역에 대해서 아무것도 모른다는 말은 아니지만, 이런 지역에 대한 지식은 아주 일부일 뿐이다. 우리가 살핀 것은 개미에 대한 패턴이었지만 조류, 포유류, 식물 및 다른 생물군 대부분도 이런 패턴은 마찬가지이다. 기온 및 강수량의 변동, pH나 염도 같은 화학적 환경 특성 같은 다른 변수를 고려해도 아마 비슷한 패턴이 보일 것이다. 일반적으로 인간의 관점에서 볼 때 조건이 더 극단적일수록 그런 조건에 사는 개미 종은 덜 연구되었을 가능성이 있다.

개미 생물학자들이 가장 더운 사막에서 개미 군집을 연구하지 않은 이유는 개미들이 그런 조건에 살지 않기 때문이라고 (즉, 가장 추운 조건에서 일어날 일과 마찬가지라고) 주장할 수도 있다. 그러나 이는 사실이 아니다. 나의 친구 심 세르다를 포함해 내열성 개미를 연구하는 비교적 소수의 생물학자 덕분에 사막개미 속에 속하는 종처럼 일부 개미 종이 더위를 견딜 수 있다는 사실이 알려졌다. 사실 사막개미는 다른 어떤 동물 종이 생존할 수 있는 온도보다도 더 높은 온도를 견딘다. 이들은 전 세계에서 가장 뜨거운 사막에서 하루 중 가장 더운 시간에 먹이를 찾는다. 사막개미는 최대 섭씨 55도에서 생존할 수 있는데, 이는 오늘날 지구상 가장 높은 연평균 기온보다 25도 더 높다. 곤충학자 뤼디거 베너는 이들을 "열을 좋아하고 열을 추구하는 열 전사"라고 썼다.[6] 사막개미는 더울 때 꽃잎을 모으고 식물의 줄기에서 설탕을 핥는다. 그리고 열 스트레스로 죽은 다른 동물 종의 사체를 모은다.

사막개미는 극단적인 서식지에서 다양화되었다. 100종 이상, 잠재적으로 훨씬 많은 사막개미 종이 있으며, 각 종은 세부적으로는 독특하지만 모두 열을 좋아한다는 공통점이 있다. 이 종은 더위에 대처하는 데에 도움이 되는 여러 적응을 진화시켰다. 이들은 모래 위에 머물 수 있고 빠르게 달릴 수 있는 긴 다리와 모래 위로 높이 들어 올릴 수 있는 유연한 배(복부)가 있다. 몸에는 열에 노출될 때 세포, 특히 효소를 보호하기 위해서 끊임없이 분비하는 열 충격 단백질이 가득 채워져 있다.[7] 게다가 가장 열에 강한 사막개미 종인 사하라은개미의 몸은 몸에 내려앉는 거의 모든 가시광선과 적외선을 반사하는 프리즘 같은 조밀한 털 층으로 뒤덮여 있다. 어떤 빛도 개미의 몸에 도달하지 못한다. 이 털은 개미 몸이 더워지는 것을 방지할 뿐만 아니라 열을 약간 방출하여 냉각에도 도움을 준다.[8]

이런 개미를 연구할 때 분명히 드러나는 어려움은 이런 개미가 인간을 포함한 다른 동물에게 위험할 정도로 높은 온도를 선호한다는 데에 있다. 심 세르다는 개미를 찾을 수 있는 곳에서 이런 개미를 연구했다. 그중에는 스페인의 가장 더운 지역, 이스라엘 네게브 사막, 터키의 건조한 아나톨리아 대초원, 모로코의 사하라 사막도 있었다. 개미를 연구할 때 그는 물을 많이 가지고 다녀야 했다. 물이 부족하면 스스로 모래에 몸을 묻고 몸을 식혔다(그림 11.2). 그렇게 해도 개미는 활동하는데 그는 할 수 없는 날이 있고, 개미는 번성하는데 그는 축 처지는 날도 있었다. 그 이유는 심이 말했듯 그가 더 이상 젊지 않기 때문이기도 하지만, 그가 인간이지 개미가 아니기 때문이기도 하다. 이는 휘태커 생물군계 분포도에서 고온에 해당하는 지역에 데이터 지점이 적은 이유 중 하나이기도 하다. 이런 곳은 연구하기가 어렵다.

사막개미가 분명히 서식함에도 아직 연구되지는 않은 장소 중 하나는 에리트레아와 지부티 국경을 따라 에티오피아의 아파르 삼각 지대 북부에 있는 다나킬 사막이다. 아파르 삼각 지대는 누비안 판, 소말리 판, 아라비아 판이라는 3개의 대륙판이 교차하는 지점에 있다. 이 삼

그림 11.2 군대개미를 연구하는 심 세르다는 자신이 견뎌낼 수 있는 것보다 기온이 올라가면 모래로 들어간다(왼쪽). 기온이 너무 올라가서 땅속으로 들어갈 수도 없게 되면 심은 몸을 식힐 다른 방법을 취한다(오른쪽). 비록 이렇게 하면 자료를 적게 얻게 되지만 말이다.

각 지대에서 세 판은 1년에 약 2센티미터씩 서로 활발히 멀어지고 있다. 아파르 삼각 지대는 변화가 일어나는 장소이다. 전에 이곳은 녹색이었다. 녹색 풀밭에 무화과나무가 자랐다. 지역 강에는 하마가 돌아다니고 거대한 메기가 헤엄쳤다. 언덕에는 거대한 하이에나가 돼지와 염소, 영양을 뒤쫓았다. 한때 이곳은 마치 작은 세렝게티 초원처럼 보였다. 고대 호미닌인 아르디피테쿠스 라미두스는 440만 년 전 아파르 삼각 지대에 살았다. 유명한 호미닌인 루시 등이 속한 오스트랄로피테쿠스 아파렌시스 종은 약 400만 년 전에서 300만 년 전 사이에 이 지역에 살았다. 더 최근에는 이 지역에서 호모 에렉투스가 석기를 만들고 사냥하고 심지어 요리까지 했다. 그리고 우리 종인 호모 사피엔스는 이미 15만6,000년 전 이 지역에 살았다. 이 수천 년 동안 아파르 삼각 지대의 조건은 고대 인간과 현대 인간의 지위에 있었다. 그다음 가뭄이 찾아왔고, 이 가뭄이 계속 이어졌다.

　오늘날 다나킬 사막 자체에는 영구 거주자가 거의 없다. 아파르 목축업자들이 우기에 동물들을 이곳으로 데려와 먹이를 주지만 곧 떠난다. 다나킬은 살기 힘든 곳이다. 유럽 탐험가들이 이 지역을 거칠 때 만나는 어려움만 해도 극한의 도전인 남극 대륙 여행에서 만나는 어려움과 비슷하다. 한 연대기에는 사막을 가로지르는 도중 "낙타 10마리와 노새 3마리가 갈증과 굶주림과 피로로 죽었다"라는 매우 힘든 여정이 묘사되어 있다.[9] 이 지역의 조건은 앞으로 훨씬 일반화될 가능성이 있다. 그러나 우리 조상이 한때 아파르 삼각 지대를 고향이라고 불렀고 고인류학자들이 오랫동안 이들의 뼈와 이야기를 파헤친 것에 비해서 이 지역의 현대 생태학은 거의 알려져 있지 않다. 동물 다양성에 대한 조사도 최근 수행된 것이 없어 보이고, 이곳에 서식한다고 알려진 개미 종조차 자세히 연구되지 않았다. 이 지역 동물 연구 대부분은 화석 뼈를 바탕으로 한 고대의 멸종된 척추동물 종 연구이다. 향후 많은 사막에서 마주할 것으로 예상되는 상황이 이 지역, 특히 다나킬 사막의 현재 조건과 매우 비슷하다는 점에서 이런 일은 매우 안타깝다. 사막은 매우 덥고, 매우 건조하며, 일시적이지만 예측할 수 없는 홍수가 발생한다. 오늘날 이곳은 거의 분명히 사막개미 종이 서식하는 땅이다. 사막개미 사회는 한때 우리 조상 사회에 매우 유익했을 땅을 물려받았지만, 이 사막개미 종을 연구한 사람은 아직 없다.

아마 언젠가 심이 연구할지도 모른다(그는 이 연구를 위해서 보조금을 신청했지만 기관은 보조금 지급을 거절했다). 어쩌면 그는 연구하지 않을지도 모른다.

사막개미가 기어다니는 다나킬 사막의 모래는 미래에 더 일반화될 적대적인 기후를 바라볼 렌즈이자 아직 우리가 제대로 보지 못하는 것을 보여주는 렌즈이다. 그러나 이곳이 이 지역에서 가장 극단적인 서식지는 아니다. 다나킬 사막에서 가장 덥고 건조한 지역 중 하나인 댈롤 지열 지역은 지표가 온천으로 가득하다. 온천은 육지 아래로 스며든 바닷물이 지구 중심에서 흘러나온 마그마와 접촉하는 곳에서 발생한다. 그다음 물이 지표면으로 솟아 옐로스톤 국립공원에서 발견되는 온천과 비슷한 온천을 만든다. 지표면으로 올라온 물 온도는 거의 섭씨 100도에 달한다. 짠맛도 난다. 온천이 솟아오를 때 통과하는 암석의 성질에 따라 어떤 곳의 물에는 유황이 섞여 있기도 하고, 유황 성분을 포함한 동시에 산성을 띠기도 한다. 어떤 곳의 물은 pH가 0이다. 지구상 다른 곳에서 이런 산성 조건을 만날 일은 거의 없다. 게다가 온천 주변 공기는 이산화탄소 농도가 너무 높아 근처를 걷는 동물이 죽을 정도이다. 온천 주변에는 이산화탄소를 흡입하여 질식하거나 온천을 달콤한 물이 가득한 오아시스로 착각하고 산성물을 마셔 죽은 새나 도마뱀의 뼈가 즐비하다. 어떤 지점의 공기 중에는 치명적일 수 있는 농도의 염소도 포함되어 있다. 온천과 그 주변 땅은 녹색, 노란색, 흰색을 띤다. 적대적으로 보일 정도이다. 적대적인 냄새도

난다. 온천에 비하면 온천을 둘러싼, 세상에서 가장 뜨거운 사막도 너그러워 보인다. 그러나 온천이 모든 종에게 적대적인 것은 아니다. 이곳에는 실제로 생물이 풍부하다.

최근 스페인 우주생물학센터의 펠리페 고메스와 그의 동료들은 우즈가 발견한 계통인 약 12종의 고세균이 뜨겁고 산성이며 염분이 많은 온천 조건에서 가장 잘 자란다는 사실을 밝혔다. 이 12종의 생물은 지구상 모든 척추동물을 합친 것보다 진화적으로 더 다양하다. 이 다양한 단세포생물은 지구상에서 가장 극단적인 생물체일 수 있다. 이들은 지구에서 보기 드문 극한 조건에서 번성한다.[10] 고메스가 이런 종을 연구하는 이유는 부분적으로 화성, 또는 목성의 두 번째 위성인 유로파 같은 태양계 속 다른 천체에서 발견될 수 있는 생물체를 이해하기 위해서이다. 댈롤 온천에 사는 미생물은 바람을 타고 성층권이나 그 너머로 날아가 생존할 수 있는 종류이다.[11] 이들은 화성 탐사선을 타고 우연히 화성으로 옮겨질 수도 있다(이미 그랬을 수도 있다). 아니면 우리는 화성이나 다른 곳의 삶을 인간에게 적합하게 만들기 위해서 이런 미생물을 어떤 식으로든 이용할 수도 있다. 그러나 이런 미생물은 우리가 무심코 어떤 종에 적합하도록 만든 가장 가혹한 조건에서 생물이 어떤 모습을 띨지 알아볼 척도이기도 하다. 이런 종은 우리가 지구를 더 뜨겁게 만들고, 토양의 염도를 더 높이고, 심지어 조건을 더 산성으로 만들어 자신들이 번성하고 지구 대부분이 다시 한번 자신들에게 더 호의적으로 바뀔 날을 기다린다.[12]

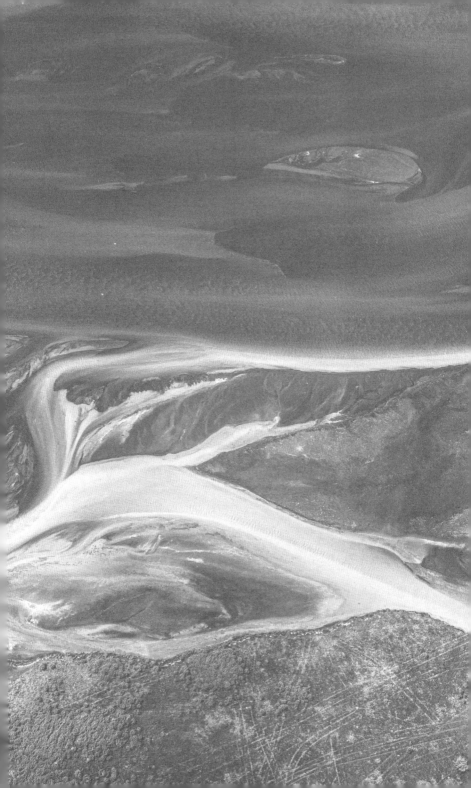

나가는 말

더는 생물과 함께하지 않는 우리

가까운 미래에 지구 일부는 인간에게는 적합하지 않겠지만 극한 조건을 좋아하는 생물체에는 훨씬 쾌적해질 것이다. 우리는 그런 변화에서 살아남을 방법을 찾을 수 있다. 그러나 영원히 그렇지는 않다. 결국 우리는 멸종할 것이다. 모든 종이 그렇다. 이런 현실을 고생물학의 첫 번째 법칙이라고 한다.[1] 동물 종의 평균 수명은 적어도 그 동물의 현상이 많이 연구된 분류학적 종으로 본다면 약 200만 년이다.[2] 우리 종인 호모 사피엔스만 본다면 우리에게는 아직 시간이 있다는 의미이다. 호모 사피엔스는 약 20만 년 전에 발생했다. 우리는 아직 젊은 종이다. 우리가 평균 시간을 버틴다면 여전히 갈 길이 멀다. 그러나 멸종 위기에 가장 취약한 종은 바로 가장 어린 종이다. 큰 눈을 동그랗게 뜬 순진한 강아지처럼, 어린 종은 치명적인 실수를 범하기 쉽다.

수백만 년을 넘어 훨씬 오래 생존하는 유일한 종은 미생물이다. 이들 일부는 긴 휴면을 거쳐 생존하기도 한다. 최근 일본의 한 연구팀은 심해에서 박테리아를 채취했다. 이 박테리아의 나이는 1억 년 이상으로 추정되었다. 연구팀은 박테리아에게 산소와 먹이를 주고 지켜보았다. 포유류의 여명기에 마지막으로 호흡했을 휴면 박테리아는 몇 주일이 지나자 다시 호흡하고 분열하기 시작했다.

먼 미래에 인간도 이 박테리아 같은 가사 상태를 구현하는 방법을 알게 될지도 모른다고 상상하는 일은 매혹적이다. 그러나 그런 상상은 우리 종이 오랫동안 취약했던 오만, 즉 인간은 생물법칙에서 벗어나리라고 믿는 일종의 오만이다. 이 행성에서 우리가 오래 살아남을 최고의 방법은 더 겸손해지는 것이다. 생물법칙에 주목하고 이 법칙을 거스르지 않으며 더불어 살아가는 것이다. 우리는 우리에게 무해하거나 심지어 우리에게 도움이 되는 종의 진화를 촉진해 지구상 서식지 섬들을 보전하고 관리해야 한다. 우리는 생물 종들이 미래의 기후에서 생존할 만한 서식지에 귀소할 수 있도록 통로를 제공해야 한다. 지금 우리의 몸과 작물에 있는 기생충과 해충을 멀리 떼어내기 위하여(그리하여 한 번 더 탈출하기 위하여) 주변 생태계를 세심하게 관리해야 한다. 우리는 가능한 한 빨리 온실가스 배출을 줄여 최대한 지구의 많은 부분을 여전히 인간이 살 수 있는 지위 한계 내의 조건으로 남겨두어야 한다. 그리고 지금 우리가 의존하거나 언젠가 의존할 수도 있는 종과 생태계를 구제할 방법을 찾아야 한다. 그리고 이런 갖가지 일을 할 때 우리는 흰개미 내장에 사는 북슬북슬하고 반짝이는 원생생물이나 코뿔소말파리, 또는 파나마 1종의 나무 한 그루의 나뭇잎에서 평생을 사는 딱정벌레보다 더도 덜도 특별한 종이 아닌, 그저 수많은 종 가운데 하나일 뿐이라는 사실을 기억해야 한다.

우리는 한때 태양이 지구를 돌고 있다고 생각했다. 그러나 이제는 지구가 태양을 도는, 수십억 개의 별 중 하나인 그저 평범한 별이라는 사실을 안다. 우리는 한때 생물 이야기가 우리에 대한 이야기라고 생각했다. 그러나 이제 생물 이야기는 대부분 미생물에 대한 것임을 안다. 우리는 연극에 느지막이 등장한 서투른 거인, 생물이 펼치는 연극에서 무대 인사에 맞춰 나오지도 못한 인물이다. 물론 우리는 각자 자신의 생명을 연장하려고 노력하듯 우리 인간이 지구에 머무르는 시간을 연장하기 위해서 노력해야 한다. 그러나 우리가 가진 것을 아무리 확장해도 그것이 유한하다는 사실도 알아야 한다. 우리는 결국 끝날 것이다. 우리가 끝날 때 우리가 만든 결과로 규정된 지질학적 시대인 인류세도 끝날 것이다. 새로운 시대가 시작될 것이다. 우리는 그 시대를 보지 못하겠지만 이런 미래의 몇 가지 특징이 사실이라고 생각할 수 있다. 우리가 사라진 후에도 종은 계속해서 생물법칙을 따를 것이기 때문이다.

우리 다음에 올 미래에 대해서 예측할 수 있는 첫 번째 사실은 인간이 사라지면 어떤 종이 우리를 아쉬워하거나 멸종할 것인가 하는 점이다. 다시 말하자면, 의존하는 종이 멸종함에 따라서 해당 종이 사라지는 현상을 공멸이라고 한다.

몇 년 전 나는 싱가포르의 과학자인 리안 핀 코와 함께 이런 멸종이 우리 주변에서 얼마나 흔한지 알아보는 첫 번째 논문을 작성했다. 당시 우리는 똑똑한 팀원들과 함께 희귀종 동식물이 사라질 때 공멸하는 종속 종을 살폈다. 대부분의 종은 다른 종에 의존하기 때문에 공멸은 상당히 일반적이다. 우리는 숙주가 멸종하면 그와 비슷한 수의 공멸이 발생할 것으로 추정했다. 말하자면 많은 종이 자신의 몸으로 이루어진 배와 함께 침몰할 것으로 예상한 것이다. 그러나 종속 종의 소멸은 거의 기록되지 않았다. 종속 종 대부분은 몸집이 작고, 연구된다고 해도 제대로 연구되지 않았기 때문이다.

때로 종속 종은 의존하는 종이 실제로 완전히 사라지지 않고 드물어지기만 해도 멸종한다. 검은발족제비가 아주 희귀해져서 몇몇 개체로 줄어들자 사육사들은 이들을 잡아다 키우고 먹이를 주었지만, 그 과정에서 검은발족제비에 사는 이도 죽였다. 숙주 개체군이 감소하고 사육사들이 이를 잡아 죽이면서 검은발족제비에 기생하는 이가 멸종한 것으로 보인다. 이후 다른 족제비들에서 검은발족제비에 기생하는 이를 찾으려는 후속 시도는 성공하지 못했다.[3] 캘리포니아콘도르 진드기도 콘도르의 번식을 위해 포획하는 과정에서 부주의하게 멸종한 것으로 보인다. 이런 포획 번식 프로그램이 실행되기 전에도 검은발흰족제비 이와 캘리포니아콘도르 진드기는 이미 멸종 위기에 놓였다(지금은 아예 멸종했다). 수천 종의 생물이 그들이 의존하는 종이 드물어지면서 함께 멸종할 위기에 놓여 있다. 아프리카에서 가장 큰 파리인 코뿔소위장말파리는 멸종 위기에 놓인 검은코뿔소와 준위협에 놓인 흰코뿔소에만 서식한다. 코뿔소에게 위협이 되는 일은 파리에게도 위협이 된다.[4]

리안 핀 코와 내가 공멸과 공위험을 연구하면서 알아낸 사실 중 하나는 특정 숙주가 사라질 때 얼마나 많은 종이 위험에 놓이는지는 두 가지 주요 원인이 결정한다는 점이었다. 첫째, 특정 숙주에 사는 종이 많을수록 숙주 종이 희귀해질 때 의존하는 종도 위험에 놓이고 숙주가 멸종하면 공멸한다. 둘째, 특정 숙주에 의존하며 사는 종이 그 종에 더 전문화될수록 종속된 종이 멸종할 가능성이 높아진다.

전문화된 여러 종이 특정 종에 의존하고 그 종이 멸종하면서 많은 공멸을 일으키는 전형적인 사례는 남미군대개미이다. 군대개미에게는 고정된 집이 없다. 이들은 숲 사이로 이동하고 앞에 놓인 것을 먹고 그 먹이의 몸 일부인 다리, 복부, 머리로 지은 궁전을 임시 거처(야영지)로 삼는다. 수컷 군대개미가 날아가 다른 집락을 찾고 그 집락의 새 여왕개미와 교미하면 새로운 집락이 생긴다. 그다음 수컷은 죽고 수정된 여왕은 자신의 새로운 집락을 형성한다. 새로운 출발을 위해서 여왕개미는 자신이 만든 집락의 일꾼들을 데려간다. 여왕개미와 일꾼들은 함께 걸어서 떠난다. 이들은 이런 형태의 집락을 이루기 때문에, 군대개미와 함께 사는 종은 날거나 걸어서 집락을 찾아갈 필요가 없다. 그저 나이 든 여왕개미나 새로운 여왕개미를 따라가기만 하면 된다.

군대개미의 독특한 생물학적 특성은 군대개미에 의존하는 많은 종의 진화를 이끌었다. 또한 이렇게 의존하는 종들이 매우 전문화되도록 만들었다. 군대개미의 몸에는 수십 종의 진드기가 산다. 내가 가장 좋아하는 진드기 중 하나는 군대개미 1종의 하악에 산다. 다른 진드기는 군대개미의 발에 산다. 또다른 진드기는 군대개미 유충으로 가장하고 유충 사이에 살며 진짜 군대개미인 양 살아가기도 한다. 수십, 아마도 수백 종의 딱정벌레가 군대개미를 타고 이곳저곳을 다니거나 뒤를 따른다. 좀벌레나 노래기도 군대개미를 따른다. 수백만 년 동안 각 군대개미 종과 함께 살며 의존하는 종의 수는 성장을 거듭했다.

나의 멘토인 칼 레텐마이어와 메리앤 레텐마이어는 군대개미와 함께 사는 종을 연구하는 데에 인생을 바쳤다. 이들은 군대개미 또는 다른 몇몇과 함께 사는 종을 연구하는 데 수많은 시간을 보냈다. 두 사람은 이런 종을 찾아 여행했다. 꿈에도 이런 종이 나왔다. 그리고 이런 연구를 통하여 앞에서 언급한 남미군대개미 1종의 집락에만 해도 300종 이상의 다른 동물이 서식한다고 추정했다(박테리아나 바이러스 같은 다른 생물체는 말할 것도 없다). 칼과 메리앤은 군대개미의 일종인 남미군대개미에는 가장 많은 다른 종이 의존한다고 밝혔다. 두 사람은 남미군대개미를 "1종을 중심으로 한 가장 거대한 동물 협회"라고 불렀다.[5] 적어도 인간을 제외하면 그렇게 볼 수 있을 듯하다.

대가속 동안 매우 놀랍게도 다양한 여러 종이 인간에 의존하도록 진화했다. 인구가 더 빨리 늘수록 훨씬 많은 종속 종이 더 빨리 인간에 합류했고, 그들 중 다수는 군대개미처럼 상당히 인간에 전문화되었다.

우리와 함께 사는 종을 생각해보자. 독일바퀴벌레는 핵 방사능에서 살아남을 수 있다. 먼지진드기는 우주에서 살아남았다(러시아 미르 우주정거장에 적어도 한 마리는 살아남았다). 빈대는 끈질기게 살아남는다. 물론 집쥐, 검은쥐, 집생쥐는 인간 식민지 개척자들을 따라 거의 모든 섬이나 대륙으로 건너갔다. 그러나 이런 종은 사람과 **함께** 있을 때 가장 잘 살아남는다. 이들은 다른 종을 죽이는 우리의 공격에서 생존한다. 그러나 우리가 없으면 상황이 달라진다.

우리가 없으면 독일바퀴벌레는 공멸할 것이다. 빈대는 사람이 진화하기 전처럼 희귀해져 박쥐 동굴과 일부 새 둥지에서만 살아남을 것이다. 이런 시나리오는 코로나바이러스 대유행의 정점에서 뉴욕이 완전히 봉쇄되었던 기간에 분명해졌다. 사람들은 맨해튼을 떠났고 야외에서 보내는 시간도 줄었다. 외식하거나 공원 벤치에서 음식을 먹거나, 전반적으로 바깥에서 보내며 돌아다니는 시간 자체가 감소했다. 결과적으로 쓰레기가 덜 쌓였고 도시에 사는 집쥐는 살기 어려워졌다. 쥐들은 더욱 공격적으로 변했다. 집쥐 개체군도 감소했다. 도로개미나 집참새처럼 인간이 버린 음식에 의존하는 다른 종의 개체군도 감소한 것으로 보인다.[6] 남은 음식을 먹는 종은 인간이 필요하다.

그러나 독일바퀴벌레, 빈대, 쥐는 우리 부양 가족 중에서 가장 눈에 띄는 일부 종에 불과하다. 인간에게 의존하는 종은 지금까지 다른 종에 의존한 종보다 훨씬 많아 보인다. 대부분의 영장류에는 수십 종의 기생충이 있다. 전반적으로 인간은 수천 종의 숙주이다.[7] 인간의 몸에는 다른 곳에는 살지 않는 유익한 장내 박테리아, 피부 박테리아, 질 박테리아, 구강 박테리아가 산다. 이 박테리아 종에는 우리에게 기생하는 생물체에 의존하는 고유한 바이러스인 박테리오파지도 산다. 세계 최고의 숙주를 차지하려는 다른 경쟁자가 있을 수도 있지만, 그렇다고 해도 나는 그것이 무엇인지 모른다. 우리 몸에 살며 우리가 멸종할 때 함께 멸종할 종의 총 숫자는 아주 많다. 수천, 아마도 수만 종은 될 것이다.

우리에게 의존하는 종은 우리의 몸과 집 바깥에도 매우 다양하게 존재한다. 농업이 시작된 이래 인간은 수백 종의 식물을 길들여왔고, 그 종들 중에서 거의 100만 가지 다른 품종을 기르고 이들을 선호했다. 이런 품종 중 많은 작물이 노르웨이에서 가장 외딴 곳인 스발바르 국제 종자저장고에 저장된다. 그러나 종자 저장고는 종자를 살려두려는 인간에게 의존한다. 가끔 새로 저장할 종자를 더 생산하기 위해서 이 종자를 재배해야 할 때도 있다. 결국 스발바르에 저장된 종자는 멸종할 것이다. 엄청난 시간이 흐른 후겠지만, 오래 걸리지 않을 것이다. 이곳에 있는 씨앗 품종들이 멸종할 즈음에는 각 종자에 의존해서 자라는 미생물도 아마 이미 사라졌을 것이다. 이 미생물은 스발바르에 보존되지 않는다(우연히 일부 종자에 숨겨져 있는 경우를 제외하면 말이다). 이 미생물은 들판의 작물에서만 발견된다. 우리가 사라지면 이들도 공멸을 겪을 것이고, 우리 작물에 전문화된 여러 해충도 그럴 것이다.

일부 가축도 멸종할 것이다. 소와 닭도 마찬가지이다. 집에서 키우는 개도 그렇다. 오늘날에도 야생에서 서식하는 개가 일부 있지만, 들개라고 해도 인간의 거주지 바깥에서 사는 경우는 드물다. 대부분의 장소에서 개가 생존하기 위해서는 우리와 함께 지내야 한다. 몇몇 지역에서는 고양이도 마찬가지이지만, 그렇지 않은 지역도 있다. 알래스카 야생 고양이 개체군은 수명이 짧다. 잡아먹히지 않더라도 겨울을 나지 못한다. 반면에 오스트레일리아에서는 수십만 마리의 고양이가 야생으로 돌아다닌다. 오스트레일리아의 야생 고양이는 오스트레일리아인이 멸종해도 살아남을 가능성이 높다. 염소는 다양한 지역에서 계속 살아갈 것이다. 인간이 멸종하면 염소는 바퀴벌레보다 강할 것이다.

인간의 소멸이 다른 종의 공멸을 촉진하는 시나리오에 가장 가까운 사례는 그린란드 서부 바이킹 정착지에서 발생한 일이다. 바이킹은 10세기 말부터 그린란드를 점령했다. 이들은 여러 정착지에서 농사를 짓고 바다코끼리를 사냥해 다른 방법으로는 구할 수 없는 상품과 바다코끼리 엄니를 교환했다. 초기 그린란드 바이킹은 공동 주택에서 살았다. 나중에는 좀더 중앙 계획된 정착촌에 살았다. 겨울이면 바이킹은 집 주변을 둘러싼 외양간에서 동물—양, 염소, 소, 말 몇 마리 등—을 길렀다. 기후가 차가워지면서 그런 생활 방식은 무너졌다. 처음에는 더 북쪽에 가까운(따라서 더 추운) 서부 정착지에서 이런 일이 시작되었고 나중에는 동부 정착지까지 이어졌다. 비교적 최근에 일어난 일이기 때문에 고고학적 연구와 문헌 기록을 바탕으로 서부 정착촌이 무너진 직후의 기간을 재구성할 수 있다. 1346년 이전 어느 시점에 서부 정착지 적어도 두 곳의 주민들은 도망치거나 죽어 사라졌다. 1346년 이바르 바르다르손은 이 정착지 중 한 곳을 방문했지만 사람은 없었다. 고고학적 연구는 이 지역에 사람에게 흔한 기생충, 특히 이와 벼룩이 오랫동안 살다가 사라졌다는 사실을 밝혀냈다. 그러나 바르다르손은 소와 양 몇 마리도 발견했다. 고고학적 기록에서는 이 시기부터 양의 기생충 기록이 보인다. 바르다르손은 소 몇 마리를 잡아먹고 다른 동물은 남겨두었다. 그 동물들은 한두 해 겨울은 살아남았을지 모르지만 결국 이곳에서 발견할 수 없게 되었다. 이들이 사라지면서 이들의 기생충도 사라졌다. 마지막으로 그린란드에 남겨진 대부분 종은 인간과 전혀 관련 없는 종이었다. 남겨진 종은 그린란드의 야생생물이었고, 생물들은 바이킹이 이곳에 한 번도 도착하지 않았던 것처럼 살아갔다.[8]

우리가 멸종하고 마지막 남은 소가 쓰러지고 나면 남아 있는 것에서 생물이 다시 태어날 것이다. 앨런 와이즈먼이 『인간 없는 세상*The World*

Without Us』에서 말했듯, 남은 종은 "생물학적으로 크게 안도의 한숨"을 쉴 것이다.[9] 이들이 크게 한숨 쉰 다음 재탄생할 지구의 일부 특성을 예측할 수 있다. 남은 생물은 자연선택에 따라서 새롭고 놀라운 다양한 생물체로 재형성될 것이다. 특정 수준에서 세부 형태를 알 수는 없을지도 모르지만, 그래도 우리는 이 생물이 여전히 생물법칙을 따르리라는 사실을 안다.

지난 5억 년의 진화를 고려할 때 가장 분명한 결론 중 하나는 대멸종 이후에 일어날 일이 그 이전에 일어난 일과 반드시 같지는 않으리라는 것이다. 삼엽충 뒤에 더 많은 삼엽충이 나오지도, 가장 큰 초식공룡 뒤에 더 거대한 공룡이나 심지어 비슷한 크기의 초식 포유류가 오지도 않았다(소는 브론토사우루스가 아니다). 과거의 세부가 반드시 미래의 세부를 예측해주지는 않는다(그 반대도 마찬가지이다). 이런 사고 방식을 고생물학의 제5법칙이라고 한다.[10]

대량 멸종 이후 재발할 수 있는 일은 친숙한 주제이다. 진화는 재즈 연주자가 다른 연주자의 주제를 되받아 연주하듯 익숙한 주제를 다시 끌어온다. 진화생물학자는 이런 주제를 **수렴**이라고 한다. 수렴은 공간, 역사 혹은 시간으로 구분된 두 계통이 비슷한 조건에서 비슷한 특징을 가지도록 진화하는 경우를 말한다.

수렴이라는 주제는 때로 미묘하고 독특하다. 코뿔소 뿔은 트리케라톱스 뿔을 연상시킨다. 다른 경우 수렴은 더욱 당연하고, 보통 현실적으로 볼 때 매우 독특한 생활 방식으로 살아갈 선택지는 비교적 적다는 사실에 바탕을 둔다. 사막에 사는 도마뱀은 레이스 모양 발가락을 진화시켜 모래 위를 6배나 더 쉽게 달릴 수 있다. 고대 해양 포식자 상어와 비슷한 모양이었다. 이는 상어를 포함해 돌고래나 참치 같은 현대 해양 포식자들도 거의 비슷한 형태이다. 이동 방식도 비슷하다(마코 상어와 참치는 둘 다 헤엄칠 때 몸 뒤쪽 3분의 1만 움직인다). 동굴에 살던 고대 포유류는 엉덩이가 크고(굴을 막기 위해서), 적어도 한 쌍의 큰 발로 땅을 파헤쳐 식량을 저장하는 성향이 있다. 땅을 파는 현대 포유류의 생활 방식도 비슷하다.

일부 계통의 수렴 정도는 놀랍다. 수렴은 세부적으로 풍성한, 일종의 장엄함을 띤다. 진화생물학자인 조너선 로서스가 수렴 진화를 다룬 훌륭한 책『불가능한 운명*Improbable Destinies*』에서 지적했듯, 아프리카 산미치광이와 아메리카 산미치광이는 매우 비슷해 보인다.[11] 이들은 둘 다 긴 가시가 있다. 뒤뚱거리며 나무껍질을 먹는다. 둘 다 포유류만큼 아주 영리하지는 않다. 그러나 이들은 이런 특성을 각자 발전시켰다. 산미치광이가 기니피그와 닮지 않은 것처럼, 아프리카 산미치광이와 아메리카 산미치광이도 아주 비슷하지는 않다. 자연선택이 일어날 때마다 이들은 한 세대씩 독특하면서도 비슷한 삶의 방식을 향해 더듬거리며 나아갔다.

뉴멕시코 툴라로사 분지의 하얀 모래 언덕에 사는 울타리도마뱀과 주머니쥐는 둘 다 숨어 살기 위해서 흰색으로 진화했다. 색이 더 어두운 도마뱀은 포식자에게 잡아먹혔고, 한 번 잡아먹힐 때마다 이들의 유전자는 개체군에서 사라졌다. 툴라로사 분지에서 가까운 황갈색 초원에 사는 이들의 가까운 친척은 풀숲에 숨기 위해서 황갈색과 회색을 띤다. 멀리 툴라로사 분지 용암 지대에 사는 다른 친척은 용암석과 어울리는 검은빛을 띠도록 진화했다.[12] 이런 변화의 한계는 무엇일까? 우리가 사막을 분홍색으로 칠하면 도마뱀은 분홍색으로 진화할까? 노란색으로도 변할까? 아마 그럴지도 모른다. 도마뱀이 제대로 유전적 변화를 겪는다면, 그리고 이들에게 충분한 시간이 있다면 말이다.

건조한 사막처럼 다른 곳에 사는 작은 포유류는 두 발로 뛰는 경향을 6배 이상 진화시켰다. 덥고 건조한 사막에서는 식물이 염분을 축적한다. 따라서 이곳에 사는 포유류는 입에 적어도 2배는 되는 털을 진화시켜 식물에서 염분을 제거할 수 있고(그래서 잎을 먹을 수 있고), 신장은 특히 높은 염분을 처리하도록 조정되어 있다. 한편 섬에 사는 큰 포유류는 더 작은 크기로 진화하는 경향이 있다(미니 코끼리나 미니 매머드가 된다). 큰 동물이 없으면 작은 동물이 더 큰 크기로 진화하기도 한다(거대한 땅카리브올빼미를 보자). 마찬가지로 앞에서 언급했듯 날 수 있는 새들은 날지 못하도록 진화한다. 최근 연구는 섬에서 새들이 날지 못하는 특성이 우리 예상보다 100배를 넘어 훨씬 많이 진화했다고 결론 내렸다. 우리는 이런 사실을 간과해왔다. 우리는 많은 군도에 사는, 뭉툭한 날개가 달린 뒤뚱거리는 동물을 가볍게 보아왔다. 이 새들은 일단 인간이 도착하면 가장 멸종에 취약했기 때문에 쉽게

무시되었다. 인간이 생물계를 측정하기 시작했을 때 이 새들은 이미 사라졌기 때문이다.[13]

수렴적 진화 사례에 대한 우리의 이해는 엄격한 실험, 수학, 데이터로 상세화되고 정형화되기도 했다. 조너선 로서스는 카리브 해의 아놀도마뱀을 연구하는 데 연구 경력의 전반을 바쳤다. 그의 마음속은 마녀의 가마솥처럼 도마뱀 꼬리와 발로 가득 차 있었다. 로서스는 신중한 연구를 통해서 아놀도마뱀이 카리브의 섬에 도착했을 때 예상대로, 또는 누군가는 심지어 불가피하다고 말할 정도로 세 가지 기본 형태로 진화했다는 사실을 밝힐 수 있었다. 일부 아놀도마뱀은 큰 가지와 잔가지에 매달리기 적합하도록 털이 많은 발로 무성한 나무에 살 수 있는 종으로 진화했다. 다른 아놀도마뱀은 잔가지에 살도록 진화했다. 이런 종도 발에 털이 났지만 다리와 꼬리가 짧아 가지에서 떨어지지 않는다. 다른 종은 긴 다리와 작은 발가락을 지녀 땅 위를 달리는 종으로 진화했다. 이런 형태는 카리브의 큰 섬 네 곳에서 독립적으로 각각 한 번 이상을 거쳐 진화했다. 카리브 아놀도마뱀이 성공적으로 생존하는 방법은 상당히 여러 가지인 것으로 보인다.[14]

물론 앞에서 설명한 종류의 수렴, 즉 인류가 자연에 압박을 가하는 치명적인 힘에 직면해 재빨리 발생하는 수렴도 있다. 내성 있는 박테리아, 곤충, 잡초, 균류는 예상대로 진화한다. 보통 이들의 내성은 수렴 형질 때문이다. 마이클 베임이 구성한 메가플레이트 실험이 반복적인 결과를 낸 것은 수렴 때문이었다. 어떤 경우 수렴은 내성 발현이나 그 내성이 우리가 공격하는 종을 보호하는 메커니즘뿐만 아니라, 그런 내성을 일으키는 유전자와도 관련이 있다.

수렴 진화의 여러 사례는 미래에 어떤 종이 새로 진화할지에 영향을 미칠 생물법칙을 드러낸다. 보통 이런 사례는 개별 종의 세부적인 생물학적 특성보다 일반적인 진화 경향을 보여주지만, 과거에는 종의 세부적인 사항만 고려해도 성공적으로 예측할 수 있기도 했다. 한 예로 미시간 대학교 교수진의 일원인 리처드 알렉산더는 개미, 벌, 흰개미, 말벌 같은 곤충 사회의 진화를 오랫동안 연구했다. 이들 사회에서 일부 개체(여왕이나 왕)는 번식하지만 대부분의 다른 개체는 번식하지 않는다. 일꾼이라 불리는 생식하지 않는 개체는 여왕과 왕을 대신해 일한다. 이런 사회를 진사회성 사회eusocial society라고 부른다. 진사회성 사회는 진화론적 의미에서 특히 독특하다. 진화에서 생물의 유일한 "목표"는 유전자를 전달하는 것이지만, 개미나 벌, 흰개미, 말벌 일꾼들은 이 기회를 포기한다. 일꾼들은 알과 새끼를 돌본다. 이들은 식량을 모으고 집락을 지킨다. 예외적인 경우를 제외하고는 번식하지 않는다.

번식을 포기하는 일꾼이 지닌 유일한 진화적 이점은 이렇게 해서 친척의 유전자가 성공적으로 전달되도록 돕는다는 점이다. 자신의 유전자와 상당히 비슷한 친척의 유전자이다. 알렉산더는 이런 일꾼을 진화시켜야 하는 진사회성 사회의 여러 환경을 확인했다. 그리고 밀접한 친척 개체가 가까이 살고 유전자가 서로 비슷한 진사회성 사회가 수렴적으로 진화하는 경향이 있다는 점을 지적했다. 이들은 식량이 드문드문 있는 경우(그리고 식량 조각이 하나 이상의 개체를 충분히 먹일 수 있는 경우)에 진화한다. 또한 진사회성 사회는 개체들이 함께 일해야 쉽게 집을 지킬 수 있는 환경에서 진화하는 경향이 있다. 적어도 곤충에서는 그렇다. 가령 앞에서 언급했듯이 흰개미는 통나무라는 제한된 공간에 있을 때 바퀴벌레에서 진화했다. 통나무라는 조건 아래에서 근친교배는 일반적이었고(그래서 개체들은 밀접한 친척이 되었고), 이들이 공유하는 한 가지 식량과 집은 드문드문 떨어져 있어 방어할 수 있었다.

진사회성 조류, 파충류, 양서류는 존재하지 않으며, 알렉산더가 책을 쓸 당시에는 진짜 진사회성 포유류도 밝혀지지 않았다. 그러나 1975년부터 노스캐롤라이나 주립대학교 등에서 열린 여러 강의에서 알렉산더는 진사회성 포유류가 존재할 수 있다고 보았다. 그가 예측한 것은 미래가 아니었다. 대신 그는 아직 연구되지 않은 현대 세상의 세부를 예측하려고 노력했다. 알렉산더는 아직 발견되지 않은 포유류의 생물학적 특성에 대한 열두 가지 상세한 예측을 내놓았다.[15] 이런 포유류는 계절성 사막에 살 것이다. 이들은 지하에 살고 뿌리를 먹고 살 것이다. 또한 이들은 아마 설치류일 것이다. 알렉산더는 이런 예측을 여러 강의에서 발표했다. 마침내 1976년 그가 노던애리조나 대학교에서 강의할 때 청중 가운데 한 명이던 포유류학자 리처드 본이 일어나 정확하지는 않지만 대략 "저, 그건 벌거숭이두더지쥐 이야기 같은데요"라고 말했다. 포유류학자 제니퍼 자비스의 후속 연구로 알렉산더가 예측한 구체성을 지닌 생물은 벌거숭이두더지쥐로 밝혀졌다. 벌거숭이두더지쥐는 사막 땅속에 살며 벌거벗은 처진 피부에 뿌리를 먹는 진사회성 포유류이다.[16]

진화생물학자들을 모아서 알렉산더의 예측이 우리 이후의 생물에 대해서 무엇을 알려주는지 물어보면 흥미로울 것이다. 나의 동료들을 비공식적으로 조사해본 결과 진화생물학자들은 우리가 없는 상태에서 새로운 종의 진화가 진행되는 방식은 얼마나 많은 것이 사라지는지에 달려 있다는 데에 동의하는 듯하다. 그러나 일반적으로 이들은 생물이 다양하고 다채로워지며 점점 복잡해진다는 데에도 동의한다. 때로 고생물학 법칙으로도 여겨지는 생각이다. 따라서 어떤 계통의 1종이 살아남아 생존한다면 이 종은 하나 이상의 종이 될 것이다. 포유류를 생각해보자. 주요 포유류 집단의 대표 종이 여전히 남아 있다면 이 종은 과거에 진화한 방식을 따라서 새롭게 진화할 수 있다. 야생 고양이가 6종쯤 살아남으면 각각의 종은 사는 곳과 세부 사항에 따라서 크고 작은 수십 종의 새로운 고양이 종으로 진화할 수 있다. 갯과 종도 마찬가지이다. 늑대나 여우 1종에서 새로운 여러 종이 진화할 수도 있다. 어떤 종은 오늘날 우리에게 친숙한 종과 매우 비슷할 수도 있고, 예측할 수 없을 만큼 전혀 다를 수도 있다. 우리는 실제로 과거에 이와 비슷한 일이 일어났다는 증거를 가지고 있다. 육식성 포유류는 태반 포유류나 유대류 포유류에서 진화했다. 회색늑대는 태반 포유류이다. 주머니늑대는 포식성 유대류 포유류였는데 말이다. 최근 코펜하겐 대학교의 조교수인 크리스티 힙슬리는 태반 포유류 표본과 유대류 포유류 표본의 두개골을 매우 상세하게 비교했다. 그리고 주머니늑대 두개골이 지금까지 연구된 다른 어떤 유대류 포유류 두개골보다 회색늑대 두개골과 비슷하다는 사실을 발견했다. 이 사례는 중형 육식동물이 되기 위해서 예상되는 적절한 방법을 따라 놀랍게도 수렴했다는 사실을 보여준다. 반면에 웜뱃 같은 많은 유대류 포유류는 태반 포유류보다 다른 유대류 포유류를 훨씬 많이 닮았다.[17]

조너선 로서스를 포함해 내가 조사한 다른 동료들은 고양이나 다른 포유류에서 보이는 재다양화라는 예측 가능한 한 가지 다른 특징에도 동의했다. 일반적으로 온혈동물은 더 추운 조건에서 몸집이 커지는 쪽으로 진화하는 경향이 있다. 몸집이 큰 동물은 몸에 비례해 열을 잃는 표면적이 더 좁다. 반대로 기온이 따뜻해지면 이들은 몸집이 작아지는 쪽으로 진화한다(이것을 베르크만의 규칙 또는 베르크만의 법칙이라고 한다). 몸집이 작은 동물은 땀을 흘리거나 다른 방법으로 열을 잃을 표면적이 더 넓다. 먼 미래에 인간이 빙하 주기를 거치며 멸종한다면 몸집이 더 큰 개체가 생존할 가능성이 더 높아지고 따라서 몸집이 큰 개체가 많은 계통으로 진화할 것이다.

기후가 더워진 시기에 인간이 사라지면 많은 종, 특히 포유류 종은 몸집이 작은 쪽으로 진화할 것이다. 작은 포유류의 진화는 지구가 마지막으로 매우 뜨거웠던 기간에 잘 기록되어 있다. 작은 말이 진화한 것이다.[18] 자연선택에 기발함 따위는 없다. 자연선택은 어떤 의미도 지니지 않지만, 고대의 더운 시기에 뛰어다니던 작은 말이 한때 존재했다는 사실은 나의 상상보다 훨씬 기발하다. 열이 몸집에 미치는 영향은 가까운 과거의 개별 종을 살펴보아도 사례를 찾을 수 있다. 지난 2만5,000년 동안 남서부 사막에 사는 나무쥐의 몸집은 기후 변화를 그대로 따랐다. 더우면 나무쥐는 몸집이 줄었다. 추워지면 몸집이 커졌다.[19]

우리가 더 극단적인 멸종이 이어지게 둔다면 자연선택은 남은 조각을 마음대로 긁어모아 세상을 더욱 적극적으로 재창조할 것이다. 『우리 다음의 지구 The Earth After Us』를 집필한 얀 잘라시에비치와 킴 프리드먼은 대부분의 포유류 종이 멸종하는 시나리오를 상상하며 완전히 새로운 포유류가 진화하는 모습을 그려보았다.[20] 이들은 가장 다양화될 가능성이 높은 생물은 이미 널리 퍼져 있고, 인간과 함께 살 수 있으며, 우리가 없으면(즉 배나 비행기, 자동차 또는 다른 교통수단이 없으면) 고립될 생물이라는 가정에서 출발했다. 이들은 쥐가 이런 기준을 충족한다고 생각했다. 쥐는 미래가 될 것이다. 일부 쥐 종과 개체군은 인간(그리고 인간의 존재)에 상당히 의존하고 있다. 그러나 많은 쥐 종, 심지어 인간과 관련된 쥐 종 가운데 몇몇 개체군은 그렇지 않다. 이들이 미래의 포유류 동물군을 만들 수 있다. 만약 쥐들이 그렇

게 한다면 잘라시에비치와 프리드먼이 쓴 것처럼 다음과 같이 예측할
수 있을 것이다.

"우리는 아마도 오늘날의 쥐에서 파생된 다양한 설치류를 상상해볼 수
있을 것이다……. 이들의 자손은 형태와 크기가 다양하다. 어떤 것은
뾰족뒤쥐보다 작고 어떤 것은 코끼리만큼 크고 초원을 배회하며, 어떤
것은 표범만큼 빠르고 강하며 치명적일 수도 있다. 우리는―호기심과
선택의 여지를 열어두자면―동굴에 살면서 돌을 깎아 원시 도구를 만
들고 다른 포유류를 잡아먹거나 가죽을 입는 벌거벗은 설치류 1-2종
을 떠올릴 수도 있다. 바다에 사는 물개 같은 설치류를 떠올리거나 그
들이 물개를 잡는 것을 상상하고, 오늘날 돌고래나 과거 어룡처럼 날렵
하고 유선형인 포악한 살상자 설치류를 떠올릴 수도 있다."[21]

우리가 상상할 수 있는 진화적 시나리오 외에, 생물의 수렴 경향이
나 다른 과정의 관점에서 볼 때 우리가 아는 생물체 내에서는 전혀
예상할 수 없는 매우 다른 과정을 생각해보고 싶어지기도 한다. 코
끼리가 존재하지 않는다면 우리는 정말로 코끼리를 상상할 수 있을
까? 딱따구리는 어떨까? 그들의 독특한 생활 방식과 특성(코끼리의
몸통이나 딱따구리의 부리 같은 특성)이 진화한 것은 단 한 번이다. 그러
나 내 생각에 우리는 진화가 선호하는 동시에 우리가 아는 종과 완전
히 다른 종을 상상할 만큼 창의적이지는 않다. 화가들은 그런 종을

상상하면서 머리가 여러 개 달린 종이나(알렉시스 로크먼의 그림) 다리가 여러 개 달린 종(로크먼이나 히에로니무스 보슈의 그림)을 상상하기도 한다. 여러 생물의 형질을 하나로 합치기도 한다(검은 이빨, 사슴 같은 뿔, 토끼 같은 귀, 갈라진 발굽이 있는 종). 그 결과 만들어진 종은 실제로 발생하기에는 너무 뒤죽박죽이거나(여러 개의 머리) 가능하다고 생각하기에는 너무 이상해 보이기도 한다. 그러나 솔직히 말하자면 지구상 우리 주변에서 발견되는 일부 종도 그렇기는 하다. 가령 오리너구리는 오리의 부리, 물갈퀴가 있는 발, 독성 있는 박차 같은 여러 기이한 특성을 보인다. 오리너구리가 있는지도 몰랐다면 우리는 오리너구리를 상상할 수 있을까?

먼 미래의 독특한 특징을 생각할 때 우리는 보통 우리 뒤에 오는 종이 우리에게 인상적인, 즉 우리 같은 지능(지구를 온난화시켜 도리어 자신에게 해가 되게 만드는 종이 지닌 지능 같은)을 진화시킬 수 있는 종인지 생각해본다. 우리 뒤에 오는 미래는 훨씬 영리한 까마귀이거나 도시를 건설하는 돌고래가 될까? 분명 대답은 "그럴 수도 있다"일 것이다. 인터뷰에서 나는 지적 생물의 미래에 대해서 조너선 로서스에게 질문했다. 그는 시간이 충분하다면 다른 영장류도 인간 같은 지능을 가질 수 있을지도 모른다고 대답했다. 아마 그럴 수 있을 것이다. 그러나 그는 우리가 영장류를 멸종시키면 확신할 수 없다고 답했다.[22] 어쨌든 이제까지 우리가 알고 있는 지구상 생물이 지닌 지능은 일정한 상황에만 도움이 될 뿐이다. 상황이 해마다 불확실해질 때에는 이런 지능이 유용하다. 그러나 이런 지능이 뻗어나가는 데에도 한계는 있다. 어떤 불확실성의 한계를 넘어서면 큰 뇌도 더 이상 도움이 되지 않는다. 아마도 우리, 그리고 지구에 궁극적으로 닥칠 일은 이런 일일 것이다. 우리는 스스로 창의적 지능으로 풀기에는 예측할 수 없는 조건을 해마다 만들어왔다. 때로 이런 조건은 너무 풀기 어려워서 똑똑한 종이 아니라 운이 좋거나 번식력이 높은 종이 살아남는다. 영리한 까마귀와 산비둘기의 대결에서 때로 비둘기가 이기기도 한다.

다시 말하자면 아마도 미래에는 다른 창의적 지능이 새로이 번성할 것이다. 최근에는 많은 책들이 여러 기계에 편재한 몇몇 인공 지능이 지구를 넘겨받을 수 있을지 긴급하게 재고한다. 이 기계들은 학습할 수 있고 야생 어딘가에서 복제될 수도 있다. 우리는 우리가 사라진 후에도 스스로 복제할 수 있는 인공 지능 컴퓨터 체계를 만들고 있을까? 인공 지능은 에너지를 찾아야 한다. 스스로 수리할 방법도 찾아야 한다. 그러나 이런 일이 무작정 가능하리라고 말하는 책들이 많다. 컴퓨터—이동하고 생각하고 짝짓기하고 자급자족할 수 있는 컴퓨터—가 지구를 넘겨받을지는 이런 책에 맡겨두겠다. 그보다 나는, 우리 스스로가 지속 가능하다고 상상하기보다 지속 가능한 다른 실체를 발명할 수 있다는 사실을 더 쉽게 긍정한다는 점이 어떤 면에서 흥미롭다.

그러나 널리 퍼진 다른 지능도 있다. 꿀벌, 흰개미, 특히 개미에서 발견되는 지능이다. 개미는 창의적 지능이 없고 개별적이지도 않다.

대신 개미는 새로운 상황에 대처하는 방법에 대한 규칙을 적용한다. 이런 고정된 규칙이 있으면 일종의 집단적 행동이라는 형태의 창의성이 생긴다. 이렇게 본다면 개미와 다른 곤충 사회는 컴퓨터 이전의 컴퓨터라고 볼 수 있다. 그들의 지능은 우리의 지능과 다르다. 그들은 자각이 없다. 미래를 예측하지도 않는다. 다른 종이 사라져도, 심지어 자신의 종이 죽어도 슬퍼하지 않는다. 그러나 이들은 지속될 수 있는 구조물을 만든다. 가장 오래된 흰개미가 만든 흙더미는 가장 오래된 인간의 도시보다 더 오래되었을 수도 있다. 사회적 곤충은 지속 가능한 방식으로 경작한다. 가위개미는 신선한 잎에 곰팡이를 키우고 이 곰팡이를 새끼에게 먹인다. 가위흰개미도 죽은 잎에 비슷한 행동을 한다. 자신의 몸으로 다리를 만드는 셈이다. 개미들은 우리가 미래의 자기 학습 로봇을 상상할 때 떠올리는 모든 것을 지녔다. 살아 있고 이미 존재하며, 우리가 통제하는 만큼 많은 지구 생물량을 통제한다는 부가적인 특성을 보인다는 점만 다르다. 이들은 우리보다 더 조용히 세상을 운영하지만 집단으로 보면 그 방식은 같다. 우리가 없어지면 개미들은 한동안 이 지구의 지배자로 번성할 것이다. 그들 역시 멸종되기 전까지는 말이다.

곤충 사회가 지나가면 미생물의 세상이 될 가능성이 높다. 세상이 처음 시작될 때 한동안 그랬듯, 솔직히 말하면 그 이후 계속 그래왔듯이 말이다. 고생물학자 스티븐 제이 굴드가 저서 『풀하우스*Full House*』에서 말했듯이 "우리 행성은 최초의 화석—물론 박테리아이다—이

돌에 묻힌 이래 쭉 '박테리아의 시대'였다."[23] 개미가 사라지면 지구는 박테리아의 시대를 맞을 것이다. 좀더 일반적으로 말한다면 미생물의 시대를 맞을 것이다. 우주에서 일어날 여러 사건 때문에 결국 박테리아가 살기에 너무 극단적인 조건으로 바뀌기 전까지는 말이다. 그다음 다시 한번 지구는 물리학과 화학에 따라서만 움직이는, 수많은 생물법칙이 더는 적용되지 않는 고요한 행성이 될 것이다.[24]

주

빅토리아 프라이어, T. J. 켈러허, 브랜던 프로이아는 책 전체에 도움이 될 만한 편집 의견을 제시해주었다. 크리스타 클랩은 투자자의 관점에서 생태법칙의 결과를 고찰하는 데에 도움을 주었다. 노스캐롤라이나 주립대학교 응용생태학과와 코펜하겐 대학교 진화 홀로게노믹스 센터는 이 책이 기반을 둔 여러 연구가 시행될 토대를 만들어주었다. 국립과학재단은 이 책에 통찰을 주는 많은 연구를 지원했다. 우리는 기초생물학을 살펴서 실제적인 행동으로 이어지는 일반 진리를 이해할 수 있다. 이 책은 슬론 재단의 아낌없는 지원이 없었다면 나오지 못했을 것이다. 이 책이 어떻게 만들어질지(바라건대 그렇게 만들어졌으면 한다) 살펴준 도런 웨버에게 특히 감사드린다. 언제나 그렇듯 가장 큰 감사는 모니카 산체스에게 돌리겠다. 새벽 2시에 일어나 아이디어가 떠올랐다며 생물법칙을 떠들어대는 나의 이야기를 들어주고, 여러 번의 아침 식사 동안 질병의 지리학에 대한 나에게 귀 기울여주고, 그림 같은 덴마크 해안을 걸으며 해수면 상승에 대한 이야기를 쏟아내는 나와 함께 걸어준 사람이다. 모니카에게 감사한다.

들어가는 말

1. Ghosh, Amitav, *The Great Derangement: Climate Change and the Unthinkable* (Chicago University Press, 2016), 5.

2. Ammons, A. R., "Downstream," in *Brink Road* (W. W. Norton, 1997).

3. Weiner, J., *The Beak of the Finch: A Story of Evolution in Our Time* (Knopf, 1994), 298.

4. 마틴 도일은 미시시피 강과 그 작용에 대해 상당히 유용한 통찰을 전해주었다. 미국의 강에 대한 마틴의 놀라운 책은 다음을 보라. Doyle, Martin, *The Source: How Rivers Made America and America Remade Its Rivers* (W. W. Norton, 2018).

제1장 생물의 기습 공격

1. Steffen, W., W. Broadgate, L. Deutsch, O. Gaffney, and C. Ludwig, "The Trajectory of the Anthropocene: The Great Acceleration," *Anthropocene Review* 2, no. 1 (2015): 81–98.

2. Comte de Buffon, Georges-Louis Leclerc, *Histoire naturelle, générale et particulière*, vol. 12, *Contenant les époques de la nature* (De L'Imprimerie royale, 1778).

3. Gaston, Kevin J., and Tim M. Blackburn, "Are Newly Described Bird Species Small-Bodied?," *Biodiversity Letters* 2, no. 1 (1994): 16–20.

4. National Research Council, *Research Priorities in Tropical Biology* (US National Academy of Sciences, 1980).

5. Rice, Marlin E., "Terry L. Erwin: She Had a Black Eye and in Her Arm She Held a Skunk," *ZooKeys* 500 (2015): 9–24; originally published in *American Entomologist* 61, no. 1 (2015): 9–15.

6. Erwin, Terry L., "Tropical Forests: Their Richness in Coleoptera and Other Arthropod Species," *The Coleopterists Bulletin* 36, no. 1 (1982): 74–75.

7. Stork, Nigel E., "How Many Species of Insects and Other Terrestrial Arthropods Are There on Earth?," *Annual Review of Entomology* 63 (2018): 31–45.

8. Barberán, Albert, et al., "The Ecology of Microscopic Life in Household Dust," *Proceedings of the Royal Society B: Biological Sciences* 282, no. 1814 (2015): 20151139.

9. Locey, Kenneth J., and Jay T. Lennon, "Scaling Laws Predict Global Microbial Diversity," *Proceedings of the National Academy of Sciences* 113, no. 21 (2016): 5970–5975.

10. Erwin, quoted in Strain, Daniel, "8.7 Million: A New Estimate for All the Complex Species on Earth," *Science* 333, no. 6046 (2011): 1083.

11. 이 인용문의 출처는 다음 논문에 나와 있다. Robinson, Andrew, "Did Einstein Really Say That?," *Nature* 557, no. 7703 (2018): 30–31.

12. Liu, Li, Jiajing Wang, Danny Rosenberg, Hao Zhao, György Lengyel, and Dani Nadel, "Fermented Beverage and Food Storage in 13,000 Y-Old Stone Mortars at Raqefet Cave, Israel: Investigating Natufian Ritual Feasting," *Journal of*

Archaeological Science: Reports 21 (2018): 783–793.

13. 잭 론지노의 추산에 근거했다.

14. Hallmann, Caspar A., et al., "More Than 75 Percent Decline over 27 Years in Total Flying Insect Biomass in Protected Areas," *PLOS ONE* 12, no. 10 (2017): e0185809.

15. 이 장을 읽고 신중한 의견을 전해주신 브라이언 비그만, 미셸 트로트와인, 프리도 벨커, 마틴 도일, 나이절 스토크, 케네스 로시, 제이 레넌, 캐런 로이드, 피터 레이븐에게 감사드린다. 특히 토머스 페이프는 유용한 의견을 풍부하게 제시해주었다.

제2장 도시의 갈라파고스

1. Wilson, Edward O., *Naturalist* (Island Press, 2006), 15.

2. Gotelli, Nicholas J., *A Primer of Ecology*, 3rd ed. (Sinauer Associates, 2001), 156.

3. Moore, Norman W., and Max D. Hooper, "On the Number of Bird Species in British Woods," *Biological Conservation* 8, no. 4 (1975): 239–250.

4. Williams, Terry Tempest, *Erosion: Essays of Undoing* (Sarah Crichton Books, 2019), ix.

5. Quammen, David, *The Song of the Dodo: Island Biogeography in an Age of Extinction* (Scribner, 1996); Kolbert, Elizabeth, *The Sixth Extinction: An Unnatural History* (Henry Holt, 2014).

6. Chase, Jonathan M., Shane A. Blowes, Tiffany M. Knight, Katharina Gerstner, and Felix May, "Ecosystem Decay Exacerbates Biodiversity Loss with Habitat Loss," *Nature* 584, no. 7820 (2020): 238–243.

7. MacArthur, R. H., and E. O. Wilson, *The Theory of Island Biogeography*, Princeton Landmarks in Biology (Princeton University Press, 2001), 152.

8. Darwin, Charles, *Journal of Researches into the Geology and Natural History of the Various Countries Visited by H.M.S. Beagle, Under the Command of Captain FitzRoy, R.N., from 1832 to 1836* (Henry Colborun, 1839), in chap. 17.

9. Coyne, Jerry A., and Trevor D. Price, "Little Evidence for Sympatric Speciation in Island Birds," *Evolution* 54, no. 6 (2000): 2166–2171.

10. Darwin, Charles, *On the Origin of Species*, 6th ed. (John Murray, 1872), in chap. 13.

11. Quammen, *The Song of the Dodo*, 19.

12. Izzo, Victor M., Yolanda H. Chen, Sean D. Schoville, Cong Wang, and David J. Hawthorne, "Origin of Pest Lineages of the Colorado Potato Beetle (Coleoptera: Chrysomelidae)," *Journal of Economic Entomology* 111, no. 2 (2018): 868–878.

13. Martin, Michael D., Filipe G. Vieira, Simon Y. W. Ho, Nathan Wales, Mikkel Schubert, Andaine Seguin-Orlando, Jean B. Ristaino, and M. Thomas P. Gilbert, "Genomic Characterization of a South American Phytophthora Hybrid Mandates Reassessment of the Geographic Origins of *Phytophthora infestans*," *Molecular Biology and Evolution* 33, no. 2 (2016): 478–491.

14. McDonald, Bruce A., and Eva H. Stukenbrock, "Rapid Emergence of Pathogens in Agro-Ecosystems: Global Threats to Agricultural Sustainability and Food Security," *Philosophical Transactions of the Royal Society B: Biological Sciences* 371, no. 1709 (2016): 20160026.

15. Puckett, Emily E., Emma Sherratt, Matthew Combs, Elizabeth J. Carlen, William Harcourt-Smith, and Jason Munshi-South, "Variation in Brown Rat Cranial Shape Shows Directional Selection over 120 Years in New York City," *Ecology and Evolution* 10, no. 11 (2020): 4739–4748.

16. Combs, Matthew, Kaylee A. Byers, Bruno M. Ghersi, Michael J. Blum, Adalgisa Caccone, Federico Costa, Chelsea G. Himsworth, Jonathan L. Richardson, and Jason Munshi-South, "Urban Rat Races: Spatial Population Genomics of Brown Rats (Rattus norvegicus) Compared Across Multiple Cities," *Proceedings of the Royal Society B: Biological Sciences* 285, no. 1880 (2018): 20180245.

17. Cheptou, P.-O., O. Carrue, S. Rouifed, and A. Cantarel, "Rapid Evolution of Seed Dispersal in an Urban Environment in the Weed *Crepis sancta*," *Proceedings of the National Academy of Sciences* 105, no. 10 (2008): 3796–3799.

18. Thompson, Ken A., Loren H. Rieseberg, and Dolph Schluter, "Speciation and the City," *Trends in Ecology and Evolution* 33, no. 11 (2018): 815–826.

19. Palopoli, Michael F., Daniel J. Fergus, Samuel Minot, Dorothy T. Pei, W. Brian Simison, Iria Fernandez-Silva, Megan S. Thoemmes, Robert R. Dunn, and Michelle Trautwein, "Global Divergence of the Human Follicle Mite *Demodex folliculorum*: Persistent Associations Between Host Ancestry and Mite Lineages," *Proceedings of the National Academy of Sciences* 112, no. 52 (2015): 15958–15963.

20. 이 장에 유용한 의견을 주신 크리스티나 카우거, 프레드 굴드, 장 리스타이노, 야엘 키슬, 티머시 배러클러프, 제이슨 문시사우스, 라이언 마틴, 네이트 샌더스, 월 킴러, 조지 헤스, 닉 고틀리에게 큰 감사를 전한다.

제3장 무심코 만든 방주

1. Pocheville, Arnaud, "The Ecological Niche: History and Recent Controversies," in *Handbook of Evolutionary Thinking in the Sciences*, ed. Thomas Heams, Philippe

Huneman, Guillaume Lecointre, and Marc Silberstein (Springer, 2015), 547–586.

2. Munshi-South, Jason, "Urban Landscape Genetics: Canopy Cover Predicts Gene Flow Between White-Footed Mouse (*Peromyscus leucopus*) Populations in New York City," *Molecular Ecology* 21, no. 6 (2012): 1360–1378.

3. Finkel, Irving, *The Ark Before Noah: Decoding the Story of the Flood* (Hachette UK, 2014).

4. Terando, Adam J., Jennifer Costanza, Curtis Belyea, Robert R. Dunn, Alexa McKerrow, and Jaime A. Collazo, "The Southern Megalopolis: Using the Past to Predict the Future of Urban Sprawl in the Southeast US," *PLOS ONE* 9, no. 7 (2014): e102261.

5. Kingsland, Sharon E., "Urban Ecological Science in America," in *Science for the Sustainable City: Empirical Insights from the Baltimore School of Urban Ecology*, ed. Steward T. A. Pickett, Mary L. Cadenasso, J. Morgan Grove, Elena G. Irwin, Emma J. Rosi, and Christopher M. Swan (Yale University Press, 2019), 24.

6. Carlen, Elizabeth, and Jason Munshi-South, "Widespread Genetic Connectivity of Feral Pigeons Across the Northeastern Megacity," *Evolutionary Applications* 14, no. 1 (2020): 150–162.

7. Tang, Qian, Hong Jiang, Yangsheng Li, Thomas Bourguignon, and Theodore Alfred Evans, "Population Structure of the German Cockroach, *Blattella germanica*, Shows Two Expansions Across China," *Biological Invasions* 18, no. 8 (2016): 2391–2402.

8. 이 장을 읽고 유용한 조언을 주신 애덤 테런도, 조지 헤스, 네이트 샌더스, 닉 아다드, 제니퍼 코스탄자, 제이슨 문시사우스, 도 레비, 헤더 케이턴, 커티스 벨리아에게 감사드린다.

제4장 최후의 탈출

1. Xu, Meng, Xidong Mu, Shuang Zhang, Jaimie T. A. Dick, Bingtao Zhu, Dangen Gu, Yexin Yang, Du Luo, and Yinchang Hu, "A Global Analysis of Enemy Release and Its Variation with Latitude," *Global Ecology and Biogeography* 30, no. 1 (2021): 277–288.

2. Seyfarth, Robert M., Dorothy L. Cheney, and Peter Marler, "Monkey Responses to Three Different Alarm Calls: Evidence of Predator Classification and Semantic Communication," *Science* 210, no. 4471 (1980): 801–803.

3. Headland, Thomas N., and Harry W. Greene, "Hunter-Gatherers and Other Primates as Prey, Predators, and Competitors of Snakes," *Proceedings of the National Academy of Sciences* 108, no. 52 (2011): E1470–E1474.

4. Dunn, Robert R., T. Jonathan Davies, Nyeema C. Harris, and Michael C. Gavin, "Global Drivers of Human Pathogen Richness and Prevalence," *Proceedings of the Royal Society B: Biological Sciences* 277, no. 1694 (2010): 2587–2595.

5. Varki, Ajit, and Pascal Gagneux, "Human-Specific Evolution of Sialic Acid Targets: Explaining the Malignant Malaria Mystery?," *Proceedings of the National Academy of Sciences* 106, no. 35 (2009): 14739–14740.

6. Loy, Dorothy E., Weimin Liu, Yingying Li, Gerald H. Learn, Lindsey J. Plenderleith, Sesh A. Sundararaman, Paul M. Sharp, and Beatrice H. Hahn, "Out of Africa: Origins and Evolution of the Human Malaria Parasites *Plasmodium falciparum* and *Plasmodium vivax*," *International Journal for Parasitology* 47, nos. 2–3 (2017): 87–97.

7. 이 기생충들의 진화사를 더 알아보려면 다음을 보라. Kidgell, Claire, Ulrike Reichard, John Wain, Bodo Linz, Mia Torpdahl, Gordon Dougan, and Mark Achtman, "*Salmonella typhi*, the Causative Agent of Typhoid Fever, Is Approximately 50,000 Years Old," *Infection, Genetics and Evolution* 2, no. 1 (2002): 39–45.

8. Araújo, Adauto, and Karl Reinhard, "Mummies, Parasites, and Pathoecology in the Ancient Americas," in *The Handbook of Mummy Studies: New Frontiers in Scientific and Cultural Perspectives*, ed. Dong Hoon Shin and Raffaella Bianucci (Springer, forthcoming).

9. Bos, Kirsten I., et al., "Pre-Columbian Mycobacterial Genomes Reveal Seals as a Source of New World Human Tuberculosis," *Nature* 514, no. 7523 (2014): 494–497.

10. Wolfe, Nathan D., Claire Panosian Dunavan, and Jared Diamond, "Origins of Major Human Infectious Diseases," *Nature* 447, no. 7142 (2007): 279–283.

11. Koch, Alexander, Chris Brierley, Mark M. Maslin, and Simon L. Lewis, "Earth System Impacts of the European Arrival and Great Dying in the Americas After 1492," *Quaternary Science Reviews* 207 (2019): 13–36.

12. Matile-Ferrero, D., "Cassava Mealybug in the People's Republic of Congo," in *Proceedings of the International Workshop on the Cassava Mealybug Phenacoccus manihoti Mat.-Ferr. (Pseudococcidae)*, held at INERA-M'vuazi, Bas-Zaire, Zaire, June 26–29, 1977 (International Institute of Tropical Agriculture, 1978), 29–46.

13. Cox, Jennifer M., and D. J. Williams, "An Account of Cassava Mealybugs (Hemiptera: Pseudococcidae) with a Description of a New Species," *Bulletin of Entomological Research* 71, no. 2 (1981): 247–258.

14. Bellotti, Anthony C., Jesus A. Reyes, and Ana María Varela, "Observations on

Cassava Mealybugs in the Americas: Their Biology, Ecology and Natural Enemies," in Sixth Symposium of the International Society for Tropical Root Crops, 339–352 (1983).

15. Herren, H. R., and P. Neuenschwander, "Biological Control of Cassava Pests in Africa," *Annual Revue of Entomology* 36 (1991): 257–283.

16. 카사바 가루깍지벌레에 대해서는 다음 책에서 더 자세히 논했다. Dunn, Rob, *Never Out of Season: How Having the Food We Want When We Want It Threatens Our Food Supply and Our Future* (Little, Brown, 2017).

17. Onokpise, Oghenekome, and Clifford Louime, "The Potential of the South American Leaf Blight as a Biological Agent," *Sustainability* 4, no. 11 (2012): 3151–3157.

18. Stensgaard, Anna-Sofie, Robert R. Dunn, Birgitte J. Vennervald, and Carsten Rahbek, "The Neglected Geography of Human Pathogens and Diseases," *Nature Ecology and Evolution* 1, no. 7 (2017): 1–2.

19. Fitzpatrick, Matt, "Future Urban Climates: What Will Cities Feel Like in 60 Years?," University of Maryland Center for Environmental Science, www.umces.edu/futureurbanclimates.

20. 이 책의 초안을 읽고 조언해주신 한스 헤런, 장 리스타이노, 아이나라 시스티아가 구티에레스, 아지트 바르키, 찰리 넌, 맷 피츠패트릭, 안나소피 스텐스고르, 베아트리체 한, 베스 아치, 미셸 라이스카인드에게 감사한다.

제5장 인간이 살아갈 틈새

1. Xu, Chi, Timothy A. Kohler, Timothy M. Lenton, Jens-Christian Svenning, and Marten Scheffer, "Future of the Human Climate Niche," *Proceedings of the National Academy of Sciences* 117, no. 21 (2020): 11350–11355.

2. Manning, Katie, and Adrian Timpson, "The Demographic Response to Holocene Climate Change in the Sahara," *Quaternary Science Reviews* 101 (2014): 28–35.

3. Hsiang, Solomon M., Marshall Burke, and Edward Miguel, "Quantifying the Influence of Climate on Human Conflict," *Science* 341, no. 6151 (2013), https://doi.org/10.1126/science.1235467.

4. Larrick, Richard P., Thomas A. Timmerman, Andrew M. Carton, and Jason Abrevaya, "Temper, Temperature, and Temptation: Heat-Related Retaliation in Baseball," *Psychological Science* 22, no. 4 (2011): 423–428.

5. Kenrick, Douglas T., and Steven W. MacFarlane, "Ambient Temperature and Horn Honking: A Field Study of the Heat/Aggression Relationship," *Environment and*

Behavior 18, no. 2 (1986): 179–191.

6. Rohles, Frederick H., "Environmental Psychology—Bucket of Worms," *Psychology Today* 1, no. 2 (1967): 54–63.

7. Almås, Ingvild, Maximilian Auffhammer, Tessa Bold, Ian Bolliger, Aluma Dembo, Solomon M. Hsiang, Shuhei Kitamura, Edward Miguel, and Robert Pickmans, *Destructive Behavior, Judgment, and Economic Decision-Making Under Thermal Stress*, working paper 25785 (National Bureau of Economic Research, 2019), https://www.nber.org/papers/w25785.

8. Burke, Marshall, Solomon M. Hsiang, and Edward Miguel, "Global Non-Linear Effect of Temperature on Economic Production," *Nature* 527, no. 7577 (2015): 235–239.

9. 이 장을 읽고 사려 깊은 의견을 주신 솔로몬 시앙, 마이크 개빈, 젠스크리스티앙 스베닝, 쉬츠, 맷 피츠패트릭, 네이트 샌더스, 에드워드 미겔, 잉빌드 알모스, 마틴 셰퍼에게 감사드린다.

제6장 까마귀의 지능

1. Pendergrass, Angeline G., Reto Knutti, Flavio Lehner, Clara Deser, and Benjamin M. Sanderson, "Precipitation Variability Increases in a Warmer Climate," *Scientific Reports* 7, no. 1 (2017): 1–9; Bathiany, Sebastian, Vasilis Dakos, Marten Scheffer, and Timothy M. Lenton, "Climate Models Predict Increasing Temperature Variability in Poor Countries," *Science Advances* 4, no. 5 (2018): eaar5809.

2. Diamond, Sarah E., Lacy Chick, Abe Perez, Stephanie A. Strickler, and Ryan A. Martin, "Rapid Evolution of Ant Thermal Tolerance Across an Urban-Rural Temperature Cline," *Biological Journal of the Linnean Society* 121, no. 2 (2017): 248–257.

3. Grant, Barbara Rosemary, and Peter Raymond Grant, "Evolution of Darwin's Finches Caused by a Rare Climatic Event," *Proceedings of the Royal Society B: Biological Sciences* 251, no. 1331 (1993): 111–117.

4. Rutz, Christian, and James J. H. St Clair, "The Evolutionary Origins and Ecological Context of Tool Use in New Caledonian Crows," *Behavioural Processes* 89, no. 2 (2012): 153–165.

5. Marzluff, John, and Tony Angell, *Gifts of the Crow: How Perception, Emotion, and Thought Allow Smart Birds to Behave Like Humans* (Free Press, 2012).

6. Mayr, Ernst, "Taxonomic Categories in Fossil Hominids," in *Cold Spring Harbor Symposia on Quantitative Biology*, vol. 15 (Cold Spring Harbor Laboratory Press,

1950), 109–118.

7. Dillard, Annie, "Living Like Weasels," in *Teaching a Stone to Talk: Expeditions and Encounters* (HarperPerennial, 1988), last paragraph.

8. Sol, Daniel, Richard P. Duncan, Tim M. Blackburn, Phillip Cassey, and Louis Lefebvre, "Big Brains, Enhanced Cognition, and Response of Birds to Novel Environments," *Proceedings of the National Academy of Sciences* 102, no. 15 (2005): 5460–5465.

9. Fristoe, Trevor S., and Carlos A. Botero, "Alternative Ecological Strategies Lead to Avian Brain Size Bimodality in Variable Habitats," *Nature Communications* 10, no. 1 (2019): 1–9.

10. Schuck-Paim, Cynthia, Wladimir J. Alonso, and Eduardo B. Ottoni, "Cognition in an Ever-Changing World: Climatic Variability Is Associated with Brain Size in Neotropical Parrots," *Brain, Behavior and Evolution* 71, no. 3 (2008): 200–215.

11. Wagnon, Gigi S., and Charles R. Brown, "Smaller Brained Cliff Swallows Are More Likely to Die During Harsh Weather," *Biology Letters* 16, no. 7 (2020): 20200264.

12. Vincze, Orsolya, "Light Enough to Travel or Wise Enough to Stay? Brain Size Evolution and Migratory Behavior in Birds," *Evolution* 70, no. 9 (2016): 2123–2133.

13. Sayol, Ferran, Joan Maspons, Oriol Lapiedra, Andrew N. Iwaniuk, Tamás Székely, and Daniel Sol, "Environmental Variation and the Evolution of Large Brains in Birds," *Nature Communications* 7, no. 1 (2016): 1–8.

14. Weiner, J., *The Beak of the Finch: A Story of Evolution in Our Time* (Knopf, 1994).

15. Marzluff and Angell, *Gifts of the Crow*, 13.

16. Fristoe, Trevor S., Andrew N. Iwaniuk, and Carlos A. Botero, "Big Brains Stabilize Populations and Facilitate Colonization of Variable Habitats in Birds," *Nature Ecology and Evolution* 1, no. 11 (2017): 1706–1715.

17. Sol, D., J. Maspons, M. Vall-Llosera, I. Bartomeus, G. E. Garcia-Pena, J. Piñol, and R. P. Freckleton, "Unraveling the Life History of Successful Invaders," *Science* 337, no. 6094 (2012): 580–583.

18. Sayol, Ferran, Daniel Sol, and Alex L. Pigot, "Brain Size and Life History Interact to Predict Urban Tolerance in Birds," *Frontiers in Ecology and Evolution* 8 (2020): 58.

19. Oliver, Mary, *New and Selected Poems: Volume One* (Beacon Press, 1992), 220, Kindle.

20. Haupt, Lyanda Lynn, *Crow Planet: Essential Wisdom from the Urban Wilderness* (Little, Brown, 2009).

21. Thoreau, Henry David, *The Journal 1837–1861*, Journal 7, September 1, 1854–

October 30, 1855 (New York Review of Books Classics, 2009), chap. 5, January 12, 1855.

22. Sington, David, and Christopher Riley, *In the Shadow of the Moon* (Vertigo Films, 2007), film.

23. Pimm, Stuart L., Julie L. Lockwood, Clinton N. Jenkins, John L. Curnutt, M. Philip Nott, Robert D. Powell, and Oron L. Bass Jr., "Sparrow in the Grass: A Report on the First Ten Years of Research on the Cape Sable Seaside Sparrow (*Ammodramus maritimus mirabilis*)" (unpublished report, 2002), www.nps.gov/ever/learn/nature/upload/MON97-8FinalReportSecure.pdf.

24. Lopez, Barry, *Of Wolves and Men* (Simon and Schuster, 1978).

25. Ducatez, Simon, Daniel Sol, Ferran Sayol, and Louis Lefebvre, "Behavioural Plasticity Is Associated with Reduced Extinction Risk in Birds," *Nature Ecology and Evolution* 4, no. 6 (2020): 788–793.

26. Sol, Daniel, Sven Bacher, Simon M. Reader, and Louis Lefebvre, "Brain Size Predicts the Success of Mammal Species Introduced into Novel Environments," *American Naturalist* 172, no. S1 (2008): S63–S71.

27. Van Woerden, Janneke T., Erik P. Willems, Carel P. van Schaik, and Karin Isler, "Large Brains Buffer Energetic Effects of Seasonal Habitats in Catarrhine Primates," *Evolution: International Journal of Organic Evolution* 66, no. 1 (2012): 191–199.

28. Kalan, Ammie K., et al., "Environmental Variability Supports Chimpanzee Behavioural Diversity," *Nature Communications* 11, no. 1 (2020): 1–10.

29. Marzluff and Angell, *Gifts of the Crow*, 6.

30. Nowell, Branda, and Joseph Stutler, "Public Management in an Era of the Unprecedented: Dominant Institutional Logics as a Barrier to Organizational Sensemaking," *Perspectives on Public Management and Governance* 3, no. 2 (2020): 125–139.

31. Antonson, Nicholas D., Dustin R. Rubenstein, Mark E. Hauber, and Carlos A. Botero, "Ecological Uncertainty Favours the Diversification of Host Use in Avian Brood Parasites," *Nature Communications* 11, no. 1 (2020): 1–7.

32. Beecher, as quoted in the outstanding book by Marzluff, John M., and Tony Angell, *In the Company of Crows and Ravens* (Yale University Press, 2007).

33. 이 장을 읽고 사려 깊은 의견을 주신 클린턴 젱킨스, 카를로스 보테로, 브랜다 노 웰, 페런 세이욜, 대니얼 솔, 태비 펜, 줄리 록우드, 에이미 캘런, 존 마츨러프, 트 레버 브레스토, 캐런 이슬러에게 감사드린다.

제7장 위험 상쇄를 위한 다양성 수용

1. Dillard, Annie, "Life on the Rocks: The Galápagos," section 2, in *Teaching a Stone to Talk: Expeditions and Encounters* (HarperPerennial, 1988).

2. Hutchinson, G. Evelyn, "The Paradox of the Plankton," *American Naturalist* 95, no. 882 (1961): 137–145.

3. Titman, D., "Ecological Competition Between Algae: Experimental Confirmation of Resource-Based Competition Theory," *Science* 192, no. 4238 (1976): 463–465. (이 논문은 데이비드 틸먼이 자신의 성을 티트먼에서 틸먼으로 바꾸기 전에 작성되었다.)

4. Tilman, D., and J. A. Downing, "Biodiversity and Stability in Grasslands," *Nature* 367, no. 6461 (1994): 363–365.

5. Tilman, D., P. B. Reich, and J. M. Knops, "Biodiversity and Ecosystem Stability in a Decade-Long Grassland Experiment," *Nature* 441, no. 7093 (2006): 629–632.

6. Dolezal, Jiri, Pavel Fibich, Jan Altman, Jan Leps, Shigeru Uemura, Koichi Takahashi, and Toshihiko Hara, "Determinants of Ecosystem Stability in a Diverse Temperate Forest," *Oikos* 129, no. 11 (2020): 1692–1703.

7. 예를 들어 다음을 보라. Gonzalez, Andrew, et al., "Scaling-Up Biodiversity-Ecosystem Functioning Research," *Ecology Letters* 23, no. 4 (2020): 757–776.

8. Cadotte, Marc W., "Functional Traits Explain Ecosystem Function Through Opposing Mechanisms, *Ecology Letters* 20, no. 8 (2017): 989–996.

9. Martin, Adam R., Marc W. Cadotte, Marney E. Isaac, Rubén Milla, Denis Vile, and Cyrille Violle, "Regional and Global Shifts in Crop Diversity Through the Anthropocene," *PLOS ONE* 14, no. 2 (2019): e0209788.

10. Khoury, Colin K., Anne D. Bjorkman, Hannes Dempewolf, Julian Ramirez-Villegas, Luigi Guarino, Andy Jarvis, Loren H. Rieseberg, and Paul C. Struik, "Increasing Homogeneity in Global Food Supplies and the Implications for Food Security," *Proceedings of the National Academy of Sciences* 111, no. 11 (2014): 4001–4006.

11. Mitchell, Charles E., David Tilman, and James V. Groth, "Effects of Grassland Plant Species Diversity, Abundance, and Composition on Foliar Fungal Disease," *Ecology* 83, no. 6 (2002): 1713–1726.

12. Khoury et al., "Increasing Homogeneity in Global Food Supplies and the Implications for Food Security."

13. Zhu, Youyong, et al., "Genetic Diversity and Disease Control in Rice," *Nature* 406, no. 6797 (2000): 718–722.

14. Bowles, Timothy M., et al., "Long-Term Evidence Shows That Crop-Rotation Diversification Increases Agricultural Resilience to Adverse Growing Conditions in North America," *One Earth* 2, no. 3 (2020): 284–293.
15. 이 장을 읽고 훌륭한 조언과 통찰을 주신 마크 카도트, 닉 아다드, 콜린 쿠리, 매슈 부커, 스탠 하폴, 네이트 샌더스에게 감사 인사를 전한다. 델핀 르나르는 이 장의 여러 초안을 읽으며 끈기 있게 도와주었다.

제8장 의존의 법칙

1. "Safe Prevention of the Primary Cesarean Delivery," *Obstetric Care Consensus*, no. 1 (2014), https://web.archive.org/web/20140302063757 /http://www.acog.org/Resources_And_Publications/Obstetric_Care_Consensus_Series/Safe_Prevention_of_the_Primary_Cesarean_Delivery.
2. Neut, C., et al., "Bacterial Colonization of the Large Intestine in Newborns Delivered by Cesarean Section," *Zentralblatt für Bakteriologie, Mikrobiologie und Hygiene. Series A: Medical Microbiology, Infectious Diseases, Virology, Parasitology* 266, nos. 3–4 (1987): 330–337; Biasucci, Giacomo, Belinda Benenati, Lorenzo Morelli, Elena Bessi, and Günther Boehm, "Cesarean Delivery May Affect the Early Biodiversity of Intestinal Bacteria," *Journal of Nutrition* 138, no. 9 (2008): 1796S–1800S.
3. Leidy, Joseph, *Parasites of the Termites* (Collins, printer, 1881), 425.
4. Tung, Jenny, Luis B. Barreiro, Michael B. Burns, Jean-Christophe Grenier, Josh Lynch, Laura E. Grieneisen, Jeanne Altmann, Susan C. Alberts, Ran Blekhman, and Elizabeth A. Archie, "Social Networks Predict Gut Microbiome Composition in Wild Baboons," *elife* 4 (2015): e05224.
5. Dunn, Robert R., Katherine R. Amato, Elizabeth A. Archie, Mimi Arandjelovic, Alyssa N. Crittenden, and Lauren M. Nichols, "The Internal, External and Extended Microbiomes of Hominins," *Frontiers in Ecology and Evolution* 8 (2020): 25.
6. Godoy-Vitorino, Filipa, Katherine C. Goldfarb, Eoin L. Brodie, Maria A. Garcia-Amado, Fabian Michelangeli, and Maria G. Domínguez-Bello, "Developmental Microbial Ecology of the Crop of the Folivorous Hoatzin," *ISME Journal* 4, no. 5 (2010): 611–620; Godoy-Vitorino, Filipa, Katherine C. Goldfarb, Ulas Karaoz, Sara Leal, Maria A. Garcia-Amado, Philip Hugenholtz, Susannah G. Tringe, Eoin L. Brodie, and Maria Gloria Dominguez-Bello, "Comparative Analyses of Foregut and Hindgut Bacterial Communities in Hoatzins and Cows," *ISME Journal* 6, no. 3 (2012): 531–541.

7. Escherich, T., "The Intestinal Bacteria of the Neonate and Breast-Fed Infant," *Clinical Infectious Diseases* 10, no. 6 (1988): 1220–1225.

8. Domínguez-Bello, Maria G., Elizabeth K. Costello, Monica Contreras, Magda Magris, Glida Hidalgo, Noah Fierer, and Rob Knight, "Delivery Mode Shapes the Acquisition and Structure of the Initial Microbiota Across Multiple Body Habitats in Newborns," *Proceedings of the National Academy of Sciences* 107, no. 26 (2010): 11971–11975.

9. Montaigne, Michel de, *In Defense of Raymond Sebond* (Ungar, 1959).

10. Mitchell, Caroline, et al., "Delivery Mode Affects Stability of Early Infant Gut Microbiota," *Cell Reports Medicine* 1, no. 9 (2020): 100156.

11. Song, Se Jin, et al., "Cohabiting Family Members Share Microbiota with One Another and with Their Dogs," *elife* 2 (2013): e00458.

12. Beasley, D. E., A. M. Koltz, J. E. Lambert, N. Fierer, and R. R. Dunn, "The Evolution of Stomach Acidity and Its Relevance to the Human Microbiome," *PLOS ONE* 10, no. 7 (2015): e0134116.

13. Arboleya, Silvia, Marta Suárez, Nuria Fernández, L. Mantecón, Gonzalo Solís, M. Gueimonde, and C. G. de Los Reyes-Gavilán, "C-Section and the Neonatal Gut Microbiome Acquisition: Consequences for Future Health," *Annals of Nutrition and Metabolism* 73, no. 3 (2018): 17–23.

14. Degnan, Patrick H., Adam B. Lazarus, and Jennifer J. Wernegreen, "Genome Sequence of *Blochmannia pennsylvanicus* Indicates Parallel Evolutionary Trends Among Bacterial Mutualists of Insects," *Genome Research* 15, no. 8 (2005): 1023–1033.

15. Fan, Yongliang, and Jennifer J. Wernegreen, "Can't Take the Heat: High Temperature Depletes Bacterial Endosymbionts of Ants," *Microbial Ecology* 66, no. 3 (2013): 727–733.

16. Lopez, Barry, *Of Wolves and Men* (Simon and Schuster, 1978), chap. 1, "Origin and Description."

17. 이 장을 읽고 통찰력 넘치는 조언을 해주신 마리아 글로리아 도밍게스벨로, 마이클 폴슨, 아람 미카엘리안, 지리 훌크르, 크리스틴 네일러파, 샌드라 브렘 앤더슨, 엘리자베스 코스텔로, 제니퍼 베르너그린, 노아 피어러, 필리파 고도이비토리누에게 감사를 전한다.

제9장 험프티 덤프티와 로봇 벌

1. Tsui, Clement K.-M., Ruth Miller, Miguel Uyaguari-Diaz, Patrick Tang, Cedric

Chauve, William Hsiao, Judith Isaac-Renton, and Natalie Prystajecky, "Beaver Fever: Whole-Genome Characterization of Waterborne Outbreak and Sporadic Isolates to Study the Zoonotic Transmission of Giardiasis," *mSphere* 3, no. 2 (2018): e00090-18.

2. McMahon, Augusta, "Waste Management in Early Urban Southern Mesopotamia," in *Sanitation, Latrines and Intestinal Parasites in Past Populations*, ed. Piers D. Mitchell (Farnham, 2015), 19-40.

3. National Research Council, *Watershed Management for Potable Water Supply: Assessing the New York City Strategy* (National Academies Press, 2000).

4. Gebert, Matthew J., Manuel Delgado-Baquerizo, Angela M. Oliverio, Tara M. Webster, Lauren M. Nichols, Jennifer R. Honda, Edward D. Chan, Jennifer Adjemian, Robert R. Dunn, and Noah Fierer, "Ecological Analyses of Mycobacteria in Showerhead Biofilms and Their Relevance to Human Health," *MBio* 9, no. 5 (2018).

5. Proctor, Caitlin R., Mauro Reimann, Bas Vriens, and Frederik Hammes, "Biofilms in Shower Hoses," *Water Research* 131 (2018): 274-286.

6. 이 연구에 대해 더 상세히 알아보고 싶다면 다음 책에서 더 긴 논의를 살펴보라. Dunn, Rob, Never Home Alone: From Microbes to Millipedes, Camel Crickets, and Honeybees, the Natural History of Where We Live (Basic Books, 2018).

7. Ngor, Lyna, Evan C. Palmer-Young, Rodrigo Burciaga Nevarez, Kaleigh A. Russell, Laura Leger, Sara June Giacomini, Mario S. Pinilla-Gallego, Rebecca E. Irwin, and Quinn S. McFrederick, "Cross-Infectivity of Honey and Bumble Bee-Associated Parasites Across Three Bee Families," *Parasitology* 147, no. 12 (2020): 1290-1304.

8. Knops, Johannes M. H., et al., "Effects of Plant Species Richness on Invasion Dynamics, Disease Outbreaks, Insect Abundances and Diversity," *Ecology Letters* 2, no. 5 (1999): 286-293.

9. Tarpy, David R., and Thomas D. Seeley, "Lower Disease Infections in Honeybee (*Apis mellifera*) Colonies Headed by Polyandrous vs Monandrous Queens," *Naturwissenschaften* 93, no. 4 (2006): 195-199.

10. Zattara, Eduardo E., and Marcelo A. Aizen, "Worldwide Occurrence Records Suggest a Global Decline in Bee Species Richness," *One Earth* 4, no. 1 (2021): 114-123.

11. Potts, S. G., P. Neumann, B. Vaissière, and N. J. Vereecken, "Robotic Bees for Crop Pollination: Why Drones Cannot Replace Biodiversity," *Science of the Total Environment* 642 (2018): 665-667.

12. 이 장을 읽고 조언해주신 데이비드 타피, 찰스 미첼, 앤절라 해리스, 니콜라 베리

큰, 브래드 테일러, 베키 어윈, 켄드라 브라운, 마르가리타 로페스 우리베, 노아 피어러에게 감사드린다.

제10장 진화와 더불어 살기

1. Warner Bros. Canada, "Contagion: Bacteria Billboard," September 7, 2011, YouTube video, 1:38, www.youtube.com/watch?v=LppK 4ZtsDdM&feature=emb_title.
2. Weiner, J., *The Beak of the Finch: A Story of Evolution in Our Time* (Knopf, 1994), 9.
3. Darwin, Charles, *The Descent of Man*, 6th ed. (Modern Library, 1872), chap. 4, fifth paragraph.
4. Fleming, Sir Alexander, "Banquet Speech," December 10, 1945, The Nobel Prize, www.nobelprize.org/prizes/medicine/1945/fleming/speech/.
5. Comte de Buffon, Georges-Louis Leclerc, *Histoire naturelle, générale et particulière, vol. 12, Contenant les époques de la nature* (De l'Imprimerie royale, 1778), 197.
6. Jørgensen, Peter Søgaard, Carl Folke, Patrik J. G. Henriksson, Karin Malmros, Max Troell, and Anna Zorzet, "Coevolutionary Governance of Antibiotic and Pesticide Resistance," *Trends in Ecology and Evolution* 35, no. 6 (2020): 484–494.
7. Aktipis, Athena, "Applying Insights from Ecology and Evolutionary Biology to the Management of Cancer, an Interview with Athena Aktipis," interview by Rob Dunn, *Applied Ecology News*, July 28, 2020, https://cals.ncsu.edu/applied-ecology/news/ecology-and-evolutionary-biology-to-the-management-of-cancer-athena-aktipis/.
8. Harrison, Freya, Aled E. L. Roberts, Rebecca Gabrilska, Kendra P. Rumbaugh, Christina Lee, and Stephen P. Diggle, "A 1,000-Year-Old Antimicrobial Remedy with Antistaphylococcal Activity," *mBio* 6, no. 4 (2015): e01129-15.
9. Aktipis, Athena, *The Cheating Cell: How Evolution Helps Us Understand and Treat Cancer* (Princeton University Press, 2020).
10. Jørgensen, Peter S., Didier Wernli, Scott P. Carroll, Robert R. Dunn, Stephan Harbarth, Simon A. Levin, Anthony D. So, Maja Schlüter, and Ramanan Laxminarayan, "Use Antimicrobials Wisely," *Nature* 537, no. 7619 (2016): 159.
11. 이 장과 다른 장에 사려 깊은 의견을 전해주신 페테르 예르겐센, 아테나 악티피스, 마이클 베임, 로이 키쇼니, 타미 리베르만, 크리스티나 리에게 감사의 마음을 전한다.

제11장 자연의 종말은 아닌 미래

1. Dunn, Robert R., "Modern Insect Extinctions, the Neglected Majority," *Conservation*

Biology 19, no. 4 (2005): 1030–1036.

2. Koh, Lian Pin, Robert R. Dunn, Navjot S. Sodhi, Robert K. Colwell, Heather C. Proctor, and Vincent S. Smith, "Species Coextinctions and the Biodiversity Crisis," *Science* 305, no. 5690 (2004): 1632–1634. 이 접근법에 대한 최신 요약은 다음을 보라. Dunn, Robert R., Nyeema C. Harris, Robert K. Colwell, Lian Pin Koh, and Navjot S. Sodhi, "The Sixth Mass Coextinction: Are Most Endangered Species Parasites and Mutualists?," *Proceedings of the Royal Society B: Biological Sciences* 276, no. 1670 (2009): 3037–3045.

3. Pimm, Stuart L., *The World According to Pimm: A Scientist Audits the Earth* (McGraw-Hill, 2001).

4. 숀 니는 이 발표를 바탕으로 나중에 쓴 책에서 거대한 종은 "여기저기 뛰어다니며 갖가지 소란을 만들지만 생물 다양성은 거의 나타내지 않는다"라고 언급했다. 여기에서 그가 말하는 "거대한" 종이란 진드기에서 사슴에 이르는, 진드기만 하거나 이보다 큰 종을 의미한다. Nee, Sean, "Phylogenetic Futures After the Latest Mass Extinction," in *Phylogeny and Conservation*, ed. Purvis, Andrew, John L. Gittleman, and Thomas Brooks (Cambridge University Press, 2005), 387–399.

5. Jenkins, Clinton N., et al., "Global Diversity in Light of Climate Change: The Case of Ants," *Diversity and Distributions* 17, no. 4 (2011): 652–662.

6. Wehner, Rüdiger, *Desert Navigator: The Journey of an Ant* (Harvard University Press, 2020), 25.

7. Willot, Quentin, Cyril Gueydan, and Serge Aron, "Proteome Stability, Heat Hardening and Heat-Shock Protein Expression Profiles in *Cataglyphis* Desert Ants," *Journal of Experimental Biology* 220, no. 9 (2017): 1721–1728.

8. Perez, Rémy, and Serge Aron, "Adaptations to Thermal Stress in Social Insects: Recent Advances and Future Directions," *Biological Reviews* 95, no. 6 (2020): 1535–1553.

9. Nesbitt, Lewis Mariano, *Hell-Hole of Creation: The Exploration of Abyssinian Danakil* (Knopf, 1935), 8.

10. Gómez, Felipe, Barbara Cavalazzi, Nuria Rodríguez, Ricardo Amils, Gian Gabriele Ori, Karen Olsson-Francis, Cristina Escudero, Jose M. Martínez, and Hagos Miruts, "Ultra-Small Microorganisms in the Polyextreme Conditions of the Dallol Volcano, Northern Afar, Ethiopia," *Scientific Reports* 9, no. 1 (2019): 1–9.

11. Cavalazzi, B., et al., "The Dallol Geothermal Area, Northern Afar (Ethiopia)—An Exceptional Planetary Field Analog on Earth," *Astrobiology* 19, no. 4 (2019): 553–578.

12. 이 장을 읽고 통찰을 전해준 펠리페 고메스, 바버라 카발라치, 로버트 콜웰, 마리 슈바이처, 러셀 랜드, 제이미 슈리브, 세르주 에런, 심 세르다, 캣 카르델러스, 클린턴 젱킨스, 리안 핀 코, 숀 니에게 감사한다. 계통학에 대한 훌륭한 의견을 주신 로라 허그에게도 감사드린다.

나가는 말 : 더는 생물과 함께하지 않는 우리

1. Marshall, Charles R., "Five Palaeobiological Laws Needed to Understand the Evolution of the Living Biota," *Nature Ecology and Evolution* 1, no. 6 (2017): 1–6.

2. Hagen, Oskar, Tobias Andermann, Tiago B. Quental, Alexandre Antonelli, and Daniele Silvestro, "Estimating Age-Dependent Extinction: Contrasting Evidence from Fossils and Phylogenies," *Systematic Biology* 67, no. 3 (2018): 458–474.

3. Harris, Nyeema C., Travis M. Livieri, and Robert R. Dunn, "Ectoparasites in Black-Footed Ferrets (Mustela nigripes) from the Largest Reintroduced Population of the Conata Basin, South Dakota, USA," *Journal of Wildlife Diseases* 50, no. 2 (2014): 340–343.

4. Colwell, Robert K., Robert R. Dunn, and Nyeema C. Harris, "Coextinction and Persistence of Dependent Species in a Changing World," *Annual Review of Ecology, Evolution, and Systematics* 43 (2012):183–203.

5. Rettenmeyer, Carl W., M. E. Rettenmeyer, J. Joseph, and S. M. Berghoff, "The Largest Animal Association Centered on One Species: The Army Ant Eciton burchellii and Its More Than 300 Associates," *Insectes Sociaux* 58, no. 3 (2011): 281–292.

6. Penick, Clint A., Amy M. Savage, and Robert R. Dunn, "Stable Isotopes Reveal Links Between Human Food Inputs and Urban Ant Diets," *Proceedings of the Royal Society B: Biological Sciences* 282, no. 1806 (2015): 20142608.

7. Dunn, Robert R., Charles L. Nunn, and Julie E. Horvath, "The Global Synanthrome Project: A Call for an Exhaustive Study of Human Associates," *Trends in Parasitology* 33, no. 1 (2017): 4–7.

8. Panagiotakopulu, Eva, Peter Skidmore, and Paul Buckland, "Fossil Insect Evidence for the End of the Western Settlement in Norse Greenland," *Naturwissenschaften* 94, no. 4 (2007): 300–306.

9. Weisman, Alan, *The World Without Us* (Macmillan, 2007), 8.

10. Marshall, "Five Palaeobiological Laws Needed to Understand the Evolution of the Living Biota."

11. Losos, Jonathan B., *Improbable Destinies: Fate, Chance, and the Future of Evolution* (Riverhead Books, 2017).

12. Hoekstra, Hopi E., "Genetics, Development and Evolution of Adaptive Pigmentation in Vertebrates," *Heredity* 97, no. 3 (2006): 222–234.

13. Sayol, F., M. J. Steinbauer, T. M. Blackburn, A. Antonelli, and S. Faurby, "Anthropogenic Extinctions Conceal Widespread Evolution of Flightlessness in Birds," *Science Advances* 6, no. 49 (2020): eabb6095.

14. Losos, Jonathan B., *Lizards in an Evolutionary Tree: Ecology and Adaptive Radiation of Anoles* (University of California Press, 2011).

15. Braude, Stanton, "The Predictive Power of Evolutionary Biology and the Discovery of Eusociality in the Naked Mole-Rat," *Reports of the National Center for Science Education* 17, no. 4 (1997): 12–15.

16. Jarvis, J. U., "Eusociality in a Mammal: Cooperative Breeding in Naked Mole-Rat Colonies," *Science* 212, no. 4494 (1981): 571–573; Sherman, Paul W., Jennifer U. M. Jarvis, and Richard D. Alexander, eds., *The Biology of the Naked Mole-Rat* (Princeton University Press, 2017).

17. Feigin, C. Y., et al., "Genome of the Tasmanian Tiger Provides Insights into the Evolution and Demography of an Extinct Marsupial Carnivore," *Nature Ecology and Evolution* 2 (2018):182–192.

18. D'Ambrosia, Abigail R., William C. Clyde, Henry C. Fricke, Philip D. Gingerich, and Hemmo A. Abels, "Repetitive Mammalian Dwarfing During Ancient Greenhouse Warming Events," *Science Advances* 3, no. 3 (2017): e1601430.

19. Smith, Felisa A., Julio L. Betancourt, and James H. Brown, "Evolution of Body Size in the Woodrat over the Past 25,000 Years of Climate Change," *Science* 270, no. 5244 (1995): 2012–2014.

20. Zalasiewicz, Jan, and Kim Freedman, *The Earth After Us: What Legacy Will Humans Leave in the Rocks?* (Oxford University Press, 2009).

21. Zalasiewicz and Freedman, *The Earth After Us*, chap. 2, section "Future Earth: Close Up."

22. Losos, Jonathan, "Lizards, Convergent Evolution and Life After Humans, an Interview with Jonathan Losos," interview by Rob Dunn, *Applied Ecology News*, September 21, 2020, https://cals.ncsu.edu/applied-ecology/news/lizards-convergent-evolution-and-life-after-humans-an-interview-with-jonathan-losos/.

23. Gould, Stephen Jay, *Full House* (Harvard University Press, 1996), 176.

24. 이 장을 읽고 통찰과 전문성을 더해주신 버키 게이츠, 린지 제노, 얀 잘라시에비치, 마리 슈바이처, 조너선 로서스, 찰스 마셜, 로버트 콜웰, 크리스티 힙슬리, 앨런 와이즈먼, 톰 길버트, 에바 파나지오타코풀루, 리안 핀 코에게 감사드린다.

옮긴이의 말

시시각각 심각해져가는 기후 위기와 인간이 일으키는 각종 재난, 전세계 인류가 마주하는 기아와 전쟁에 대한 암울한 소식을 들을 때마다 우리는 지구의 미래를 걱정한다. 우리는, 우리 후손은 어떤 모습의 지구에서 살게 될까? 아니, 우리가 사라지면 지구는 대체 어떻게 될까?

그러나 이런 근심은 지극히 인간 중심적인 것일지도 모른다. 우리가 사라져도 지구는 살아남을 테니 말이다. 사실 인류가 존재하기 전에도 지구는 나름의 삶을 살아왔다. 지구는 공룡의, 파충류의, 조류의, 그리고 무엇보다 미생물의 것이었다. 인류는 어쩌면 거대한 지구의 역사에 잠시 탑승한 생물체일지도 모른다.

응용생태학과 교수이자 미생물을 연구하는 저자 롭 던은 인간이 지구의 미래를 좌지우지하는 특별한 존재가 아닌, 그저 잠깐 지구를 점령한 생물 중 하나일 뿐이라고 지적한다. 지구를 잠시 빌려 쓰고 있는 우리는 "생물법칙"에서 벗어날 수 없는, 지구의 수많은 생물체 중 하나일 뿐이다.

이렇게 생각하면 우리는 겸허해진다. 인간은 지구의 운명을 쥐락펴락하는 신적인 존재가 아니다. 우리는 물리법칙을 만고불변의 진리로 여긴다. 누구도, 어떤 상황에서도 이 물리"법칙"에서 벗어날 수 없다. 마찬가지로 만일 생물학에도 "법칙"이 있다면, 생물계에 속한 우리 인간도 누가, 어떤 기술을 이용해서 아무리 발버둥 쳐도 이 법칙이 인도하는 운명에서 벗어날 수 없을 테다. 그렇다면 우리는 생물이 인도하는 운명의 길에 속박된 셈이다. 그러나 이것은 부정적인 운명일까? 이 법칙을 거스르지 않고 오히려 우리 것으로 받아들여 우리 미래의 운명을 새롭게 재구성할 수도 있지 않을까? 그렇다면 이 생물법칙들은 인류를 속박하는 것이 아니라 인류의 미래를 밝혀줄 수도 있을 것이다.

생물법칙은 우주의 모든 사물 중 생물에게만 한정된다는 점에서 제한적이지만, 인간은 물론 모든 생물에 관련된다는 점에서 보편적이다. 생태학에 법칙이 있다는 점은 아직 논쟁의 여지가 있지만 저자는 여기에서 일상적인 의미로 "법칙"이라는 용어를 사용한다. 일정한 패턴이 있다는 의미이다. 저자가 이 책에서 논하는 생물법칙은 가장 먼저 저자가 이름 붙인 "어원의 법칙"에 기반한다. 인간은 세상의 중심이 아니며, 생물은 우리와 비슷하지도, 우리에게 의존하지도 않는다는 법칙이다. 우리는 세상의 작은 점에 불과하다. 이런 기본적인 관점에서 본다면 우리는 생물계에 속한 하나의 종에 불과한 인류의 미래를 예측할 수 있다.

저자 롭 던은 생태학에도 일종의 "법칙"이 있고, 우리 인간 역시 다른 생물과 마찬가지로 이 법칙에서 벗어날 수 없다는 사실을 자연사를 통해서 증명한다. 그러나 이 법칙은 지구 온난화로 점점 불투명해진 인류의 미래를 암울하게 만들지 않는다. 오히려 인간이 자연의 일부라는 점을 바탕으로 생태학을 이해하고, 생물과 환경의 상호 작용을 이해하면, 우리는 지구에서 남은 인류의 시간 동안 인류가 나아갈 운명을 짐작하고, 좀더 나은 방향으로 바꿀 수 있을 테다.

저자가 이 책에서 인용한 작가 조너선 와이너의 말처럼 "지상의 운동법칙은 단순하고 보편적이며", 우리가 우리 앞에 놓인 미래를 이해하려고 할 때 가장 먼저 염두에 두어야 하는 것은 바로 이런 생물법칙이다. 저자는 이런 생물법칙이 우리 미래의 자연사에 대해서 많은 것을 알려준다고 말한다. 이 책의 원래 부제인 "생물법칙이 인류의 운명에 대해서 말해주는 것"은 바로 이런 의미이다.

전례 없는 폭우와 폭설, 한파와 혹서가 요동치는 이상 기후, 코로나바이러스 같은 신종 바이러스의 창궐처럼, 우리는 지금껏 예상하지 못한 미래를 이미 마주하고 있다. 자연을 재구성하고 우리 입맛에 맞게 바꾸며 우리가 세상의 주인인 양 군림하는 동안, 생물계는 언제나처럼 차근차근 법칙을 따르며 원래 그래왔던 것처럼 세상을 조정하고 있다. 이 법칙의 조정을 받으며 나아가는 곳은 인류의 흥망과는 상관없는 지구의 미래이다. 우리 인류가 이와 함께 번성해나갈지, 아니면 지구의 미래가 인간이 없는 채로 나아갈지는 우리가 이 생물법칙에 탑승하는지, 정면으로 계속 거스르는지에 달려 있을 것이다.

2023년 3월

장혜인

인명 색인